Physik 2

Lerntext, Aufgaben mit kommentierten Lösungen und Kurztheorie

Hansruedi Schild und Thomas Dumm

Physik 2
Lerntext, Aufgaben mit kommentierten Lösungen und Kurztheorie
Hansruedi Schild und Thomas Dumm

Grafisches Konzept: dezember und juli, Wernetshausen
Satz und Layout: Mediengestaltung, Compendio Bildungsmedien AG, Zürich
Illustrationen: Oliver Lüde, Zürich
Druck: Edubook AG, Merenschwand

Redaktion und didaktische Bearbeitung: Thomas Dumm

Artikelnummer: 4095
ISBN: 978-3-7155-9088-2
Auflage: 1. Auflage 2003
Ausgabe: K0117
Sprache: DE
Code: XPH 002

Alle Rechte, insbesondere die Übersetzung in fremde Sprachen, vorbehalten. Das Werk und seine Teile sind urheberrechtlich geschützt. Jede Verwertung in anderen als den gesetzlich zugelassenen Fällen bedarf der vorgängigen schriftlichen Zustimmung von Compendio Bildungsmedien AG.

Copyright © 2003, Compendio Bildungsmedien AG, Zürich

Inhaltsübersicht

Teil A	**Energie**	**9**
Teil B	**Energieumwandlungen**	**43**
Teil C	**Begriffe und Modelle der Wärmelehre**	**73**
Teil D	**Wärmeprozesse**	**117**
Teil E	**Strahlenoptik und ihre Grenzen**	**165**
Teil F	**Anhang**	**227**

Inhaltsverzeichnis

		Einleitung	7
Teil A		**Energie**	**9**
		Einstieg und Lernziele	10
1		**Worum geht es bei der Energie?**	**11**
1.1		Wozu braucht ein Körper seine Energie?	12
1.2		Welche Grundformen von Energie gibt es?	14
1.3		Woher hat ein Körper seine Energie?	16
2		**Wie berechnet man eine Arbeit und eine Leistung?**	**18**
2.1		Wann wird Arbeit verrichtet?	18
2.2		Wie viel Arbeit wird verrichtet?	21
2.3		Wie gross ist die Leistung?	28
3		**Wie berechnet man eine Energie?**	**31**
3.1		Wie berechnet man die Energie eines Körpers?	31
3.2		Wie berechnet man die kinetische Energie eines Körpers?	34
3.3		Wie berechnet man die potenzielle Energie eines Körpers?	38
		Exkurs: Der Energiebedarf der Menschheit	42
Teil B		**Energieumwandlungen**	**43**
		Einstieg und Lernziele	44
4		**Was passiert bei Energieumwandlungen?**	**45**
4.1		Was bedeutet der Begriff Energieumwandlung?	46
4.2		Wo wird potenzielle in kinetische Energie umgewandelt?	47
4.3		Wo wird kinetische in potenzielle Energie umgewandelt?	49
5		**Was passiert mit der Energie des Körpers bei Reibung?**	**52**
5.1		Wie berechnet man die Reibungsarbeit?	53
5.2		Was versteht man unter dem Wirkungsgrad?	55
6		**Kann man Energie erzeugen oder vernichten?**	**58**
6.1		Wie ändert die Gesamtenergie des Körpers beim freien Fall?	59
6.2		Wie ändert die Gesamtenergie allgemein bei Energieumwandlungen?	60
6.3		Wie wendet man den Energieerhaltungssatz auf abgeschlossene Systeme an?	63
6.4		Wie wendet man den Energieerhaltungssatz auf offene Systeme an?	67
		Exkurs: Entdeckungsgeschichte des Energieerhaltungssatzes	70

Physik Anwenden & Verstehen

Teil C	**Begriffe und Modelle der Wärmelehre**	**73**
	Einstieg und Lernziele	74
7	**Was sind die wichtigen Grössen der Wärmelehre?**	**75**
7.1	Welche Grössen müssen wir in der Wärmelehre unterscheiden?	76
7.2	Was versteht man unter der Temperatur?	77
7.3	Was versteht man unter der Wärme?	87
7.4	Was versteht man unter der inneren Energie?	89
8	**Welches Modell eignet sich zur Beschreibung der Materie?**	**92**
8.1	Wie ist die Materie aufgebaut?	93
8.2	Wie lassen sich die drei Aggregatzustände erklären?	96
9	**Was bedeutet die Brown'sche Bewegung?**	**98**
9.1	Was ist die Brown'sche Bewegung?	98
9.2	Was ist die Ursache der Brown'schen Bewegung?	99
9.3	Wie sieht die Bewegung der Atome für die drei Aggregatzustände aus?	102
10	**Wie lassen sich Gase beschreiben?**	**104**
10.1	Wie beschreibt man Gase auf mikroskopischer Ebene?	104
10.2	Wie beschreibt man Gase auf makroskopischer Ebene?	109
10.3	Wie passen die mikroskopische und makroskopische Beschreibung zusammen?	113
	Exkurs: Die Geschichte des Wärmestoffs	116
Teil D	**Wärmeprozesse**	**117**
	Einstieg und Lernziele	118
11	**Wie reagiert Materie auf Wärme?**	**119**
11.1	Wie lautet der Energieerhaltungssatz in der Wärmelehre?	119
11.2	Wie reagiert Materie auf Wärme?	123
11.3	Welche Temperaturänderung bewirkt die Wärme?	126
11.4	Wann bewirkt Wärme eine Aggregatzustandsänderung?	130
11.5	Was passiert mit der Temperatur und dem Aggregatzustand beim Mischen?	132
12	**Wie wird Wärme transportiert?**	**135**
12.1	Welche Wärmetransport-Mechanismen gibt es?	136
12.2	Wie wird Wärme durch Leitung transportiert?	137
12.3	Wie wird Wärme durch Strömungen transportiert?	140
12.4	Wie wird Wärme durch Strahlung transportiert?	144
13	**Was sind technische Anwendungen der Wärmelehre?**	**148**
13.1	Wie kann Wärme in Arbeit umgewandelt werden?	149
13.2	Wie funktionieren Dampfmaschinen und Benzinmotoren?	151
13.3	Wie funktionieren Wärmepumpen?	159
	Exkurs: Die Entwicklung der Dampfmaschine	162

Teil E	**Strahlenoptik und ihre Grenzen**	**165**
	Einstieg und Lernziele	166

14 Wie breitet sich Licht aus? 167

14.1	Mit welchem Modell lässt sich die Ausbreitung des Lichts beschreiben?	167
14.2	Wie breitet sich das Licht einer punktförmigen Lichtquelle aus?	170
14.3	Wie breitet sich das Licht einer ausgedehnten Lichtquelle aus?	173
14.4	Wie wird die Lichtausbreitung einer weit entfernten Lichtquelle beschrieben?	175

15 Was passiert, wenn Licht auf einen Körper trifft? 177

15.1	Wie wird Licht von einem Körper zurückgeworfen?	178
15.2	Wie wird Licht durch einen Körper durchgelassen?	181
15.3	Wie wird weisses Licht in farbiges Licht aufgefächert?	189

16 Welches sind die Abbildungseigenschaften von Sammellinsen? 194

16.1	Wie entsteht ein Bild?	195
16.2	Welches sind die Eigenschaften von Sammellinsen?	197
16.3	Wie funktioniert das Auge?	207
16.4	Wie funktionieren Lupe und Mikroskop?	212

17 Wo versagt die Strahlenoptik? 215

17.1	Mit welchem Modell erklärt man den Fotoeffekt?	216
17.2	Mit welchem Modell erklärt man die Beugung?	218
17.3	Welches ist das richtige Modell für Licht?	224
	Exkurs: Modelle für den Sehvorgang und das Licht	226

Teil F	**Anhang**	**227**
	Zusammenfassung: Energie	228
	Zusammenfassung: Energieumwandlungen	231
	Zusammenfassung: Begriffe und Modelle der Wärmelehre	233
	Zusammenfassung: Wärmeprozesse	237
	Zusammenfassung: Strahlenoptik und ihre Grenzen	241
	Formelsammlung	246
	Lösungen zu den Aufgaben	248
	Stichwortverzeichnis	270

Einleitung

Liebe Leserin, lieber Leser

Dieser Kurs soll Ihnen Grundkenntnisse auf dem Gebiet der Physik vermitteln. Der Inhalt des Kurses ist auf drei Bände verteilt:

- *Physik 1* behandelt die Themen «Methoden der Physik», «Kinematik, «Dynamik», «Gravitation» und «Hydrostatik».
- *Physik 2* behandelt die Themen «Energie», «Energieumwandlungen», «Begriffe und Modelle der Wärmelehre», «Wärmeprozesse» sowie «Strahlenoptik und ihre Grenzen».
- *Physik 3* befasst sich mit elektrischen und magnetischen Phänomenen sowie Prozessen im Atomkern.

An wen richtet sich dieser Physik-Kurs?

Die Auswahl der Themen und die Tiefe, mit der die Themen in diesem dreibändigen Physik-Kurs behandelt werden, orientieren sich am neuen *Maturitätsanerkennungsreglement (MAR)*. Deshalb richtet sich das Lehrmittel in erster Linie an Absolventinnen und Absolventen einer Maturitätsschule. Das Lehrmittel kann aber auch in der technisch oder naturwissenschaftlich ausgerichteten, höheren Berufs- und Erwachsenenbildung eingesetzt werden.

Der Kurs zeichnet sich durch einen gut verständlichen, klar strukturierten Text aus. Er enthält viele einprägsame Grafiken, illustrative Beispiele, zahlreiche Aufgaben mit ausführlichen Lösungen sowie am Schluss jedes Buchs Zusammenfassungen zu den behandelten Themen. Durch diese Elemente eignet sich das Lehrmittel auch für das Selbststudium, etwa bei der Vorbereitung auf ein Studium an einer Universität oder an einer Fachhochschule.

Inhaltliche Gliederung der *Physik 2*

Der zweite Band dieses Physik-Kurses, *Physik 2*, bespricht die Themen «Energien», «Wärmelehre» und «Licht». Den Themen «Energien» und «Wärmelehre» sind je zwei Teile gewidmet, dem Thema «Licht» einer:

- Teil A: Energie
- Teil B: Energieumwandlungen
- Teil C: Begriffe und Modelle der Wärmelehre
- Teil D: Wärmeprozesse
- Teil E: Strahlenoptik und ihre Grenzen

Im Anhang (Teil F) finden Sie die Zusammenfassungen zu den Teilen A–E, die Formelsammlung der *Physik 2*, die Lösungen zu den Aufgaben des Buchs sowie das Stichwortverzeichnis.

Am Ende des Teils finden Sie jeweils einen «Exkurs» von Prof. Dr. Piero Cotti. Die Exkurse stellen Ihnen einige «Bekanntheiten der Physik» vor und schneiden das Thema «Geschichte der Physik» an.

Arbeiten mit dem Lehrmittel

In der folgenden Aufstellung sind die einzelnen Arbeitsschritte bei der Arbeit mit der *Physik 2* aufgeführt:

1. Das *Inhaltsverzeichnis* gibt einen ersten Einblick in das zu bearbeitende Thema und zeigt seinen Aufbau. Lesen Sie das Inhaltsverzeichnis eines Teils durch, bevor Sie mit der Bearbeitung eines neuen Teils anfangen.
2. Der *Einstieg* zu Beginn jedes Teils stellt das Thema kurz in einen grösseren Zusammenhang und zeigt in groben Zügen den Inhalt auf. Im Einstieg zu jedem Teil finden Sie auch eine Liste mit den wichtigsten *Lernzielen*. Diese Liste hat vor der Lektüre des Teils die Funktion, den Inhalt noch etwas detaillierter zu beschreiben.
3. Beim eigentlichen Lerntext erscheint zur besseren Unterscheidung neue *Theorie* in Schwarz, illustrierende *Beispiele* in Farbe.
4. Die *Randspaltenbegriffe* entsprechen wichtigen Begriffen. Später finden Sie die Begriffe leicht anhand des *Stichwortverzeichnisses* im Anhang wieder.
5. Diejenigen physikalischen *Gleichungen*, die für die weitere Arbeit wichtig sind, wurden durch Nummerierung in der Randspalte gekennzeichnet. Sie machen sich die Arbeit leichter, wenn Sie sich diese Gleichungen möglichst früh schon merken.
6. Die farbig unterlegten *Abschnittszusammenfassungen* enthalten die wichtigsten Erkenntnisse des Abschnitts.
7. Mit den *Aufgaben* am Ende der Abschnitte können Sie das Gelernte überprüfen und festigen. Bearbeiten Sie die Aufgaben selbstständig und überprüfen Sie Ihre Ergebnisse anhand der *Lösungen* im Anhang. Schlagen Sie die Lösung zur Aufgabe erst nach, wenn Sie diese vollständig gelöst haben. Benützen Sie dabei nötigenfalls die *Formelsammlung* im Anhang. Haben Sie die Aufgabe richtig gelöst, lesen und lernen Sie weiter im Text bis zur nächsten Aufgabe. Wenn Sie eine Aufgabe nicht richtig beantworten können, studieren Sie den ganzen vorangegangenen Abschnitt nochmals aufmerksam.
8. Gehen Sie nach der Lektüre eines ganzen Teils nochmals durch die Liste der *Lernziele* am Anfang des Teils. Wenn Sie vermuten, dass Sie nicht alle Lernziele erreicht haben, haken Sie bei den entsprechenden Abschnitten nochmals nach.
9. In den *Zusammenfassungen* der Teile A–E finden Sie die Kurztheorie des Stoffs. Die Kurztheorie wird vor allen beim späteren Repetieren hilfreich sein, um Lücken in Ihrem Wissen aufzudecken.

Wir wünschen Ihnen viel Freude und Erfolg beim Studium der Physik.

Zürich, im Juni 2003

Thomas Dumm, Redaktor und Autor
Hansruedi Schild, Autor
Andreas Ebner, Unternehmensleiter

Physik 2

Teil A   Energie

TEIL A   ENERGIE

Einstieg und Lernziele

Einstieg

Warum kommen in der Physik keine Heinzelmännchen vor? Im Märchen erscheinen die Heinzelmännchen nachts aus dem Nichts und erledigen alle Arbeiten. Am Morgen, wenn die Arbeit getan ist, verschwinden sie wieder im Nichts. Kann es solche Lebewesen oder Maschinen geben? Die Antwort der Physik auf diese Frage ist: Nein. Um eine Arbeit verrichten zu können, braucht es Energie, und Energie kommt nicht aus dem Nichts. Heutzutage mag das vielleicht selbstverständlich erscheinen, doch das war nicht immer so. Über Jahrhunderte hinweg haben Tüftler und Erfinder versucht, eine Maschine zu bauen, die kontinuierlich eine Arbeit verrichten kann, ohne dass ihr Energie zugeführt wird. Alle Versuche sind kläglich gescheitert. Deswegen begann man sich mit der physikalischen Grösse «Energie» zu beschäftigen. Dies brachte eines der wichtigsten Gesetze der Physik an den Tag: den Energieerhaltungssatz. Grundlage für den Energieerhaltungssatz ist eine klare Vorstellung von den Begriffen Arbeit und Energie.

Die Schlüsselfragen im Zusammenhang mit Arbeit und Energie sind:

- Worum geht es bei der Energie?
- Wie berechnet man eine Arbeit und eine Leistung?
- Wie berechnet man eine Energie?

Lernziele

Nach der Bearbeitung des Abschnitts «Worum geht es bei Energie?» können Sie

- illustrieren, dass ein Körper mit seiner Energie eine Arbeit verrichten kann.
- die Energiegrundformen «kinetische Energie» und «potenzielle Energie» beschreiben.
- illustrieren, dass ein Körper durch Arbeit, die an ihm verrichtet wird, zu Energie kommen kann.

Nach der Bearbeitung des Abschnitts «Wie berechnet man eine Arbeit und eine Leistung?» können Sie

- entscheiden, ob an einem Körper Arbeit verrichtet wird.
- die Arbeit berechnen, die eine Kraft an einem Körper verrichtet.
- die mittlere Leistung berechnen.

Nach der Bearbeitung des Abschnitts «Wie berechnet man eine Energie?» können Sie

- beschreiben, wie man die Energie eines Körpers mit der Arbeit berechnet.
- die kinetische Energie eines Körpers mit der Beschleunigungsarbeit berechnen.
- die potenzielle Energie eines Körpers mit der Hubarbeit berechnen.

1 Worum geht es bei der Energie?

Die Schlüsselfragen dieses Abschnitts lauten:

- Wozu braucht ein Körper seine Energie?
- Welche Formen von Energie gibt es?
- Woher hat ein Körper seine Energie?

Der Begriff Energie ist in unserem Leben allgegenwärtig. Wir benützen Ausdrücke wie Sonnenenergie, elektrische Energie, Energiedrinks, Energiekrise, energiegeladene Person usw. Dies zeigt, dass Energie ein sehr vielseitiger Begriff ist. Was meinen wir, wenn wir sagen, dass jemand Energie hat? Wenn Sie Energie haben, so können Sie etwas vollbringen, zum Beispiel eine Tätigkeit verrichten. Energie ist die Voraussetzung dafür, etwas zu tun. Ob wir es wirklich tun, ist eine andere Sache. Die Energie befähigt uns zu einer Tätigkeit. Wenn wir keine Energie haben, sind wir zu Untätigkeit gezwungen.

In der Physik ist der Begriff der Energie von fundamentaler Wichtigkeit. Er hat hier eine ähnliche Bedeutung wie im Alltag. Es geht bei der Energie in der Physik immer um die Fähigkeit, eine Arbeit zu verrichten. So kann das fliessende Wasser in Abb. 1.1 mit seiner Energie das Wasserrad antreiben. Um ein Wasserrad anzutreiben, muss Arbeit verrichtet werden. Diese Arbeit verrichtet das fliessende Wasser mit seiner Energie. Am Wasserrad wird sichtbar, dass fliessendes Wasser Energie hat. Fliessendes Wasser hat jedoch auch Energie, wenn es kein Wasserrad antreibt, denn Energie ist nur die Fähigkeit oder Möglichkeit, eine Arbeit zu verrichten.

[Abb. 1.1]   Fliessendes Wasser am Wasserrad

Fliessendes Wasser hat Energie, mit der es Arbeit verrichten kann. Bild: Nilufar Kahnemouyi

Der Begriff der Energie hat in der Physik zwar eine ähnliche, aber nicht die gleiche Bedeutung wie im Alltag, denn in der Physik muss jede Grösse messbar sein. Wie energiegeladen eine Person ist, lässt sich mit physikalischen Methoden nicht messen. Der physikalische Begriff Energie wird auf Dinge wie energiegeladene Personen nicht anwendbar sein.

1.1 Wozu braucht ein Körper seine Energie?

Wozu brauchen Menschen ihre Energie? Antwort: *Menschen brauchen ihre Energie, um Arbeit verrichten zu können!*

Beispiel 1.1 Der Waldarbeiter fällt mit der Axt einen Baum. Der Waldarbeiter kann diese Arbeit nur verrichten, wenn er Energie hat.

Arbeit im physikalischen Sinn hat jedoch nicht immer etwas mit Pflichterfüllung, Geldverdienen oder Schulaufgaben machen zu tun.

Beispiel 1.2 Obwohl der Bergsteiger in Abb. 1.2 den Berg zum Vergnügen besteigt, verrichtet er dabei, im physikalischen Sinn, eine Arbeit. Der Bergsteiger kann diese Arbeit nur verrichten, wenn er Energie hat.

[Abb. 1.2] Bergsteiger mit Verpflegung

Ein Bergsteiger verrichtet beim Aufstieg Arbeit. Dies ist nur möglich, weil er Energie hat.

Menschen können bekanntlich nicht beliebig viel Arbeit an einem Tag verrichten. Deshalb hat der Mensch eine Vielzahl von Maschinen erfunden, die ihm die Arbeit abnehmen können. *Maschinen können, wie der Mensch, eine Arbeit verrichten. Um diese Arbeiten verrichten zu können, benötigen auch Maschinen Energie.*

Beispiel 1.3 Der Bagger hat die Energie, die er zum Heben von Lasten braucht, in seinem Benzintank. Das Heben von Lasten ist Arbeit. Man nennt diese Art von Arbeit auch Hubarbeit.

Mensch und Maschine brauchen Energie, um Arbeiten verrichten zu können. Wer oder was braucht sonst noch Energie, um Arbeit verrichten zu können? Um den Zusammenhang zwischen Arbeit und Energie zu verdeutlichen, betrachten wir weitere Alltagssituationen.

Beispiel 1.4 Das fliessende Wasser eines Bachs kann ein Wasserrad antreiben. Fliessendes Wasser hat Energie, mit der es Arbeit an einem Wasserrad verrichten kann.

Beispiel 1.5 Das Wasser eines Bergsees kann, wenn es vom Berg herunterfliesst, eine Turbine antreiben. Im Bergsee ruhendes Wasser hat Energie, mit der es Arbeit an einer Turbine verrichten kann.

Beispiel 1.6 Der rotierende Mühlstein in einer Mühle kann Getreide mahlen. Der rotierende Mühlstein besitzt Energie, mit der er Arbeit am Getreide verrichten kann.

Beispiel 1.7 Die gespannte Feder einer Uhr kann das Uhrwerk antreiben. Die gespannte Feder hat Energie, mit der sie Arbeit am Uhrwerk verrichten kann.

Beispiel 1.8 Der heisse Dampf im Kessel eines Dampfschiffs kann die Schiffschraube antreiben. Der heisse Dampf hat Energie, mit der er Arbeit an der Schiffschraube verrichten kann.

Energie

Die Beispiele zeigen: Belebte und unbelebte, feste, flüssige und gasförmige Körper brauchen Energie, um Arbeiten verrichten zu können! Wir können folgende allgemeingültige Aussage aufstellen: *Körper brauchen Energie, um Arbeit verrichten zu können.* Bei der Energie geht es also um nichts anderes als um die Fähigkeit, eine Arbeit verrichten zu können. Ohne Energie keine Arbeit.

Eine weitere wichtige Erfahrung aus dem Alltag: Während ein Körper eine Arbeit verrichtet, nimmt seine Energie ab. Körper können nur arbeiten, solange sie Energie haben:

Beispiel 1.9 Der Bergsteiger in Abb. 1.2 verrichtet Arbeit. Seine Muskeln brauchen Energie. Durch die Arbeit nimmt die Energie des Bergsteigers ab, bis der Blutzucker unter einen Minimalwert sinkt. Um dann noch weiterwandern zu können, muss er etwas essen, um wieder zu Energie zu kommen.

Beispiel 1.10 Ein Spielzeugkran, der Ziegel in den Dachstock hinaufhebt, verrichtet eine Arbeit. Durch die Arbeit nimmt die Energie der Batterie des Baukrans ab, bis sie leer ist.

Beispiel 1.11 Die Feder einer Uhr ist aufgezogen, d. h. angespannt und hat Energie. Durch die Arbeit am Uhrwerk nimmt die Energie der Feder ab, bis sie entspannt ist und die Uhr stehen bleibt.

Eine weitere wichtige Tatsache, die aus den Beispielen dieses Abschnitts hervorgeht: *Es sind immer Körper, die Energie haben. Energie hat keine eigene Existenz.* Es gibt keine reine körperfreie Energie (Ausnahme: Elektromagnetische Strahlung wie Licht ist masselos, hat aber dennoch Energie, so genannte Strahlungsenergie).

Ausblick: Energie und Arbeit sind Begriffe, für die wir aus dem Alltag ein Gefühl haben. Wir werden uns deshalb überlegen müssen, ob unser Gefühl für Arbeit und Energie mit den physikalischen Begriffen Arbeit und Energie übereinstimmt.

Wir haben den Begriff Energie mit dem Begriff Arbeit erklärt. Vielleicht ist Ihnen aufgefallen, dass wir dabei nicht gesagt haben, was wir in der Physik unter Arbeit verstehen. Dies werden wir nachholen müssen.

> Körper brauchen Energie, um Arbeit verrichten zu können. Es sind immer Körper, die Energie haben. Der Körper kann dabei belebt, unbelebt, fest, flüssig oder gasförmig sein. Während ein Körper eine Arbeit verrichtet, nimmt seine Energie ab. Ein Körper kann nur arbeiten, solange er Energie hat.

Aufgabe 1

A) Woran ist erkennbar, dass das Wasser einer Regenwolke Energie hat?

B) Woran ist erkennbar, dass ein rotierendes Velorad Energie hat?

C) Woran ist erkennbar, dass ein gespanntes Gummiband Energie hat?

Aufgabe 31   Nennen Sie Situationen, die illustrieren, dass feste, flüssige und gasförmige Körper Energie haben können.

Aufgabe 61   Ein Körper verrichtet eine Arbeit. Welche Folge hat dies für die Energie des Körpers?

1.2 Welche Grundformen von Energie gibt es?

Energieformen

Energie kann in vielen Formen auftreten. Auch Sie sind sicher schon einigen der folgenden *Energieformen* begegnet: Wärmeenergie, Lageenergie, elektrische Energie, chemische Energie, Energie einer angespannten Feder, Kernenergie, Lichtenergie, Bewegungsenergie usw. Oft besitzt ein Körper zwar verschiedene Formen von Energie, kann aber nur eine bestimmte Energieform nutzen.

Beispiel 1.12   Das warme Wasser eines Bachs trifft auf ein Wasserrad. Die Bewegungsenergie des Wassers wird genutzt, um das Wasserrad anzutreiben. Die Wärme des Wassers kann hingegen nicht für den Antrieb des Wasserrads genutzt werden.

Beispiel 1.13   Ein Mensch kann noch so viel Benzin mit sich herumtragen, er kann die Energie des Benzins aber nicht für eine Arbeit nutzen.

Energiegrundformen

Die vielen Energieformen lassen sich in wenige Grundformen einteilen. Die beiden wichtigsten *Energiegrundformen* sind *kinetische Energie* und *potenzielle Energie*. Schauen wir uns diese beiden Grundformen der Energie erst genauer an. Anschliessend teilen wir die bekannten Energieformen in diese beiden Grundformen ein.

Kinetische Energie

Beispiel 1.14   Das fliessende Wasser eines Bachs hat Energie, mit der das Wasser z. B. Arbeit an einem Wasserrad verrichten kann.

Kinetische Energie, Bewegungsenergie

Dieses Beispiel lässt sich verallgemeinern: Ein Gegenstand, der sich bewegt, kann eine Arbeit verrichten. Jeder Gegenstand, der sich bewegt, besitzt also Energie. Die Energie, die ein Gegenstand aufgrund seiner Bewegung hat, nennt man *kinetische Energie* oder auch *Bewegungsenergie*. Ein Körper in Bewegung hat kinetische Energie, mit der er Arbeit verrichten kann. Bewegt sich der Körper schnell, so kann er mehr Arbeit verrichten, als wenn er sich langsam bewegt. Ein Körper hat, wenn er sich schnell bewegt, mehr kinetische Energie, als wenn er sich langsam bewegt. Ein Körper, der stillsteht, hat keine kinetische Energie.

Beispiel 1.15   Ein Hammer hat wegen seiner Bewegung kinetische Energie, mit der er Arbeit verrichten kann. Seine kinetische Energie kann dazu verwendet werden, um Arbeit an einem Nagel zu verrichten und diesen einzuschlagen. Ein ruhender Hammer hat keine kinetische Energie und kann deshalb keine Arbeit verrichten.

Potenzielle Energie

Beispiel 1.16 Wasser in einem Stausee wird ständig von der Gewichtskraft nach unten gezogen. Wenn man die Staumauer des Stausees öffnet, wird das Wasser von der Gewichtskraft in Bewegung versetzt und kann Arbeit verrichten. Das Wasser im Stausee hat demnach Energie. Man spricht von der Lageenergie des Wassers, da ein hoch gelegener Stausee mehr Energie hat als ein tiefer gelegener Stausee.

Lageenergie, potenzielle Energie, gravitationelle potenzielle Energie

Aufgrund der Gewichtskraft hat jeder Körper auf der Erde Lageenergie. Die *Lageenergie* eines Körpers ist ein Beispiel für die Energiegrundform «*potenzielle Energie*». Der Ursprung der potenziellen Energie ist immer eine Kraft, die auf den Körper wirkt. Jeder Körper, auf den eine Kraft wirkt, hat potenzielle Energie. Nur ein Körper, auf den keine Kraft wirkt, hat keine potenzielle Energie. Die potenzielle Energie durch die Gravitationskraft/Gewichtskraft ist «*gravitationelle potenzielle Energie*». Statt der genauen Bezeichnung «gravitationelle potenzielle Energie» schreiben wir, wenn keine Verwechslung droht, kurz: «potenzielle Energie». Die Gewichtskraft wirkt auf alle Körper, deshalb haben alle Körper (gravitationelle) potenzielle Energie. Je schwerer der Körper, desto mehr potenzielle Energie. Je höher der Körper gelegen ist, desto mehr potenzielle Energie hat er.

Neben der Gewichtskraft bewirken auch elastische, elektrische und magnetische Kräfte, dass Körper potenzielle Energie haben.

Beispiel 1.17 Eine gespannte Schraubenfeder hat wegen der Federkraft elastische Energie. Die elastische Energie einer Feder ist somit ein Beispiel für potenzielle Energie. Mit ihrer (elastischen) potenziellen Energie kann die Feder z. B. Arbeit an einem Uhrwerk verrichten.

Beispiel 1.18 Ein Magnet übt eine magnetische Kraft auf ein Stück Eisen aus. Aufgrund dieser Kraft hat das Stück Eisen (magnetische) potenzielle Energie. Beweis: Wenn man ein Stück Eisen loslässt, bewegt es sich auf den Magneten zu, wird beschleunigt.

Einteilung in potenzielle und kinetische Energie

Als Nächstes wollen wir die am Anfang von Abschnitt 1.2 erwähnten Energieformen in die beiden Energiegrundformen «kinetische Energie» und «potenzielle Energie» einteilen:

- *Wärme* ist eine Form von kinetischer Energie, denn Wärme hat ihren Ursprung in der mikroskopischen Bewegung der Atome oder Moleküle des Körpers.
- *Lageenergie* ist eine Form von potenzieller Energie, denn Lageenergie hat ihren Ursprung in der Gewichtskraft, die auf alle Körper auf der Erde wirkt.
- *Elektrische Energie* ist eine Form von potenzieller Energie, denn elektrische Energie hat ihren Ursprung in der elektrischen Kraft zwischen elektrisch geladenen Körpern.
- *Chemische Energie* ist eine Form von potenzieller Energie, denn chemische Energie hat ihren Ursprung in den elektrischen Bindungskräften zwischen Atomen und Molekülen.
- *Elastische Energie* einer Feder ist eine Form von potenzieller Energie, denn die elastische Energie einer Feder hat ihren Ursprung in der Federkraft.
- *Kernenergie* ist eine Form von potenzieller Energie, denn Kernenergie hat ihren Ursprung in der Kernkraft, die zwischen den Protonen und Neutronen der Atomkerne wirkt.
- *Lichtenergie* ist eine Energieform, die sich nicht ohne weiteres der kinetischen oder potenziellen Energie zuordnen lässt. Dies liegt daran, dass die Lichtteilchen (Photonen) keine Masse haben. Mehr dazu erfahren Sie bei der Besprechung der Natur des Lichts.
- *Bewegungsenergie* ist ein anderes Wort für kinetische Energie.

Ausblick: In den Teilen «Energie» und «Energieumwandlungen» werden wir uns hauptsächlich mit den Energieformen Lageenergie und Bewegungsenergie beschäftigen. Wenn Körper sich bewegen, tritt meistens auch Reibung auf. Wir werden deshalb unausweichlich immer wieder auf die mit Reibung verbundene Wärme stossen. Wärme ist eine Energieform, die wir ausführlich in den beiden Teilen «Begriffe und Modelle der Wärmelehre» und «Wärmeprozesse» besprechen werden.

> Lageenergie, elastische Energie, Bewegungsenergie, elektrische Energie, chemische Energie, Kernenergie, Lichtenergie, Wärme etc. sind Formen von Energie, die wir im Alltag häufig antreffen.
>
> Die Vielzahl von Energieformen lässt sich in wenige Energiegrundformen einteilen. Die zwei wichtigsten Grundformen der Energie sind kinetische Energie und potenzielle Energie. Kinetische Energie hat ein Körper durch seine Bewegung. Potenzielle Energie hat ein Körper, weil eine Kraft auf ihn wirkt. Erkennbar wird potenzielle Energie, sobald der Körper dadurch in Bewegung gerät.
>
> Wärme hat mit der mikroskopischen Bewegung der Atome der Materie zu tun, ist somit eine Form von kinetischer Energie. Lageenergie, elektrische Energie, chemische Energie, Kernenergie und elastische Energie kommen durch Kräfte zustande, sind deshalb Formen von potenzieller Energie. Lichtenergie lässt sich nicht ohne weiteres der kinetischen oder potenziellen Energie zuordnen.

Aufgabe 91

A] Welche vier Energieformen treten auf, wenn Sie Trampolin springen?

B] Teilen Sie die vier Energieformen, die beim Trampolin springen auftreten, in kinetische und potenzielle Energie ein.

Aufgabe 121

Ordnen Sie die folgenden Energien einer Energiegrundform zu:

A] Wasser einer Regenwolke hat Energie.

B] Ein rotierendes Velorad hat Energie.

C] Ein gespanntes Gummiband hat Energie.

1.3 Woher hat ein Körper seine Energie?

Sie haben gelernt, dass ein Körper Energie braucht, um eine Arbeit verrichten zu können, und dass die Energie eines Körpers abnimmt, während er eine Arbeit verrichtet. In diesem Abschnitt geht es um die Frage: Woher hat ein Körper seine Energie? Die Antwort: *Körper haben Energie, weil Arbeit an ihnen verrichtet wurde.*

Beispiel 1.19

Sie pumpen Wasser vom Tal in einen Speichersee in den Bergen hoch. Währenddem Sie von Hand pumpen, nimmt Ihre Energie ab. Wenn wir aber die Energie des Wassers betrachten, so stellen wir fest, dass sie durch Ihre Arbeit zugenommen hat, denn oben in den Bergen im Speichersee hat das Wasser mehr Lageenergie als unten im Tal.

Wir können die Situation im letzten Beispiel verallgemeinern: Ein Körper verrichtet an einem anderen Körper Arbeit. Die Energie des einen Körpers nimmt dadurch ab, während die Energie des anderen Körpers zunimmt. Ganz allgemein formuliert: *Arbeit bedeutet eine Energieänderung.*

Beispiel 1.20 Um einen Pfeilbogen zu spannen, muss der Schütze mit seinen Muskeln Arbeit am Pfeilbogen verrichten. Diese Arbeit hat zur Folge, dass die Energie des Schützen abnimmt, während die Energie des Bogens zunimmt. Wird die Sehne eines gespannten Bogens losgelassen und der Pfeil beschleunigt, so verrichtet der Bogen Arbeit am Pfeil. Die Arbeit hat zur Folge, dass die Energie des Bogens abnimmt, während die Energie des Pfeils zunimmt. In Tab 1.1 sind Arbeit und Energie beim Spannen des Pfeilbogens und Abschiessen des Pfeils in einer Übersicht dargestellt.

[Tab. 1.1] Arbeit und Energie beim Pfeilbogenschiessen

Vorgang	Arbeit	Energie
Spannen	Die Person verrichtet Arbeit am Bogen.	Die Energie der Person nimmt ab, während die Energie des Bogens zunimmt.
Abschiessen	Der Bogen verrichtet Arbeit am Pfeil.	Die Energie des Bogens nimmt ab, während die Energie des Pfeils zunimmt.

Energieaustausch, Energieübertragung

Ein Körper verrichtet Arbeit an einem anderen Körper. Der eine Körper hat nach dem Verrichten der Arbeit weniger Energie, während der andere Körper nachher mehr Energie hat. Wenn man die Energien vorher und nachher vergleicht, so kommt man zum Schluss: Die beiden Körper haben Energie ausgetauscht. Es wurde Energie von einem Körper auf den anderen Körper übertragen. Man sagt deshalb: Arbeit bewirkt einen *Energieaustausch*, eine *Energieübertragung*.

Beispiel 1.21 Sie verrichten an einem Buch Arbeit, wenn Sie das Buch vom Boden aufheben und oben ins Bücherregal stellen. Für diese Arbeit brauchen Sie Energie. Nach der Arbeit haben Sie weniger Energie. Nach der Arbeit steht das Buch oben im Regal. Nach der Arbeit hat das Buch mehr Energie. Die Bilanz der Arbeit: Sie haben weniger Energie, das Buch hat mehr Energie. Beim Heben des Buchs findet ein Energieaustausch zwischen Ihnen und dem Buch statt. Sie haben beim Heben Energie auf das Buch übertragen.

> Verrichten von Arbeit bedeutet für die beteiligten Körper eine Energieänderung: Wenn ein Körper an einem anderen Körper Arbeit verrichtet, so nimmt die Energie des einen Körpers ab, während die Energie des anderen Körpers zunimmt. Ein Körper kann so durch Arbeit zu Energie kommen. Wenn man eine Energiebilanz einer Arbeit aufstellt, so kommt man zum Schluss: Arbeit bewirkt einen Energieaustausch zwischen den beiden Körpern, Arbeit bewirkt eine Energieübertragung.

Aufgabe 151 Ein Traktor hebt einen Baumstamm. Was lässt sich über die Energie der Körper aussagen, die an dieser Arbeit beteiligt sind?

Aufgabe 32 Fliessendes Wasser trifft auf die Turbine eines Elektrizitätswerks. Mit der Turbine ist ein Stromgenerator verbunden, der elektrische Energie liefert.

A] Wer verrichtet hier an wem Arbeit?

B] Was lässt sich über die Energie der beteiligten Körper aussagen?

2 Wie berechnet man eine Arbeit und eine Leistung?

Schlüsselfragen dieses Abschnitts:

- Wann wird Arbeit verrichtet?
- Wie viel Arbeit wird verrichtet?
- Wie gross ist die Leistung?

Im Abschnitt 1 haben Sie im Zusammenhang mit der Energie den Begriff Arbeit angetroffen: Ein Körper, der Energie hat, kann damit Arbeit an einem anderen Körper verrichten. Ein Körper kann zu Energie kommen, wenn ein anderer Körper Arbeit an ihm verrichtet. Dabei wurde nicht gesagt, wie die Grösse Arbeit in der Physik definiert ist. Dies wird nun als Erstes nachgeholt. Ausblick: Ein Körper übt auf einen anderen Körper eine Kraft aus und verschiebt ihn dadurch. Der mit dieser Verschiebung verbundene «Aufwand» wird in der Physik mit der Arbeit angegeben.

Anschliessend werden wir für verschiedene Situationen die verrichtete Arbeit berechnen. Danach sind Sie in der Lage, die Arbeit zu berechnen, die der Baukran und die beiden Bauarbeiter in Abb. 2.1 an der Betonplatte verrichten.

Zum Schluss gehen wir noch auf den Zusammenhang zwischen Arbeit und Leistung ein.

[Abb. 2.1]   Bauarbeiter

Arbeit ist ein Begriff, der in der Physik wichtig ist. Wie berechnet man aber die Arbeit? Bild: Maximilian Stock LTD / Science Photo Library

2.1 Wann wird Arbeit verrichtet?

Wir wollen verschiedene Situationen betrachten und uns jeweils überlegen, ob Arbeit verrichtet wird. Dies wird uns schrittweise auf die Definition der physikalischen Grösse Arbeit führen.

Beispiel 2.1   Beim Holz hacken, beim Hanteln hochheben, beim Bergsteigen, beim Beschleunigen eines Autos usw. wird Arbeit verrichtet.

Diese Beispiele legen nahe: Arbeit hat etwas damit zu tun, dass eine Kraft auf einen Körper ausgeübt wird. Beim Bergsteigen, Hantel heben und Holz hacken ist es die Muskelkraft und beim Auto ist es die Kraft des Motors, die Arbeit verrichtet.

Beispiel 2.2   Der Gewichtheber in Abb. 2.2 hält seine Langhantel ruhig über dem Kopf. Dabei übt er auf dieses Fitnessgerät eine grosse Kraft aus, bewegt es aber nicht.

[Abb. 2.2]   Halten einer Langhantel

Das ruhige Halten einer Hantel ist anstrengend, es wird aber keine Arbeit an der Hantel verrichtet.

Solange die Hantel in Ruhe ist, ändert sich die Energie der Hantel nicht. Das bedeutet aber, dass keine Arbeit an der Hantel verrichtet wird, denn Arbeit an der Hantel hätte eine Änderung der Energie der Hantel zur Folge. Dass das unbewegte Hochhalten der Hantel keine Arbeit im physikalischen Sinn ist, kann man auch so einsehen: Eine physikalisch analoge Situation wäre es nämlich, wenn die Hantel auf einem Gestell ruhen würde. Dass das Gestell dabei keine Arbeit verrichtet, ist klar.

Das letzte Beispiel legt nahe: Arbeit hat etwas damit zu tun, dass auf einen Körper eine Kraft ausgeübt wird und dieser Körper dadurch bewegt wird, also einen Weg zurücklegt.

Ermüdungs-erscheinungen

Im letzten Beispiel deckt sich die Verwendung des Begriffs Arbeit in der Physik nicht mit derjenigen im Alltag. Wir sprechen im täglichen Leben von Arbeit, sobald *Ermüdungserscheinungen* auftreten. In der Physik sind Ermüdungserscheinungen offenbar kein eindeutiges Zeichen dafür, dass Arbeit verrichtet wurde. Woher kommt dieser Unterschied zwischen Alltag und Physik? Wieso läuft einem Hantelstemmer der Schweiss über die Stirn, während der Physiker behauptet, dass er keine Arbeit an der Hantel verrichtet?

Die Muskelfasern des Menschen müssen ständig arbeiten, damit die Muskeln eine Kraft auf etwas ausüben können. Für den Menschen ist dabei relevant, dass in seinen Muskeln Arbeit verrichtet werden muss, damit er eine Kraft erzeugen kann. Für die Berechnung der physikalischen Grösse Arbeit spielt es aber keine Rolle, *wie eine Kraft erzeugt* wird, sondern *was sie bewirkt*. Am Beispiel mit der hochgehaltenen Hantel: Die Muskelfasern müssen ständig arbeiten, um die stützende Kraft zu erzeugen. Die Arbeit der Muskelfasern ermüdet den Gewichtheber. Die mühsam erzeugte Kraft bewirkt aber keine Bewegung der Hantel und verrichtet somit an der Hantel keine Arbeit im physikalischen Sinne.

Welche Grössen bestimmen, wie viel Arbeit verrichtet wird?

Beispiel 2.3

Sie heben eine Hantel vom Boden in die Höhe. Aus der Erfahrung wissen Sie:

- Je schwerer die Hantel, umso grösser ist die Arbeit, die Sie an der Hantel verrichten.
- Je grösser die Höhe, in die Sie die Hantel hochheben, umso grösser ist die Arbeit, die Sie an der Hantel verrichten.

Das letzte Beispiel legt nahe: Wie viel Arbeit an einem Körper verrichtet wird, hängt von der Kraft ab, die auf den Körper wirkt und vom Weg, den er wegen dieser Kraft zurücklegt.

Wir sind nun so weit, dass wir die physikalische Grösse Arbeit definieren können: *Wenn ein Körper durch eine Kraft in Bewegungsrichtung bewegt wird, so wird an ihm Arbeit verrichtet.*

Mechanik, Kraftwirkungsgesetz, Wechselwirkungsgesetz

In der Definition der Arbeit taucht die Grösse Kraft auf. Kräfte haben Sie in der *Mechanik* kennen gelernt. Zur Erinnerung: Eine Kraft geht von einem Körper 1 aus und wirkt auf einen anderen Körper 2. Die Kraft des Körpers 1 bewirkt eine Deformation oder eine Beschleunigung des Körpers 2. Die Beschleunigung kann mit dem *Kraftwirkungsgesetz* berechnet werden. Gemäss dem *Wechselwirkungsgesetz* hat die Kraft vom Körper 1 auf den Körper 2 eine entgegengesetzt gleich grosse Kraft vom Körper 2 auf den Körper 1 zur Folge.

Die Kraft, die vom Körper 2 auf den Körper 1 wirkt, verrichtet Arbeit am Körper 1, wenn sich dieser deshalb bewegt. Die Gegenkraft, die vom Körper 1 auf den Körper 2 wirkt, verrichtet Arbeit am Körper 2, wenn sich dieser deshalb bewegt. Dann wird an beiden beteiligten Körpern Arbeit verrichtet.

Beispiel 2.4

Sie heben ein Buch vom Boden auf. Die Kraft, die Sie aufs Buch ausüben, verrichtet Arbeit am Buch. Die Reaktionskraft, die das Buch auf Sie ausübt, verrichtet Arbeit an Ihnen.

> Wenn ein Körper durch eine Kraft in Bewegungsrichtung bewegt wird, so wird an ihm Arbeit verrichtet. Die verrichtete Arbeit ist bestimmt durch die Kraft, die auf den Körper wirkt und durch den Weg, den der Körper dabei zurücklegt.

Aufgabe 62

A] Die Arbeit, die Sie beim Hochheben eines Koffers verrichten müssen, hängt davon ab, wie ...hoch... der Koffer angehoben werden muss und wie ...schwer... der Koffer ist.

B] Wenn Sie mit einem Koffer in der Hand stehen bleiben, so verrichten Sie keine Arbeit am Koffer, weil der Koffer dabei ...keinen Weg... zurücklegt.

Aufgabe 92

Ein Traktor hebt einen Baumstamm in die Höhe.

A] Welche Kräfte wirken zwischen Baumstamm und Traktor?

B] Welche Arbeiten werden verrichtet?

C] Von welchen Grössen hängt ab, wie viel Arbeit verrichtet wird?

2.2 Wie viel Arbeit wird verrichtet?

Nachdem Sie im Abschnitt 2.1 gesehen haben, wovon die Arbeit abhängt, wollen wir als Nächstes eine Gleichung für die Arbeit festlegen, mit der wir berechnen können, wie viel Arbeit verrichtet wurde. Wir betrachten dazu den Esel in Abb 2.3, der einen Wagen hinter sich herzieht. Wir nehmen an, dass der Esel mit einer konstanten Kraft am Wagen zieht. Zudem nehmen wir an, dass die Kraft des Esels parallel zur Bewegung des Wagens wirkt. Wir bezeichnen diese Kraft deshalb mit $\vec{F}_{\parallel}$.

[Abb. 2.3]   Ein Esel zieht einen Wagen

Auf den Wagen wirkt eine konstante Kraft in Richtung der Bewegung. Am Wagen wird folglich Arbeit verrichtet.

Arbeit

Wie viel Arbeit verrichtet der Esel am Wagen? Wir haben im Abschnitt 2.1 gesagt, dass die Arbeit vom zurückgelegten Weg *und* von der Stärke der Kraft abhängt. Wir definieren die *Arbeit* folglich als:

Gleichung 2.1

$$W = F_{\parallel} \cdot s$$

Das Formelzeichen für die Arbeit *W* ist eine Anlehnung an das englische Wort «work», das Arbeit bedeutet. Die Arbeit ist eine ungerichtete (skalare) Grösse. In Worten lautet die Gleichung 2.1: *Die Arbeit ist gleich dem Betrag der Kraft parallel zur Bewegung mal dem zurückgelegten Weg.* Wichtig: Die Gleichung 2.1 für die Arbeit setzt voraus, dass die auf den Körper wirkende Kraft $F_{\parallel}$ konstant ist.

Die Definition der Arbeit entspricht dem, was wir intuitiv über die Arbeit sagen:

- Je grösser die Kraft $F_{\parallel}$, umso grösser die verrichtete Arbeit *W*.
- Je grösser der zurückgelegte Weg *s*, umso grösser die verrichtete Arbeit *W*.

Joule

Die Arbeit ist eine so wichtige Grösse, dass ihre Einheit einen eigenen Namen erhalten hat: *Joule* (Aussprache: Dschul). Die Einheit der Arbeit erinnert an den englischen Physiker James Prescott Joule (1818–1889). Für die SI-Einheit Joule gilt gemäss der Gleichung 2.1:

Gleichung 2.2

$$1\,J = 1\,N \cdot 1\,m = 1\,N \cdot m = 1\,kg \cdot m^2 \cdot s^{-2}$$

Wir betrachten als Nächstes verschiedene Situationen und überlegen uns jeweils, wie viel Arbeit verrichtet wird.

Beispiel 2.5

In Abb 2.4 ist eine Person dargestellt, die einen Einkaufswagen verschiebt. Die Person übt auf den Einkaufswagen eine konstante Kraft vom Betrag $F_\parallel = 30$ N in Richtung seiner Bewegung aus, bis der Wagen um den Weg $s = 10$ m verschoben wurde.

[Abb. 2.4] Eine Person schiebt einen Einkaufswagen

Die Kraft, mit der die Person den Einkaufswagen stösst, bewirkt eine Bewegung.

Was können wir über die verrichtete Arbeit sagen? Am Einkaufswagen wird Arbeit verrichtet, da die Person auf den Einkaufswagen eine Kraft ausübt und es deswegen zu einer Bewegung kommt. Da die Person mit einer konstanten Kraft $F_\parallel$ in Bewegungsrichtung stösst, beträgt die am Einkaufswagen verrichtete Arbeit:

$$W = F_\parallel \cdot s = 30 \text{ N} \cdot 10 \text{ m} = 300 \text{ N} \cdot \text{m} = 300 \text{ J}$$

Beispiel 2.6

Ein Eimer voll Wasser wird mit einem Seil aus einem Ziehbrunnen gehoben. Wie gross ist die Arbeit, wenn dazu eine Kraft von 40 N erforderlich ist und der Eimer um 5 m angehoben werden muss, bis er oben am Brunnenrand ankommt? Da eine konstante Kraft parallel zur Bewegungsrichtung wirkt, gilt für die am Eimer verrichtete Arbeit:

$$W = F_\parallel \cdot s = 40 \text{ N} \cdot 5 \text{ m} = 200 \text{ N} \cdot \text{m} = 200 \text{ J}$$

$W = m \cdot g \cdot s$

Wir wissen nun, wie viel Arbeit eine konstante Kraft verrichtet, die parallel zur Bewegungsrichtung des Körpers wirkt. Wie ist es aber, wenn die Kraft und die Bewegungsrichtung nicht parallel sind? In Abb 2.5 verrichtet die Gewichtskraft am Schlittenfahrer Arbeit, denn der Schlittenfahrer wird durch die Gewichtskraft bewegt.

[Abb. 2.5] Schlittenfahrer auf schiefer Ebene

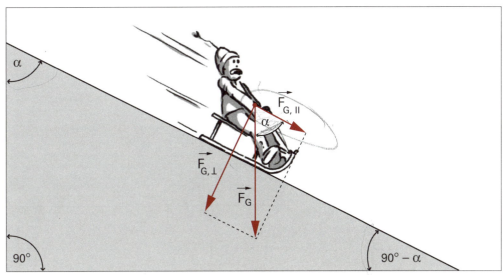

Nur die Parallelkomponente der Gewichtskraft verrichtet Arbeit am Schlittenfahrer.

Parallelkomponente, Senkrechtkomponente

Der Schlittenfahrer wird nur von der *Parallelkomponente* der Gewichtskraft bewegt. Die Parallelkomponente der Gewichtskraft ist diejenige Komponente, die parallel zur Bewegungsrichtung wirkt. Die *Senkrechtkomponente* der Gewichtskraft bewirkt *keine* Bewegung des Schlittenfahrers. Nur die Parallelkomponente der Gewichtskraft verrichtet somit Arbeit am Schlittenfahrer.

In der Mechanik haben Sie gelernt, wie eine Kraft $\vec{F}$ in Parallelkomponente $\vec{F}_\parallel$ und Senkrechtkomponente $\vec{F}_\perp$ zerlegt wird. Wenn α der Winkel zwischen Kraftrichtung und Bewegungsrichtung ist, so gilt für den Betrag der Parallelkomponente der Kraft:

Gleichung 2.3

$$F_\parallel = F \cdot \cos \alpha$$

Wenn eine konstante Kraft vom Betrag F auf den Körper wirkt, ist die am Körper erbrachte Arbeit somit:

Gleichung 2.4

$$W = F_\parallel \cdot s = F \cdot s \cdot \cos \alpha$$

Ist der Winkel α grösser als 90°, so wird cos α und damit die verrichtete Arbeit negativ.

Vorzeichen der Arbeit

Für das *Vorzeichen der Arbeit W* gilt somit:

- 0° ≤ α < 90° bedeutet $W = F \cdot s \cdot \cos \alpha > 0$.
- α = 90° bedeutet $W = F \cdot s \cdot \cos \alpha = 0$.
- 90° < α ≤ 180° bedeutet $W = F \cdot s \cdot \cos \alpha < 0$.

Beispiel 2.7 In Abb. 2.6 wirkt die Gewichtskraft auf einen Fussball. Je nach Flugrichtung beschleunigt oder bremst die Gewichtskraft den Fussball. Für die Arbeit W gilt:

- Freier Fall bedeutet $\alpha = 0°$, d. h. $W = F \cdot s \cdot \cos \alpha > 0$.
- Senkrechter Wurf nach oben bedeutet $\alpha = 180°$, d. h. $W = F \cdot s \cdot \cos \alpha < 0$.

[Abb. 2.6] Fallender und aufsteigender Fussball

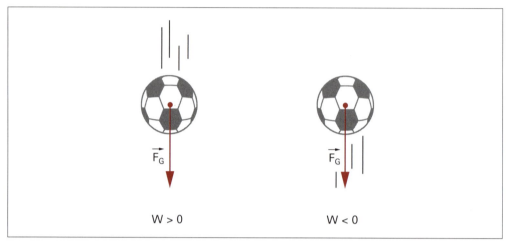

Das Vorzeichen der Arbeit W hängt vom Winkel zwischen Bewegungsrichtung und Kraft ab.

Beispiel 2.8 Sie heben Bücher vom Boden auf und stellen sie oben ins Regal. Die Kraft, die Sie auf die Bücher ausüben und die Bewegungsrichtung zeigen beide nach oben: $\alpha = 0°$, $\cos \alpha = 1$. Die Arbeit $W = F \cdot s \cdot \cos \alpha$, die an den Büchern verrichtet wird, ist positiv.

Beispiel 2.9 Sie heben Bücher vom Boden auf und stellen sie oben ins Regal. Die Gewichtskraft der Bücher, die auf Sie wirkt, zeigt nach unten und die Bewegungsrichtung nach oben: $\alpha = 180°$, $\cos \alpha = -1$. Die Arbeit $W = F \cdot s \cdot \cos \alpha$, die an Ihnen verrichtet wird, ist negativ.

Beispiel 2.10 In Abb. 2.7 zieht jemand einen Koffer hinter sich her. Der Winkel zwischen der Kraft und der Bewegungsrichtung beträgt $\alpha = 35°$. Der Betrag der Zugkraft ist $F = 60$ N.

[Abb. 2.7] Eine Person zieht einen Koffer hinter sich her

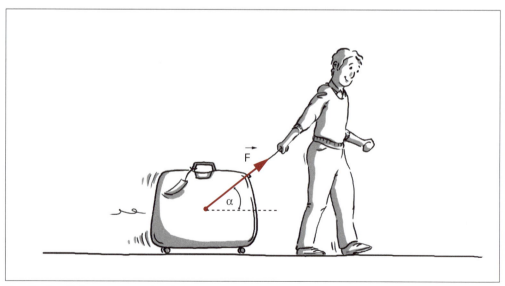

Nur die Parallelkomponente der Kraft ist für die am Koffer verrichtete Arbeit entscheidend.

Welche Arbeit verrichtet die Person am Koffer, wenn sie ihn $s = 5$ m weit zieht?

Der Betrag der Parallelkomponente der Kraft ist:

$$F_{\parallel} = F \cdot \cos \alpha = 60 \text{ N} \cdot \cos 35° = 49 \text{ N}$$

Die am Koffer verrichtete Arbeit beträgt:

$$W = F_{\parallel} \cdot s = F \cdot s \cdot \cos \alpha = 60 \text{ N} \cdot \cos 35° \cdot 5 \text{ m} = 245 \text{ N} \cdot \text{m} = 245 \text{ J}$$

Kraft-Weg-Diagramm

Betrachten wir nochmal die Arbeit einer konstanten Kraft $F_{\parallel}$. Für eine konstante Kraft $F_{\parallel}$ ist in Abb. 2.8 das so genannte *Kraft-Weg-Diagramm* dargestellt. Das Kraft-Weg-Diagramm zeigt, wie gross der Betrag der Kraft ist, die auf den Körper wirkt. Die verrichtete Arbeit $W = F_{\parallel} \cdot s$ entspricht gerade der Rechtecksfläche unter der horizontalen Geraden in Abb. 2.8, denn die Seitenlängen des Rechtecks sind $F_{\parallel}$ und s.

[Abb. 2.8]   Kraft-Weg-Diagramm

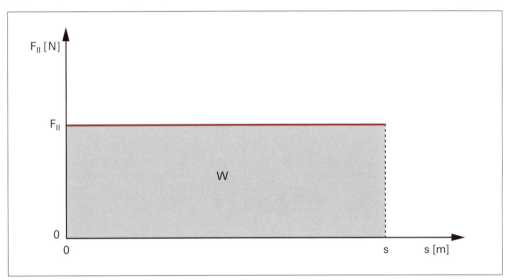

Bei konstanter Kraft $F_{\parallel}$ entspricht die Arbeit $W = F_{\parallel} \cdot s$ der Rechtecksfläche unter der horizontalen Geraden im Kraft-Weg-Diagramm.

Arbeits-Diagramm

Im Allgemeinen ist die Kraft entlang des Weges nicht konstant. Dann zeigt das Kraft-Weg-Diagramm keine horizontale Gerade mehr, sondern eine Kurve. Aber auch dann gilt: *Die verrichtete Arbeit W ist gleich der Fläche unter der Kurve im Kraft-Weg-Diagramm.* Das Kraft-Weg-Diagramm wird deshalb auch als *Arbeits-Diagramm* bezeichnet.

Beispiel 2.11

In Abb. 2.9 ist das Kraft-Weg-Diagramm der Federkraft dargestellt. Die Federkraft ist eine variable Kraft: Die Federkraft ist proportional zur Dehnung.

$$F_{\parallel} = D \cdot s$$

$$[D] = \text{N} / \text{m}$$

Die Federkonstante D beschreibt die Steifheit, bzw. die Härte der Feder. Die Gleichung für die Federkraft gilt nur, solange die Feder nicht überdehnt wird. Im Kraft-Weg-Diagramm erscheint die Federkraft als steigende Gerade.

[Abb. 2.9] Kraft-Weg-Diagramm

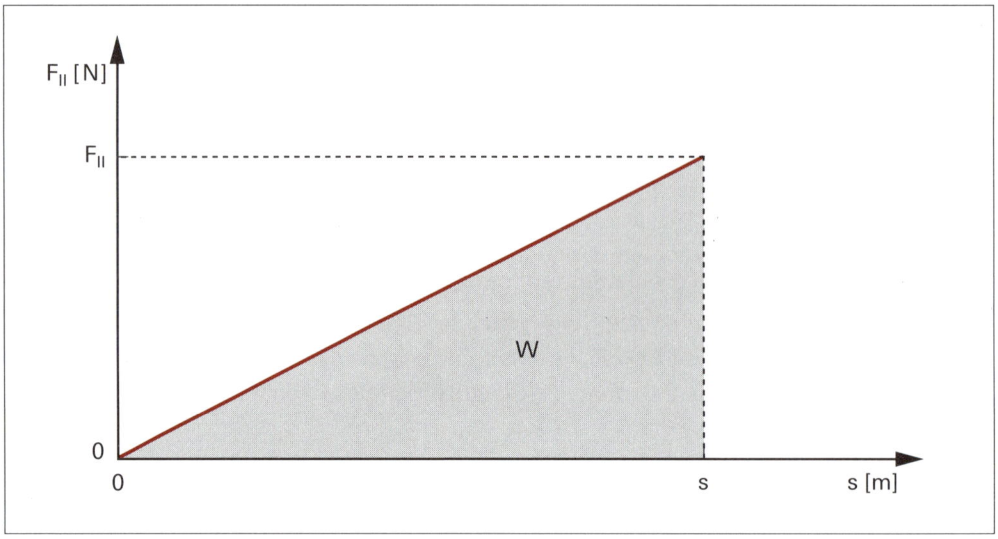

Die Arbeit ist gleich der Fläche unter der Gerade im Kraft-Weg-Diagramm.

Die Arbeit, die bei der Dehnung der Feder verrichtet wird, ist gleich der Fläche unter der Kurve im Kraft-Weg-Diagramm in Abb. 2.9. Die Fläche ist eine Dreiecksfläche. Für sie gilt:

$$\text{Dreiecksfläche} = \frac{1}{2} \cdot \text{Grundlinie} \cdot \text{Höhe}$$

Die Dreiecksfläche, d. h., die bei der Dehnung verrichtete Arbeit ist somit:

$$W = \frac{1}{2} \cdot s \cdot F_\| = \frac{1}{2} \cdot s \cdot D \cdot s = \frac{1}{2} \cdot D \cdot s^2$$

Das letzte Beispiel hat uns gezeigt, wie gross die beim Dehnen einer Feder mit Federkonstante D verrichtete Dehnungsarbeit ist:

Gleichung 2.5

$$W = \frac{1}{2} \cdot D \cdot s^2$$

Die Dehnungsarbeit ist proportional zur Federkonstante und proportional zur Dehnung im Quadrat.

Die Arbeit W, die am Körper durch die konstante Kraft $F_\parallel$ längs des Wegs s verrichtet wird, beträgt:

$$W = F_\parallel \cdot s$$

Die SI-Einheit der Arbeit ist das Joule:

$$1\,J = 1\,N \cdot 1\,m = 1\,kg \cdot m^2 \cdot s^{-2}$$

Wenn die Kraft F und die Bewegungsrichtung einen Winkel α einschliessen, so verrichtet nur die Parallelkomponente der Kraft eine Arbeit, denn nur die Parallelkomponente bewirkt eine Bewegung. Für den Betrag der Parallelkomponente der Kraft gilt:

$$F_\parallel = F \cdot \cos \alpha$$

Die konstante Kraft F verrichtet am Körper die Arbeit:

$$W = F_\parallel \cdot s = F \cdot s \cdot \cos \alpha$$

Vorzeichen der Arbeit W:

- $0° \leq \alpha < 90°$ bedeutet $W = F \cdot s \cdot \cos \alpha > 0$.
- $\alpha = 90°$ bedeutet $W = F \cdot s \cdot \cos \alpha = 0$.
- $90° < \alpha \leq 180°$ bedeutet $W = F \cdot s \cdot \cos \alpha < 0$.

Die verrichtete Arbeit W ist gleich der Fläche unter der Kurve im Kraft-Weg-Diagramm.

Aufgabe 122 Sie heben eine Schachtel (Gewichtskraft 200 N) 1.5 m hoch. Wie viel Arbeit wird an der Schachtel verrichtet? 200 · 1,5 = 300 J ✓

Aufgabe 3 Ein Schlitten rutscht einen Hang mit 30° Steigung hinunter. Die Gewichtskraft des Schlittens ist 100 N.

A) Welche Beschleunigungsarbeit verrichtet die Gewichtskraft am Schlitten, wenn er 10 m weit den Hang hinunter rutscht?

B) Welche Bremsarbeit verrichtet die Gewichtskraft am Schlitten, wenn er sich 10 m hangaufwärts bewegt?

Aufgabe 33 Der Mond bewegt sich auf einer Kreisbahn um die Erde. Welche Arbeit verrichtet die Gravitationskraft der Erde am Mond, währenddem der Mond die Erde einmal umkreist? Machen Sie zur Hilfe eine Skizze von Mond und Erde, in die Sie die Gravitationskraft der Erde auf den Mond und die Bewegungsrichtung des Mondes einzeichnen.

Aufgabe 63 Unter einem Hooke'schen Bogen können Sie sich einen klassischen Pfeilbogen aus einer Haselrute vorstellen. Der Betrag der Kraft, die es braucht, um einen Hooke'schen Bogen zu spannen, ist proportional zur Dehnung: $F = D \cdot s$. Unter einem Verbundbogen können Sie sich den modernen Sportpfeilbogen vorstellen. Die Kraft-Weg-Diagramme für einen Hooke'schen Bogen und einen Verbundbogen sind in Abb. 2.10 dargestellt. Das Kraft-Weg-Diagramm zeigt die Kraft F, die bei der Dehnung s auf die Saitenmitte wirken muss.

[Abb. 2.10]   Kraft-Weg-Diagramm

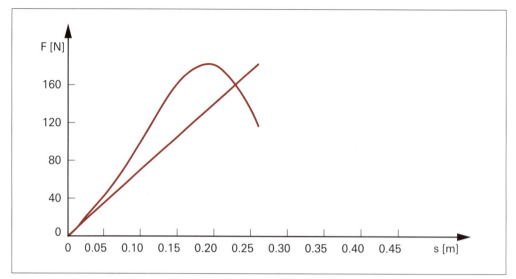

Kraft-Weg-Diagramm eines Hooke'schen Bogens (Gerade) und eines Verbundbogens (krumme Kurve)

A] Schätzen Sie für den Hooke'schen Bogen die Arbeit ab, die an der Saite verrichtet werden muss, um sie $s = 0.25$ m auszulenken.

B] Welchen Vorteil weist der Verbundbogen gegenüber dem Hooke'schen Bogen auf?

2.3   Wie gross ist die Leistung?

Bei der Berechnung der Arbeit $W = F_\parallel \cdot s$ spielt es keine Rolle, wie lange es gedauert hat, um die Arbeit zu verrichten. Oft wollen wir aber angeben, wie schnell eine bestimmte Arbeit ausgeführt wird:

- Ein Auto beschleunigt auf der Ebene in 20 s von 0 km/h auf 100 km/h. Die Leistung des Motors ist klein.
- Die Ägypter haben in 20 Jahren die Cheopspyramide erbaut. Eine gigantische Leistung der beteiligten Menschen?
- Ein Maurer hat in 1 h nur 10 Ziegelsteine in den ersten Stock des Hauses getragen. Keine grosse Leistung des Maurers.

Mittlere Leistung

Mit der mittleren Leistung beschreibt man in der Physik, wie viel Arbeit in einer gewissen Zeit verrichtet wird. Die *mittlere Leistung* der im Zeitintervall Δt verrichteten Arbeit W ist definiert als:

Gleichung 2.6

$$P = \frac{W}{\Delta t}$$

Das Formelzeichen für die mittlere (durchschnittliche) Leistung ist der Buchstabe P in Anlehnung an das englische Wort power (Leistung). Man spricht von der *mittleren* Leistung, da die Kraft während dem Zeitintervall Δt eventuell nicht konstant war.

Watt

Die Leistung ist eine so wichtige Grösse, dass die SI-Einheit der Leistung einen eigenen Namen erhalten hat: *Watt*. Die Einheit der Leistung erinnert an den englischen Ingenieur, Erfinder und Industriellen James Watt (1736–1819). Für die SI-Einheit Watt gilt gemäss Gleichung 2.6:

Gleichung 2.7

$$1\ W = 1\ J\ /\ 1\ s = 1\ N \cdot m \cdot s^{-1} = 1\ kg \cdot m^2 \cdot s^{-3}$$

Beispiel 2.12 An einem Körper wurde die Arbeit $W = 6\,000$ J verrichtet. Diese Arbeit wurde im Zeitintervall $\Delta t = 5$ min verrichtet. Die mittlere Leistung P der Arbeit ist somit:

$$P = W / \Delta t = 6\,000 \text{ J} / 5 \text{ min} = 6\,000 \text{ J} / 300 \text{ s} = 20 \text{ J/s} = 20 \text{ W}$$

Es handelt sich bei den 20 W um die mittlere Leistung, denn wir wissen nicht, ob bei der Arbeit ein «Endspurt» eingelegt wurde.

Eine mittlere Leistung von 1 W bedeutet, dass in der Zeit $\Delta t = 1$ s die Arbeit $W = 1$ J verrichtet wird. Die mittlere Leistung 1 W ist verhältnismässig klein. Häufig trifft man deshalb bei Leistungsangaben Vorsilben an:

1 kW $= 1$ Kilowatt $= 10^3$ W

1 MW $= 1$ Megawatt $= 10^6$ W

1 GW $= 1$ Gigawatt $= 10^9$ W

Auf Maschinen und Geräten wird in der Regel deren maximale Leistung angegeben. Die maximale Leistung einiger Geräte ist in Tab. 2.1 aufgelistet.

[Tab. 2.1] Maximale Leistung

Situation	Maximale Leistung P [W]
Helle Glühbirne	10^2
Mittelklasseauto	10^5
Lokomotive	10^6
Kernkraftwerk	10^9
Spaceshuttle beim Start	10^{10}
Sonne	10^{26}

Kennt man die mittlere Leistung P eines Geräts und die Zeitspanne Δt, während der das Gerät in Betrieb war, so kann man die Arbeit W berechnen, die das Gerät verrichtet hat:

Gleichung 2.8 $W = P \cdot \Delta t$

Beispiel 2.13 Die maximale Leistung einer Hebebühne beträgt $P = 2.0$ kW. Die Hebebühne hebt die Ladung bei maximaler Belastung in $\Delta t = 10$ s in eine Höhe von $s = 1.2$ m. Wie viel Arbeit wird bei maximaler Belastung von der Hebebühne verrichtet, wenn sie die Ladung in eine Höhe von 1.2 m hebt?

$$W = P \cdot \Delta t = 2.0 \cdot 10^3 \text{ W} \cdot 10 \text{ s} = 2.0 \cdot 10^4 \text{ J} = 20 \text{ kJ}$$

Wenn die Hebebühne in $\Delta t = 10$ s eine Arbeit von $W = 20$ kJ verrichtet, so erbringt sie ihre maximale Leistung. Wie schwer darf die Hebebühne dabei beladen werden? Die Hebebühne muss die Gewichtskraft überwinden. Sie muss also auf die Masse m mindestens die Kraft $F = m \cdot g$ ausüben, damit sich die Masse nach oben bewegt. Die Hebebühne verrichtet beim Heben der Masse m in die Höhe s die Arbeit:

$$W = F_{\parallel} \cdot s = m \cdot g \cdot s$$

Die Masse, die bei maximaler Belastung angehoben werden kann, beträgt somit:

$$m = W / (g \cdot s) = 2.0 \cdot 10^4 \text{ J} / (9.81 \text{ m/s}^2 \cdot 1.2 \text{ m}) = 1.7 \cdot 10^3 \text{ kg} = 1.7 \text{ t}$$

Wenn mehr als 1.7 t auf der Hebebühne stehen, ist der Motor der Hebebühne überlastet, das heisst, die Hebebühne kann die Last nicht mehr so schnell oder gar nicht mehr heben.

In der Zeit Δt wird von einem Körper die Arbeit W verrichtet. Dies bedeutet eine mittlere Leistung P:

$$P = W / \Delta t$$

Die SI-Einheit für die mittlere Leistung ist das Watt:

$$[P] = 1\,W = 1\,J / 1\,s = 1\,kg \cdot m^2 \cdot s^{-3}$$

Die von einem Gerät mit der mittleren Leistung P in der Zeit Δt verrichtete Arbeit W beträgt:

$$W = P \cdot \Delta t$$

Aufgabe 93 — Ein Automotor beschleunigt ein 1 200 kg schweres Auto von 0 km/h auf 100 km/h in 10 s. Wie gross ist die mittlere Leistung des Automotors?

Aufgabe 123 — Der volle Lift (600 kg) fährt in 1 min in eine Höhe von 100 m. Wie gross ist die mittlere Leistung des Liftmotors?

$$P = \frac{W}{\Delta t} = \frac{m \cdot g \cdot h}{\Delta t} = \frac{600\,kg \cdot 9{,}81\,\frac{m}{s^2} \cdot 100\,m}{60\,s} = 9810\,W \approx 10\,kW \checkmark$$

Aufgabe 4 — Sie lassen eine 20 W Glühlampe während einer Stunde brennen. Wie viel Arbeit muss dazu an der Turbine im Elektrizitätskraftwerk verrichtet werden, wenn es beim Transport der elektrischen Energie zu keinen Verlusten kommt?

$$P = \frac{W}{\Delta t} \qquad W = P \cdot \Delta t = 20\,W \cdot 3600\,s = 72'000\,J \to 72\,kJ \checkmark$$

Aufgabe 34 — Ein älterer Mensch (70 kg) überwindet eine Höhendifferenz von 300 m in einer Stunde. Berechnen Sie seine mittlere Leistung.

$$P = \frac{W}{t} = \frac{m \cdot g \cdot h}{\Delta t} = \frac{70\,kg \cdot 9{,}81\,\frac{m}{s^2} \cdot 300\,m}{3600\,s} = 57\,W \checkmark$$

Aufgabe 64 — Wie lange braucht eine Pumpe, um aus einem 50 m tiefen Brunnenschacht 1 000 l Wasser zu fördern? Die mittlere Leistung des Pumpenmotors ist 4.5 kW.

$$t = \frac{W}{P} = \frac{m \cdot g \cdot h}{P} = \frac{998\,kg \cdot 9{,}81\,\frac{m}{s^2} \cdot 50\,m}{4{,}5 \cdot 10^3\,W} = 108\,s$$

$1\,m^3$; $\rho = \frac{m}{V}$; $\rho \cdot V = m$; $998\,\frac{kg}{m^3} \cdot 1\,m^3 = m = 998\,kg$

Aufgabe 94 — Bei Energiezählern für elektrische Energie trifft man die Einheit kWh (Kilowattstunde) an.

$kW \cdot h = P \cdot t = W$; $W = $ Arbeit

A] Was bedeutet diese Angabe – eine Arbeit oder eine Leistung?

B] Wie gross ist 1 kWh in SI-Einheiten? $1\,kW = 1000\,W$; $1\,h = 3600\,s$

$\to 1000\,W \cdot 3600\,s = 3'600'000\,J = 3{,}6\,MJ$

Aufgabe 93 $P = \frac{W}{\Delta t}$

$\Delta E = W$; $E_{kin} = \frac{1}{2} m \cdot v^2$; $P = \frac{\frac{1}{2} m \cdot v^2}{\Delta t}$

$$\frac{\frac{1}{2} \cdot 1200\,kg \cdot 100\,\frac{km^2}{h}}{10\,s} = 46296\,W = \underline{46\,kW}$$

3 Wie berechnet man eine Energie?

Schlüsselfragen dieses Abschnitts:

- Wie berechnet man die Energie eines Körpers?
- Wie berechnet man die kinetische Energie eines Körpers?
- Wie berechnet man die potenzielle Energie eines Körpers?

Ein Körper kann mit seiner Energie eine Arbeit verrichten. Seine Energie hat der Körper, weil zuvor an ihm Arbeit verrichtet wurde. Wir wollen als Nächstes mit diesem Grundsatz eine Gleichung für die Bewegungsenergie und die Lageenergie herleiten. Damit sind Sie in der Lage, z. B. die Lageenergie des Wassers in einem Stausee wie dem Grande-Dixence-Stausees in Abb. 3.1 zu berechnen.

[Abb. 3.1]   Grande-Dixence-Stausee

Wie viel Energie steckt im Wasser des Grande-Dixence-Stausees? Bild: Hulda Jossen / RDB

3.1 Wie berechnet man die Energie eines Körpers?

Energie, Energieänderung

Die *Energie*, die ein Körper hat, bevor an ihm Arbeit verrichtet wird, bezeichnen wir mit E_1. Die Energie, die der Körper nach der Arbeit hat, bezeichnen wir mit E_2. Wir setzen die *Energieänderung* ΔE des Körpers nun mit der an ihm verrichteten Arbeit W gleich:

Gleichung 3.1

$$\Delta E = E_2 - E_1 = W$$

Damit haben wir festgelegt, was die Grösse Energie in der Physik bedeutet. Man kann Gleichung 3.1 als eine Definition für die Energie auffassen. Die Energie hat damit die gleiche Einheit wie die Arbeit: Joule. Gleichung 3.1 lässt sich umformen in:

Gleichung 3.2

$$E_2 = E_1 + W$$

Die Energie E_2 des Körpers ist die Energie E_1 plus die an ihm verrichtete Arbeit W.

Vorzeichen der Energieänderung	Für das *Vorzeichen der Energieänderung* ΔE gilt: Wenn die Arbeit W, die am Körper verrichtet wird, positiv ist, so nimmt seine Energie zu, ΔE ist positiv. Wenn die Arbeit W, die am Körper verrichtet wird, negativ ist, so nimmt seine Energie ab, ΔE ist negativ.

Beispiel 3.1 In Abb. 3.2 räumt jemand am Boden liegende Bücher ins Regal.

[Abb. 3.2]   Jemand hebt Bücher ins Regal

Die Energie des Buchs nach der Arbeit ist gleich der Energie des Buchs vor der Arbeit plus die an ihm verrichtete Arbeit.

Die Energie E_2 eines Buchs, das im Regal steht, ist gleich der Energie E_1 des Buchs, als es noch am Boden lag, plus die Hubarbeit W, die an ihm verrichtet wurde:

$$E_2 = E_1 + W$$

Mit Gleichung 3.2 können wir die Energie eines Körpers berechnen: Die an einem Körper ohne Energie ($E = 0$ J) verrichtete Arbeit W bewirkt, dass der Körper nach der Arbeit die Energie $E = W$ hat.

- Beschleunigungsarbeit führt zu Bewegungsenergie.
- Hubarbeit führt zu Lageenergie.
- Dehnungsarbeit führt zu elastischer Energie.
- Reibungsarbeit führt zu Wärme.

Die zu den verschiedenen Energieformen führenden Arbeiten sind in Tab. 3.1 gegenübergestellt.

[Tab. 3.1]   Energieformen und Arbeiten

Arbeit	Energieform
Beschleunigungsarbeit	Bewegungsenergie (kinetische Energie)
Hubarbeit	Lageenergie (gravitationelle potenzielle Energie)
Dehnungsarbeit	Elastische Energie (elastische potenzielle Energie)
Reibungsarbeit	Wärme (kinetische Energie)

Beispiel 3.2 Um ein Buch vom Boden ins Regal zu stellen, muss auf das Buch auf der Strecke $s = 2$ m eine Kraft $F = 10$ N wirken. Am Buch wird dabei Hubarbeit verrichtet:

$$W = F \cdot s = 20 \text{ N} \cdot \text{m} = 20 \text{ J}$$

Durch die Hubarbeit hat die potenzielle Energie des Buchs um $W = 20$ J zugenommen. Das Buch hatte am Boden keine Lageenergie. Somit ist die Lageenergie des Buchs im Regal $E = 20$ J.

Beispiel 3.3 Die Dehnungsarbeit an einer Feder beträgt gemäss Gleichung 2.5:

$$W = \frac{1}{2} \cdot D \cdot s^2$$

Die elastische Energie einer um die Strecke s gedehnten Feder beträgt somit:

$$E_{el} = \frac{1}{2} \cdot D \cdot s^2$$

Ausblick: Aus der am Körper verrichteten Beschleunigungsarbeit W werden wir in Abschnitt 3.2 die kinetische Energie des Körpers berechnen. Aus der am Körper verrichteten Hubarbeit W werden wir in Abschnitt 3.3 die (gravitationelle) potenzielle Energie des Körpers berechnen. Aus der am Körper verrichteten Reibungsarbeit können wir die entstehende Wärme berechnen. Dies werden wir erst in Abschnitt 5.1 tun.

Vor dem Verrichten der Arbeit hat der Körper die Energie E_1. Nachher hat er die Energie E_2. Die Energieänderung ΔE des Körpers ist gleich der an ihm verrichteten Arbeit W:

$$\Delta E = E_2 - E_1 = W$$

Die SI-Einheit der Energie ist das Joule: $[E] = $ J.

Mit der Arbeit W, die an einem Körper verrichtet wird, können wir die Energie E des Körpers berechnen.

- Beschleunigungsarbeit führt zu Bewegungsenergie.
- Hubarbeit führt zu Lageenergie.
- Dehnungsarbeit führt zu elastischer Energie.
- Reibungsarbeit führt zu Wärme.

Aufgabe 124 Was lässt sich über die Energie eines Körpers sagen, wenn die an ihm verrichtete Arbeit

A] $W = 2\,000$ J beträgt,

B] $W = -2\,000$ J beträgt?

Aufgabe 5 Um einen Pfeilbogen zu spannen, müssen Sie an ihm die Arbeit $W = 25$ J verrichten.

A] Was lässt sich über die Energie des Pfeilbogens nach dem Spannen des Bogens sagen?

B] Was lässt sich über die Energie des Schützen nach dem Spannen des Bogens sagen?

3.2 Wie berechnet man die kinetische Energie eines Körpers?

Beschleunigungsarbeit

Die kinetische Energie eines Körpers ist die Energie, die er infolge seiner Geschwindigkeit hat. Wenn wir die kinetische Energie eines Körpers berechnen wollen, so müssen wir uns fragen, welche Arbeit aufgewendet wurde, um ihm die Geschwindigkeit zu geben. Wir fragen also nach der Arbeit, die erforderlich ist, um den Körper aus der Ruhe auf die Geschwindigkeit v zu beschleunigen. Diese Arbeit wird *Beschleunigungsarbeit* genannt.

Die Beschleunigungsarbeit

Wir berechnen die Beschleunigungsarbeit, die an einem Körper verrichtet wird, für den Fall, dass eine konstante Kraft $F_{\parallel}$ auf den Körper wirkt. Sie können sich z. B. den fallenden Blumentopf in Abb. 3.3 vorstellen, auf den die konstante Gewichtskraft F_G wirkt.

[Abb. 3.3] Frei fallender Blumentopf

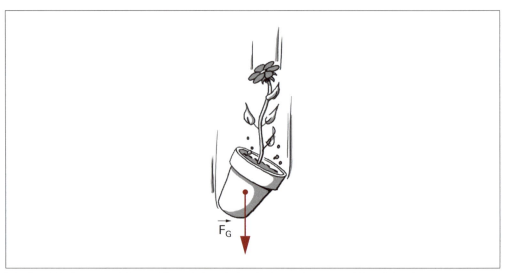

Die Gewichtskraft verrichtet während dem freien Fall am Blumentopf Beschleunigungsarbeit.

Gemäss Kraftwirkungsgesetz bewirkt die Kraft $F_{\parallel}$ die Beschleunigung $a = F_{\parallel} / m$. Welche Strecke s hat der ursprünglich ruhende Blumentopf zurückgelegt, wenn er die Geschwindigkeit v erreicht hat? Die Antwort kommt aus der Kinematik. Dort haben Sie die Bewegungsgleichung der gleichmässig beschleunigten Bewegung kennen gelernt:

$$s = \frac{v^2}{2 \cdot a}$$

Somit gilt für die Strecke s, die der Blumentopf vom Stillstand bis zur Geschwindigkeit v zurückgelegt hat:

$$s = \frac{m \cdot v^2}{2 \cdot F_{\parallel}}$$

Die am Körper auf der Strecke s verrichtete Beschleunigungsarbeit W ist somit:

$$W = F_{\parallel} \cdot s = F_{\parallel} \cdot \frac{m \cdot v^2}{2 \cdot F_{\parallel}} = \frac{1}{2} \cdot m \cdot v^2$$

Wenn ein Körper der Masse m durch eine konstante Kraft aus der Ruhe auf die Geschwindigkeit v beschleunigt wird, so wird am Körper die Beschleunigungsarbeit W verrichtet:

Gleichung 3.3

$$W = \frac{1}{2} \cdot m \cdot v^2$$

Gemäss Gleichung 3.3 hängt Beschleunigungsarbeit nur von der Masse m des Körpers und seiner Endgeschwindigkeit v ab. Die Beschleunigungsarbeit ist unabhängig von der beschleunigenden Kraft $F_{||}$ und vom Beschleunigungsweg s.

Bei der Herleitung der Gleichung 3.3 haben wir angenommen, dass eine konstante Kraft $F_{||}$ auf den Körper wirkt. Man kann aber beweisen, dass die Gleichung 3.3 auch für eine variable Kraft gilt. Es spielt also keine Rolle, wie der Körper zu seiner Geschwindigkeit v kommt. Die Beschleunigungsarbeit ist immer durch Gleichung 3.3 gegeben.

Beispiel 3.4

Zwei 40-t–Lastwagen sind mit 80 km/h auf der Autobahn unterwegs. Die Motoren der beiden Lastwagen mussten die gleiche Beschleunigungsarbeit $W = (m \cdot v^2)/2$ verrichten.

Die Gleichung für die kinetische Energie

Um einen Körper der Masse m aus der Ruhe auf die Geschwindigkeit v zu beschleunigen, muss die Beschleunigungsarbeit W verrichtet werden:

$$W = \frac{1}{2} \cdot m \cdot v^2$$

Kinetische Energie

Die am Körper verrichtete Beschleunigungsarbeit W führt zu *kinetischer Energie* E_k des Körpers. Ein Körper der Masse m mit der Geschwindigkeit v hat somit die kinetische Energie:

Gleichung 3.4

$$E_k = \frac{1}{2} \cdot m \cdot v^2$$

Die kinetische Energie E_k des Körpers hängt nur von seiner Masse m und Geschwindigkeit v ab.

Beispiel 3.5

Wie gross ist die kinetische Energie eines Autos mit der Masse 1.3 t, wenn es eine Geschwindigkeit von 30 km/h respektive von 60 km/h hat?

Bei 30 km/h = 8.3 m/s hat das Auto die kinetische Energie:

$$E_k = \frac{1}{2} \cdot 1.3 \cdot 10^3 \text{kg} \cdot \left(8.3 \frac{\text{m}}{\text{s}}\right)^2 = 4.5 \cdot 10^4 \text{ kg} \cdot \frac{\text{m}^2}{\text{s}^2} = 4.5 \cdot 10^4 \text{J}$$

Bei 60 km/h = 17 m/s hat das Auto die kinetische Energie:

$$E_k = \frac{1}{2} \cdot 1.3 \cdot 10^3 \text{kg} \cdot \left(17 \frac{\text{m}}{\text{s}}\right)^2 = 1.9 \cdot 10^5 \text{ kg} \cdot \frac{\text{m}^2}{\text{s}^2} = 1.9 \cdot 10^5 \text{J}$$

Bei 60 km/h ist die kinetische Energie viermal so gross wie bei 30 km/h. Dies kommt daher, dass die kinetische Energie proportional zu v^2 ist. Doppelte Geschwindigkeit bedeutet daher vierfache kinetische Energie. Dies ist bei einer Kollision zwischen Auto und Fussgänger entscheidend, denn der Schaden eines Autounfalls hängt davon ab, wie viel «Deformationsarbeit» das Auto mit seiner Energie am Fussgänger verrichten kann.

Der Einfluss des Bezugssystems auf die kinetische Energie

Bezugssystem für die Geschwindigkeit

Bevor Sie die kinetische Energie eines Körpers berechnen können, müssen Sie ein *Bezugssystem für die Geschwindigkeit v* festlegen. Der Wert der kinetischen Energie E_k hängt von Ihrer Wahl des Bezugssystems ab.

Beispiel 3.6

Sie sind mit dem Zug unterwegs. Über Ihnen liegt Ihr Koffer in der Gepäckablage. Von Ihnen aus gesehen ist der Koffer in Ruhe. Wenn die Geschwindigkeit des Koffers relativ zu Ihnen gemessen wird, so ist sie null. Relativ zu Ihnen ist die kinetische Energie des Koffers null. Eine Person, die am Gleis steht, sieht Sie und den Koffer im Zug vorbeifahren. Diese Person würde sagen, dass sich der Koffer bewegt. Wenn die Geschwindigkeit des Koffers relativ zur am Gleis stehenden Person gemessen wird, so ist die Geschwindigkeit nicht null. Relativ zur Person am Gleis ist die kinetische Energie des Koffers nicht null.

Änderung der kinetischen Energie

Im Zusammenhang mit Energie ist meist nur die Energieänderung ΔE interessant, da die am Körper verrichtete Arbeit W gleich der Energieänderung ΔE ist:

$$W = \Delta E = E_2 - E_1$$

Wir fragen uns deshalb noch, wie viel Energie ΔE es braucht, um einen Körper mit der Geschwindigkeit v_1 auf die Geschwindigkeit v_2 zu beschleunigen oder zu bremsen.

Vorher hat der Körper der Masse m die kinetische Energie E_1:

$$E_1 = \frac{1}{2} \cdot m \cdot v_1^2$$

Nachher hat er die kinetische Energie E_2:

$$E_2 = \frac{1}{2} \cdot m \cdot v_2^2$$

Die Beschleunigungsarbeit W respektive die Energie ΔE, die erforderlich ist, um den Körper der Masse m von der Geschwindigkeit v_1 auf die Geschwindigkeit v_2 zu beschleunigen, beträgt:

Gleichung 3.5

$$W = \Delta E = E_2 - E_1 = \frac{1}{2} \cdot m \cdot v_2^2 - \frac{1}{2} \cdot m \cdot v_1^2 = \frac{1}{2} \cdot m \cdot (v_2^2 - v_1^2)$$

Vorzeichen der Beschleunigungsarbeit

Für das *Vorzeichen der Beschleunigungsarbeit und Energieänderung* gilt:

- Nimmt die Geschwindigkeit des Körpers zu, so nimmt die kinetische Energie des Körpers zu. Die Energieänderung ΔE ist positiv. Die Beschleunigungsarbeit W ist positiv.
- Nimmt die Geschwindigkeit des Körpers ab, so nimmt die kinetische Energie des Körpers ab. Die Energieänderung ΔE ist negativ. Die Beschleunigungsarbeit W ist negativ.

Beispiel 3.7

Wie ändert sich die kinetische Energie eines Steins der Masse 1 kg beim freien Fall, wenn er durch die Gewichtskraft von 0 m/s auf 10 m/s beschleunigt wird?

Die Änderung der kinetischen Energie des Steins ist:

$$\Delta E = \frac{1}{2} \cdot m \cdot (v_2^2 - v_1^2) = \frac{1}{2} \cdot 1\,\text{kg} \cdot \left(\left(10\frac{\text{m}}{\text{s}}\right)^2 - \left(0\frac{\text{m}}{\text{s}}\right)^2\right) = 50\,\text{J}$$

Die kinetische Energie des Steins nimmt um $\Delta E = 50$ J zu, weil an ihm die Beschleunigungsarbeit $W = \Delta E = 50$ J verrichtet wurde.

Beispiel 3.8 Wie ändert sich die kinetische Energie eines Steins der Masse 1 kg beim vertikalen Wurf nach oben, wenn er durch die Gewichtskraft von 10 m/s auf 0 m/s abgebremst wird?

Die Änderung der kinetischen Energie des Steins ist:

$$\Delta E = \frac{1}{2} \cdot m \cdot (v_2^2 - v_1^2) = \frac{1}{2} \cdot 1\,\text{kg} \cdot \left(\left(0\frac{\text{m}}{\text{s}}\right)^2 - \left(10\frac{\text{m}}{\text{s}}\right)^2\right) = -50\,\text{J}$$

Die kinetische Energie des Steins nimmt um $\Delta E = -50$ J ab, weil an ihm die Beschleunigungsarbeit $W = \Delta E = -50$ J verrichtet wurde.

Die kinetische Energie eines Körpers wird mit der Beschleunigungsarbeit berechnet, die verrichtet werden muss, um ihn aus der Ruhe auf die Geschwindigkeit v zu beschleunigen. Man erhält für die Beschleunigungsarbeit W und somit für die kinetische Energie E_k:

$$W = E_k = \frac{1}{2} \cdot m \cdot v^2$$

Die kinetische Energie E_k eines Körpers hängt von der Geschwindigkeit v und der Masse m des Körpers ab. Die kinetische Energie eines Körpers hängt nicht davon ab, wie die Geschwindigkeit erreicht wurde.

Es muss ein Bezugssystem festgelegt werden, bezüglich dem die Geschwindigkeit gemessen wird. Der Wert der kinetischen Energie eines Körpers hängt von der Wahl des Bezugssystems ab.

Aufgabe 35 Wie viel Beschleunigungsarbeit muss eine Lokomotive verrichten, während sie einen Zug aus dem Stand auf eine Geschwindigkeit von 100 km/h bringt? Die Lokomotive hat eine Masse von 100 t und jeder der fünf angehängten Wagen eine Masse von je 12 t.

m total 160'000 kg
$E = \frac{1}{2} \cdot 160'000 \cdot 27\,\text{m/s}^2 = \sim 62\,\text{MJ}$

Aufgabe 65 In der Vergangenheit sind immer wieder Kometen mit der Erde zusammengestossen. Wir betrachten in dieser Aufgabe einen Kometen mit einer Masse von 10^{13} kg, der mit einer Geschwindigkeit von $3 \cdot 10^4$ m/s relativ zur Erde auf die Erdatmosphäre prallt.

A] Mit welcher kinetischen Energie trifft er auf die Erdatmosphäre? *$4,5 \cdot 10^{21}$ J*

B] Wer richtet mehr Schaden an: ein Komet mit doppelter Masse oder ein Komet mit doppelter Geschwindigkeit? *Doppelt so schnell → doppelte Masse = doppelter Schaden, doppelte Geschwindigkeit = vierfacher Schaden*

Aufgabe 95 Vergleichen Sie die kinetische Energie eines Autos, das eine Geschwindigkeit von 50 km/h hat A_1, mit derjenigen, die dasselbe Auto mit 100 km/h hat. A_2

A1) = 96 J
A2) = 385 J
4x mehr

3.3 Wie berechnet man die potenzielle Energie eines Körpers?

Potenzielle Energie hat ein Körper, wenn eine Kraft auf ihn wirkt. Die Lageenergie eines Körpers ist ein Beispiel für eine potenzielle Energie. Sie kommt wegen der Gewichtskraft (Gravitationskraft) zustande, die auf jeden Körper auf der Erde wirkt. Man spricht deshalb von gravitationeller potenzieller Energie oder, wenn es keine Verwechslungsgefahr gibt, kurz von potenzieller Energie.

Beispiel 3.9

Auf das Wasser im Stausee wirkt die Gewichtskraft. Das Wasser im Stausee hat deshalb (gravitationelle) potenzielle Energie. Wenn Sie die Schieber (Schleusen) des Stausees öffnen, kann das Wasser mit seiner potenziellen Energie Arbeit an einer Turbine verrichten.

Hubarbeit

Wenn wir die (gravitationelle) potenzielle Energie eines Körpers berechnen wollen, so müssen wir uns fragen: Welche Arbeit musste am Körper verrichtet werden, um ihn in seine Lage (Höhe) zu bringen? Diese Arbeit wird *Hubarbeit* genannt.

Die Hubarbeit

Ein auf der Erdoberfläche liegender Körper mit der Masse m soll vertikal in die Höhe h gehoben werden. Sie können sich z. B. vorstellen, dass Sie die Kiste in Abb. 3.4 vom Boden in einen Umzugswagen stellen wollen.

[Abb. 3.4]   Heben einer Kiste

Um eine Kiste in die Höhe zu heben, muss man an der Kiste Hubarbeit verrichten.

Auf den Körper wirkt die Gewichtskraft mit dem Betrag $F_G = m \cdot g$. Die Fallbeschleunigung ist $g = 9.81$ m/s². Welche Kraft braucht es, um den Körper in die Höhe zu heben? Wenn die Kraft grösser als die Gewichtskraft ist, so wird der Körper nach oben beschleunigt. Am Körper wird dann nicht nur Hubarbeit, sondern auch Beschleunigungsarbeit verrichtet. Der Körper erhält dann potenzielle und kinetische Energie. Damit die Arbeit nur zum Heben des Körpers verwendet wird, darf am Körper keine Beschleunigungsarbeit verrichtet werden. Wenn auf den Körper eine Kraft F wirkt, deren Betrag nur ein klein wenig grösser ist als der Betrag der Gewichtskraft F_G, so ist die Beschleunigungsarbeit unwesentlich. Um den Körper trotz der nach unten ziehenden Gewichtskraft zu heben, braucht es somit eine nach oben gerichtete Kraft mit dem Betrag:

$$F_{||} = F_G = m \cdot g$$

Die Hubarbeit W, die es braucht, um einen Körper der Masse m vertikal in die Höhe h zu heben, ist:

$$W = F_{\parallel} \cdot s = m \cdot g \cdot h$$

Wenn ein Körper der Masse m durch eine konstante Kraft vom Boden in die Höhe h gehoben wird, so wird am Körper die Hubarbeit W verrichtet:

Gleichung 3.6

$$W = m \cdot g \cdot h$$

Gemäss Gleichung 3.6 hängt die Hubarbeit nur von der Masse m des Körpers und der Endhöhe h ab.

Bei der Herleitung der Gleichung 3.6 haben wir angenommen, dass der Körper vertikal angehoben wird. Man kann aber beweisen, dass die Gleichung 3.6 auch für beliebige Wege gilt, die vom Boden in die Höhe h führen. Die Hubarbeit, die an einem Körper der Masse m verrichtet werden muss, hängt nur von der Endhöhe h ab.

Beispiel 3.10 Ob Sie eine schwere Kiste senkrecht hochheben und auf die Ladefläche eines Lastwagens stellen, oder ob Sie die Kiste auf einem Wägelchen über ein Rampe zur Ladefläche hoch schieben, hat keinen Einfluss auf die an der Kiste verrichtete Hubarbeit. Sie beträgt immer $W = m \cdot g \cdot h$.

Die Gleichung für die (gravitationelle) potenzielle Energie

Um den Körper der Masse m in die Höhe h über Boden zu heben, muss man die Hubarbeit W verrichten:

$$W = m \cdot g \cdot h$$

Die am Körper verrichtete Hubarbeit W führt zu *potenzieller Energie* E_p des Körpers. Ein Körper der Masse m in der Höhe h über Boden hat die potenzielle Energie:

Gleichung 3.7

$$E_p = m \cdot g \cdot h$$

Die potenzielle Energie des Körpers hängt nur von seiner Masse m und Höhe h ab.

Beispiel 3.11 Der Grande-Dixence-Stausee liegt 1 700 m oberhalb der Stromgeneratoren und fasst $400 \cdot 10^9$ kg Wasser. Die potenzielle Energie des Wassers beträgt:

$$E_p = m \cdot g \cdot h = 400 \cdot 10^9 \text{ kg} \cdot 9.81 \text{ m/s}^2 \cdot 1\,700 \text{ m} = 6.67 \cdot 10^{15} \text{ J}$$

Der Einfluss des Bezugssystems auf die (gravitationelle) potenzielle Energie

Bezugssystem für die Höhe

Um die Höhe messen zu können, müssen wir ein *Bezugssystem für die Höhe h* festlegen. Dazu müssen wir den Nullpunkt der h-Achse festlegen. Das Nullniveau der Höhe muss nicht zwingend die Erdoberfläche oder der Meeresspiegel sein. Der Wert der potenziellen Energie eines Körpers hängt von der Wahl des Bezugssystems ab.

Beispiel 3.12 In Abb. 3.5 liegt ein Buch (Masse $m = 1$ kg) auf dem 1.2 m hohen Tisch. Wir wollen die potenzielle Energie des Buchs berechnen. Wenn wir den Nullpunkt der h-Achse auf den Boden legen, hat das Buch auf dem Tisch die potenzielle Energie $E_p = m \cdot g \cdot h = 12$ J, da seine Höhe $h = 1.2$ m ist. Legen wir hingegen den Nullpunkt der h-Achse auf den Tisch, so hat das Buch auf dem Tisch die potenzielle Energie $E_p = m \cdot g \cdot h = 0$ J, da seine Höhe $h = 0$ m ist.

[Abb. 3.5] Ein Buch liegt auf einem Tisch

Die potenzielle Energie des Buchs hängt von der Wahl des Nullpunkts der h-Achse ab.

Änderung der (gravitationellen) potenziellen Energie

Im Zusammenhang mit Energien ist meist nur die Energieänderung interessant, da die am Körper verrichtete Arbeit W gleich der Energieänderung ΔE ist:

$$W = \Delta E = E_2 - E_1$$

Wir fragen uns deshalb noch, wie viel Energie ΔE erforderlich ist, um einen Körper der Masse m von der Höhe h_1 auf die Höhe h_2 zu heben.

Vor dem Anheben hat der Körper die potenzielle Energie:

$$E_1 = m \cdot g \cdot h_1$$

Nachher hat er die potenzielle Energie:

$$E_2 = m \cdot g \cdot h_2$$

Die Hubarbeit W respektive die Energie ΔE, die erforderlich ist, um den Körper der Masse m von der Höhe h_1 auf die Höhe h_2 zu heben, beträgt:

Gleichung 3.8

$$W = \Delta E = E_2 - E_1 = m \cdot g \cdot h_2 - m \cdot g \cdot h_1 = m \cdot g \cdot (h_2 - h_1)$$

Beachten Sie: Diese Energieänderung ist unabhängig vom Bezugssystem, da die Höhendifferenz $\Delta h = h_2 - h_1$ in jedem Bezugssystem gleich gross ist.

Für das *Vorzeichen der Hubarbeit und Energieänderung* gilt:

Vorzeichen der Hubarbeit

- Nimmt die Höhe des Körpers zu, nimmt die potenzielle Energie des Körpers zu. Die Energieänderung ΔE ist positiv. Die Hubarbeit W ist positiv.
- Nimmt die Höhe des Körpers ab, nimmt die potenzielle Energie des Körpers ab. Die Energieänderung ΔE ist negativ. Die Hubarbeit W ist negativ.

Beispiel 3.13 Wie ändert sich die potenzielle Energie eines Buchs mit der Masse $m = 1$ kg, wenn es vom Boden auf einen 1.2 m hohen Tisch gehoben wird? Wir legen das Nullniveau auf die Höhe des Fussbodens. Die Höhe h des Buchs über dem Boden beträgt zuerst $h_1 = 0$ m; wird das Buch auf den Tisch gehoben, so steigt sie auf $h_2 = 1.2$ m an. Die Änderung der potenziellen Energie des Buchs ist somit:

$$\Delta E = m \cdot g \cdot (h_2 - h_1) = 1\,\text{kg} \cdot 9.81\,\frac{\text{m}}{\text{s}^2} \cdot (1.2\,\text{m} - 0\,\text{m}) = 1\,\text{kg} \cdot 9.81\,\frac{\text{m}}{\text{s}^2} \cdot 1.2\,\text{m} = 12\,\text{J}$$

Die potenzielle Energie des Buchs nimmt um $\Delta E = 12$ J zu, wenn Sie es vom Boden auf den Tisch heben. Dazu müssen Sie am Buch die Hubarbeit $W = \Delta E = 12$ J verrichten.

Die potenzielle Energie eines Körpers erhält man, indem man berechnet, welche Arbeit am Körper verrichtet werden muss, um ihn gegen die Kraft, die auf ihn wirkt, zu bewegen.

Die (gravitationelle) potenzielle Energie, die ein Körper aufgrund der Gewichtskraft hat, berechnen wir, indem wir die Hubarbeit ermitteln, die nötig war, um ihn gegen die Gewichtskraft in die Höhe zu heben. Die Gleichung für die Hubarbeit W und somit für die potenzielle Energie E_p eines Körpers lautet:

$$W = E_p = m \cdot g \cdot h$$

Die (gravitationelle) potenzielle Energie E_p eines Körpers hängt von der Höhe h und der Masse m des Körpers ab. Die potenzielle Energie eines Körpers hängt nicht davon ab, auf welchem Weg die Höhe h erreicht wurde.

Es muss ein Bezugssystem festgelegt werden, bezüglich dem die Höhe gemessen wird. Der Wert der potenziellen Energie hängt von der Wahl des Bezugssystems ab.

Aufgabe 125 Die Häuser A und B liegen an den Enden einer 200 m langen Strasse mit 10° Steigung. Welche Hubarbeit verrichten Sie, wenn Sie einen Schlitten mit der Masse 20 kg von A nach B hinaufziehen?

Aufgabe 6 Bei einem Wohnungsbrand pumpt die Feuerwehr das im Löschfahrzeug mitgeführte Wasser in ein 15 m höher gelegenes Stockwerk. Die Pumpe verrichtet während dem Löschen eine Arbeit von 235 kJ. Wie viele Liter Wasser wurden hochgepumpt?

Aufgabe 36 A] Wie gross ist die an einem 1.0 kg schweren Stein verrichtete Hubarbeit, wenn er 10 m tief gefallen ist?

B] Um wie viel hat sich durch diese Arbeit die potenzielle Energie des Steins geändert?

Exkurs: Der Energiebedarf der Menschheit

Ein Satellitenbild der Erde bei Nacht zeigt den Energiebedarf zur Beleuchtung der Aussenräume. Bild: NASA

Die Sonne sendet jährlich etwa $5 \cdot 10^{24}$ J Energie in Form von Lichtenergie auf die Erdoberfläche. Mit dieser Energie werden auf der Erde unterschiedliche Arbeiten verrichtet. Die Lichtenergie hält die Wasserkreisläufe der Erde in Gang, ist für Winde verantwortlich und lässt Pflanzen wachsen. $7 \cdot 10^{21}$ J (0.1 %) der Lichtenergie, die jährlich auf die Erde trifft, werden von Pflanzen bei der Fotosynthese absorbiert. Die Lichtenergie der Sonne steht dadurch hinter fast allen Vorgängen auf der Erde. Wenn wir das Holz der Bäume verbrennen, so nutzen wir indirekt die Lichtenergie, die von der Sonne vor einigen Jahrzehnten auf die Erde eingestrahlt wurde. Kohle oder Erdöl stammen grösstenteils von Pflanzen, die vor Millionen von Jahren durch Lichtenergie gewachsen sind. Wenn wir Kohle oder Erdöl verbrennen, so verwenden wir Energie, die vor Millionen von Jahren von der Sonne auf die Erde eingestrahlt wurde.

Der jährliche Energiebedarf der Menschen und ihrer Maschinen betrug im Jahr 2000 etwa $5 \cdot 10^{20}$ J. Dies ist etwa 10 000-mal weniger Energie als die Sonne in einem Jahr auf die Erde einstrahlt. Die Sonne liefert also prinzipiell genügend Energie, um den Energiebedarf von Mensch und Maschine zu decken. Die Umwandlung der Sonnenenergie in eine passende Energieform wie elektrische Energie ist aber weniger etabliert als die Umwandlung der chemischen Energie des Erdöls, des Holzes, der Kohle und des Erdgases. Deshalb war im Jahr 2000 weltweit gesehen Erdöl mit 35 % die wichtigste Energiequelle, gefolgt von Holz und Kohle mit 30 %, Erdgas mit 25 %, Kernenergie mit 7 % sowie Wasser und Wind mit 3 %.

Der Energiebedarf ist, was Menge und Energieform anbelangt, auf der Erde sehr ungleich verteilt und zeitlich nicht konstant. Zwischen 1850 und 2000 hat sich der Energiebedarf der Menschheit verzwanzigfacht, zwischen 1950 und 2000 vervierfacht. Mit steigendem finanziellen Wohlstand nimmt meist auch der Energieverbrauch zu. Ab einem gewissen finanziellen Wohlstand nimmt der Energieverbrauch weniger schnell zu, wenn der Wirkungsgrad der eingesetzten Maschinen besser wird und wenn Energiesparmassnahmen getroffen werden. In finanziell armen Ländern mit aufstrebenden Volkswirtschaften wird hingegen mit einem stark ansteigenden Energiebedarf gerechnet.

Teil B   Energieumwandlungen

Einstieg und Lernziele

Einstieg

Energieumwandlungen sind Vorgänge, bei denen Energie von einer Energieform in eine andere umgewandelt wird. Energieumwandlungen sind auch das Thema eines Gedichts von Wilhelm Busch:

Hier strotzt die Backe voller Saft,
da hängt die Hand, gefüllt mit Kraft.
Die Kraft, infolge der Erregung,
verwandelt sich in Schwingbewegung.
Bewegung, die in schnellem Blitze
zur Backe eilt, wird dort zur Hitze.
Die Hitze aber durch Entzündung
der Nerven, brennt als Schmerzempfindung
bis in den tiefsten Seelenkern
und dies Gefühl hat niemand gern.

Ohrfeige heisst man diese Handlung,
der Forscher nennt es Kraftverwandlung.

Wilhelm Busch spricht von Kraft und Kraftverwandlung, wir würden heute die Begriffe Energie und Energieumwandlung verwenden. Schlüsselfragen in Zusammenhang mit Energieumwandlungen, wie sie bei der Ohrfeige auftreten, sind:

- Was passiert bei Energieumwandlungen?
- Was passiert mit der Energie des Körpers bei Reibung?
- Kann man Energie erzeugen oder vernichten?

Lernziele

Nach der Bearbeitung des Abschnitts «Was passiert bei Energieumwandlungen?» können Sie

- die Begriffe «Energieumwandlung» und «mechanische Energieumwandlung» mit Beispielen erklären.
- Situationen angeben, bei denen potenzielle in kinetische Energie umgewandelt wird.
- Situationen angeben, bei denen kinetische in potenzielle Energie umgewandelt wird.

Nach der Bearbeitung des Abschnitts «Was passiert mit der Energie des Körpers bei Reibung?» können Sie

- die Reibungsarbeit berechnen, die am Körper verrichtet wird.
- den Wirkungsgrad einer Energieumwandlung berechnen.

Nach der Bearbeitung des Abschnitts «Kann man Energie erzeugen oder vernichten?» können Sie

- zeigen, dass die Gesamtenergie beim freien Fall konstant ist.
- den Energieerhaltungssatz für abgeschlossene und offene Systeme angeben.
- den Energieerhaltungssatz auf abgeschlossene Systeme anwenden.
- den Energieerhaltungssatz auf offene Systeme anwenden.

4 Was passiert bei Energieumwandlungen?

Schlüsselfragen dieses Abschnitts:

- Was bedeutet der Begriff Energieumwandlung?
- Wo wird potenzielle Energie in kinetische Energie umgewandelt?
- Wo wird kinetische Energie in potenzielle Energie umgewandelt?

Energie existiert in verschiedenen Formen. Wenn sie von einer Form in eine andere übergeht, sprechen wir von Energieumwandlung.

Beispiele für Energieumwandlungen: Im Benzinmotor wird chemische Energie in Bewegungsenergie und Wärme umgewandelt. Im Feuer wird chemische Energie in Wärme und Lichtenergie umgewandelt. Im Generator wird Bewegungsenergie in elektrische Energie umgewandelt. In der Herdplatte wird elektrische Energie in Wärme umgewandelt. In der Velobremse wird Bewegungsenergie in Wärme umgewandelt. In der Solarzelle wird Lichtenergie in elektrische Energie umgewandelt. In der Sonne wird Kernenergie in Wärme und Lichtenergie umgewandelt. Beim freien Fall des Bungee-Jumpers in Abb. 4.1 wird Lageenergie des Körpers in Bewegungsenergie und Spannenergie des elastischen Seils umgewandelt.

Was aber passiert bei Energieumwandlungen mit der Energie? Wann kommt es zu Energieumwandlungen? Es wird sich zeigen, dass Energieumwandlungen z. B. dann stattfinden, wenn gleichzeitig mehrere Arbeiten am Körper verrichtet werden.

[Abb. 4.1]   Bungee-Jumper

Während dem freien Fall wird die Lageenergie der Person in Bewegungsenergie umgewandelt.
Bild: Keystone

4.1 Was bedeutet der Begriff Energieumwandlung?

Wir beschäftigen uns etwas mit «Bungeejumping». Wir wollen am Beispiel Bungeejumping herausfinden, was der Begriff Energieumwandlung bedeutet.

Beispiel 4.1 Beim Bungeejumping finden verschiedene Energieumwandlungen statt. Wir betrachten die verschiedenen Phasen des Bungeejumpings. In Abb. 4.1 sehen Sie eine Phase eines solchen Sprungs am Gummiseil, den freien Fall.

- Vor dem Absprung hat die Person maximale Höhe und ist in Ruhe. Die potenzielle Energie (Lageenergie) der Person ist maximal, ihre kinetische Energie ist null. Das Gummiseil ist vollständig entspannt. Die potenzielle Energie (elastische Energie) des Gummiseils ist null.
- Nach dem Absprung beginnt wegen der Gewichtskraft der freie Fall der Person. Während die Person an Höhe verliert, nimmt ihre Geschwindigkeit zu. Das Gummiseil ist noch entspannt. Die potenzielle Energie der Person nimmt jetzt ab, während ihre kinetische Energie zunimmt. Die potenzielle Energie (elastische Energie) des Gummiseils ist immer noch null, da das Gummiseil noch nicht gedehnt wird. Potenzielle Energie der Person wird in kinetische Energie der Person umgewandelt.
- Das Gummiseil wird nun gedehnt. Die Person wird durch die Federkraft vom Gummiseil langsam abgebremst. Die Geschwindigkeit der Person nimmt ab, während die Höhe der Person weiter abnimmt. Die kinetische und potenzielle Energie der Person nehmen ab. Die potenzielle Energie (elastische Energie) des Gummiseils nimmt zu. potenzielle und kinetische Energie der Person werden in potenzielle Energie des Gummiseils umgewandelt.
- Die Person erreicht den unteren Umkehrpunkt, wenn die Geschwindigkeit null ist; das Gummiseil ist dann maximal gespannt. Die kinetische Energie der Person ist null, ihre potenzielle Energie minimal. Die potenzielle Energie (elastische Energie) des Gummiseils ist maximal.
- Das gedehnte Gummiseil beginnt sich nun wieder zusammenzuziehen. Die Person wird durch die Federkraft des Gummiseils nach oben beschleunigt und gewinnt an Geschwindigkeit und Höhe. Die kinetische und potenzielle Energie der Person nehmen zu. Die potenzielle Energie (elastische Energie) des Gummiseils nimmt ab. Potenzielle Energie des Seils wird in potenzielle und kinetische Energie der Person umgewandelt.
- Das Seil ist irgendwann wieder vollständig entspannt. Es wirkt nur noch die Gewichtskraft auf die nach oben bewegte Person und bremst diese ab. Die kinetische Energie der Person nimmt ab, während ihre potenzielle Energie weiter zunimmt. Die potenzielle Energie (elastische Energie) des Gummiseils ist null. Kinetische Energie der Person wird in potenzielle Energie der Person umgewandelt.
- Wenn die Geschwindigkeit der Person null ist, hat die Person den oberen Umkehrpunkt erreicht. Die kinetische Energie der Person ist null, ihre potenzielle Energie maximal. Das Gummiseil ist vollständig entspannt. Die potenzielle Energie (elastische Energie) des Gummiseils ist null.

Energieumwandlung Das Beispiel Bungeejumping zeigt: *Bei Energieumwandlungen wird die Energie von einer Form in eine andere Form umgewandelt.* Die Verwendung des Begriffs «*Energieumwandlung*» gibt unsere Erfahrung wieder, dass Energie nicht einfach im «Nichts» verschwindet, und auch nicht aus dem «Nichts» auftaucht. Die Energie liegt nachher einfach in einer anderen Form vor.

Wann kommt es zu Energieumwandlungen? Wir betrachten nochmals das Beispiel Bungeejumping.

Beispiel 4.2

- Während die Person frei nach unten fällt, wird Arbeit verrichtet. Potenzielle Energie der Person wird dabei in kinetische Energie umgewandelt.
- Während das Gummiseil gespannt wird, wird Arbeit verrichtet. Potenzielle und kinetische Energie der Person werden dabei in elastische Energie des Gummiseils umgewandelt.
- Während dem Entspannen des Gummiseils wird Arbeit verrichtet. Elastische Energie des Gummiseils wird dabei in potenzielle und kinetische Energie der Person umgewandelt.
- Während sich die Person nach oben bewegt, wird Arbeit verrichtet. Kinetische Energie der Person wird in potenzielle Energie umgewandelt.

Das Beispiel Bungeejumping zeigt: *Energieumwandlungen können stattfinden, wenn Arbeit am Körper verrichtet wird*.

Mechanische Energieumwandlung

Wir betrachten im Abschnitt 4 nur Energieumwandlungen aufgrund von Beschleunigungsarbeit oder Hubarbeit, wo potenzielle Energie in kinetische Energie umgewandelt wird oder umgekehrt. Wir vernachlässigen also z.B. Reibungsarbeit, bei der Energie in die Energieform Wärme umgewandelt wird. Wenn bei einer Energieumwandlung keine Energie in Wärme umgewandelt wird, spricht man von einer «*mechanischen Energieumwandlung*». In den folgenden beiden Abschnitten betrachten wir Beispiele für mechanische Energieumwandlungen, bei denen potenzielle in kinetische respektive kinetische in potenzielle Energie umgewandelt wird.

> Bei Energieumwandlungen wird die Energie des Körpers von einer Form in eine andere umgewandelt. Energieumwandlungen können stattfinden, wenn Arbeit am Körper verrichtet wird.
>
> Wenn bei einer Energieumwandlung keine Energie in die Energieform Wärme umgewandelt wird, spricht man von einer «mechanischen Energieumwandlung». Bei mechanischen Energieumwandlungen wird durch Hubarbeit und Beschleunigungsarbeit die potenzielle Energie des Körpers in kinetische Energie umgewandelt oder umgekehrt.

Aufgabe 66

A] Erklären Sie mit eigenen Worten den Begriff Energieumwandlung. *Umwandlung von Energie in einer Form in eine andere.*

B] Erklären Sie mit eigenen Worten, wie es zu mechanischen Energieumwandlungen kommen kann. *Beschleunigungs- & Hubarbeit, aber keine Reibungsarbeit.*

4.2 Wo wird potenzielle in kinetische Energie umgewandelt?

Wir betrachten die Änderung der Energie eines Steins beim freien Fall. Der freie Fall ist eine gleichmässig beschleunigte Bewegung: $a = g$, also etwa $a = 10$ m/s². Wir stehen auf einem Turm und lassen den Stein fallen. Der Turm ist $h = 50$ m hoch, die Masse des Steins beträgt $m = 3$ kg. Beim freien Fall wird am Stein Arbeit verrichtet. *Beim freien Fall kommt es zur Energieumwandlung von potenzieller Energie in kinetische Energie*.

Wir legen den h-Nullpunkt auf Bodenhöhe. Bevor wir den Stein loslassen, hat er die potenzielle Energie:

$$E_p = m \cdot g \cdot h = 3 \text{ kg} \cdot 10 \text{ m/s}^2 \cdot 50 \text{ m} = 1\,500 \text{ J}$$

Der Stein bewegt sich ursprünglich nicht, seine kinetische Energie ist:

$$E_k = 0 \text{ J}$$

Wir lassen nun den Stein fallen. Nach einer Fallzeit von $t = 1$ s hat der Stein die Strecke s zurückgelegt. Die Fallstrecke s lässt sich mit der Bewegungsgleichung der gleichmässig beschleunigten Bewegung berechnen:

$$s = \frac{1}{2} \cdot g \cdot t^2 = \frac{1}{2} \cdot 10 \frac{\text{m}}{\text{s}^2} \cdot (1\,\text{s})^2 = 5 \text{m}$$

Nach einer Fallzeit von $t = 1$ s ist die Höhe des Steins somit noch:

$$h = 50 \text{ m} - 5 \text{ m} = 45 \text{ m}$$

Die Fallgeschwindigkeit v des Steins hat während der Fallzeit $t = 1$ s zugenommen. Die Fallgeschwindigkeit v lässt sich mit der Bewegungsgleichung der gleichmässig beschleunigten Bewegung berechnen:

$$v = g \cdot t = 10 \text{ m} \cdot \text{s}^{-2} \cdot 1 \text{ s} = 10 \text{ m/s}$$

Die potenzielle Energie des Steins ist nach $t = 1$ s:

$$E_p = m \cdot g \cdot h = 3 \text{ kg} \cdot 10 \text{ m} \cdot \text{s}^{-2} \cdot 45 \text{ m} = 1\,350 \text{ J}$$

Die kinetische Energie des Steins ist nach $t = 1$ s:

$$E_K = \frac{1}{2} \cdot m \cdot v^2 = \frac{1}{2} \cdot 3 \text{kg} \cdot \left(10 \frac{\text{m}}{\text{s}}\right)^2 = 150 \text{J}$$

In der Tab. 4.1 sind potenzielle und kinetische Energie des frei fallenden Steins zu den beiden Zeitpunkten zusammengestellt.

[Tab. 4.1]   Energieumwandlung beim freien Fall

t [s]	E_p [J]	E_k [J]
0	1 500	0
1	1 350	150

Wir können dieselbe Betrachtung des freien Falls zu jedem späteren Zeitpunkt machen. Solange der Stein nicht den Boden erreicht, erhalten wir immer dasselbe Resultat: Die potenzielle Energie des fallenden Steins nimmt ab, während seine kinetische Energie zunimmt. Beim freien Fall wird die potenzielle Energie des Steins in kinetische Energie des Steins umgewandelt.

Als Ausblick auf Abschnitt 6, wo wir den Energieerhaltungssatz besprechen werden, sei hier schon auf die Tatsache hingewiesen, dass die Summe aus potenzieller und kinetischer Energie während dem freien Fall konstant bleibt: 1 500 J + 0 J = 1 350 J + 150 J.

Die Umwandlung von potenzieller in kinetische Energie kommt nicht nur beim freien Fall vor. Wenn wir wie in Abb. 4.2 dargestellt mit einem Schlitten einen Berg hinunterfahren, so verlieren wir an Höhe und somit an potenzieller Energie und gewinnen an Geschwindigkeit und somit an kinetischer Energie.

[Abb. 4.2]   Schlitten fahren

Potenzielle Energie des Schlittenfahrers und Schlittens wird in kinetische Energie umgewandelt.

Beim freien Fall wird potenzielle Energie des Körpers in kinetische Energie umgewandelt.

Aufgabe 96

Welche der folgenden Aussagen sind richtig? Wenn potenzielle Energie eines abgeschossenen Pfeils in kinetische Energie umgewandelt wird, so

A] nimmt die Höhe des Pfeils zu.

B] nimmt die Höhe des Pfeils ab.

C] ist der Winkel zwischen Gewichtskraft und Bewegungsrichtung grösser als 90°.

D] ist der Winkel zwischen Gewichtskraft und Bewegungsrichtung kleiner als 90°.

4.3   Wo wird kinetische in potenzielle Energie umgewandelt?

Wir betrachten die Änderung der Energie beim vertikalen Wurf nach oben. Der vertikale Wurf nach oben ist eine gleichmässig beschleunigte Bewegung mit negativer Beschleunigung $a = -g$, also etwa $a = -10$ m/s²). Wir werfen einen Stein mit einer Masse $m = 0.5$ kg senkrecht nach oben. Der Stein verlässt unsere Hand mit einer Anfangsgeschwindigkeit $v_0 = 6$ m/s. Beim vertikalen Wurf verrichtet die Gewichtskraft am Stein Arbeit. *Beim vertikalen Wurf nach oben kommt es zur Energieumwandlung von kinetischer Energie in potenzielle Energie.*

Beim Abwurf nach oben ist die kinetische Energie:

$$E_K = \frac{1}{2} \cdot m \cdot v_0^2 = \frac{1}{2} \cdot 0.5 \text{kg} \cdot \left(6\frac{\text{m}}{\text{s}}\right)^2 = 9 \text{J}$$

Wir legen das Nullniveau der h-Achse auf die Höhe der Hand beim Abwurf. Die Höhe des Steins beim Abwurf ist dann $h = 0$ m. Die potenzielle Energie des Steins ist dann beim Abwurf:

$$E_p = 0 \text{ J}$$

Wir betrachten nun die Situation $t = 0.5$ s nach dem Abwurf. Der Stein ist in die Höhe h gestiegen und seine Geschwindigkeit v ist kleiner geworden. Wir berechnen mit der Bewegungsgleichung der gleichmässig beschleunigten Bewegung mit Anfangsgeschwindigkeit die Höhe nach der Zeit $t = 0.5$ s:

$$h = v_0 \cdot t + \frac{1}{2} \cdot a \cdot t^2 = 6\frac{m}{s} \cdot 0.50s + \frac{1}{2} \cdot \left(-10\frac{m}{s^2}\right) \cdot (0.5s)^2 = 1.75m$$

Die Geschwindigkeit des Steins hat beim Aufstieg abgenommen, das heisst, seine kinetische Energie ist kleiner geworden.

$$v = v_0 + a \cdot t = 6 \text{ m/s} + (-10 \text{ m} \cdot \text{s}^{-2} \cdot 0.5 \text{ s}) = 1 \text{ m/s}$$

Der Stein hat nach $t = 0.5$ s die Höhe $h = 1.75$ m und somit die potenzielle Energie:

$$E_p = m \cdot g \cdot h = 0.5 \text{ kg} \cdot 10 \text{ m/s}^2 \cdot 1.75 \text{ m} = 8.75 \text{ J}$$

Der Stein hat nach $t = 0.5$ s die Geschwindigkeit $v = 1$ m/s und somit die kinetische Energie:

$$E_k = \frac{1}{2} \cdot m \cdot v^2 = \frac{1}{2} \cdot 0.5\text{kg} \cdot \left(1\frac{m}{s}\right)^2 = 0.25\text{J}$$

In der Tab. 4.2 sind potenzielle und kinetische Energie des aufwärts fliegenden Steins zu den beiden Zeitpunkten zusammengestellt.

[Tab. 4.2]   Energieumwandlung beim aufwärts fliegenden Stein

t [s]	E_p [J]	E_k [J]
0.0	0.00	9.00
0.5	0.25	8.75

Tab. 4.2 zeigt: Ein Teil der anfänglichen kinetischen Energie wurde in potenzielle Energie umgewandelt. Solange sich der Stein nach oben bewegt, nimmt seine Höhe h zu und seine Geschwindigkeit v ab. Seine potenzielle Energie nimmt zu, während seine kinetische Energie abnimmt. Beim vertikalen Wurf nach oben wird kinetische Energie in potenzielle Energie umgewandelt.

Wenn die kinetische Energie vollständig in potenzielle Energie umgewandelt wurde, so hat der Stein den höchsten Punkt (Umkehrpunkt) seiner Bahn erreicht. Anschliessend wird er nach unten fallen.

Als Ausblick auf Abschnitt 6, wo wir den Energieerhaltungssatz besprechen werden, sei hier schon auf die Tatsache hingewiesen, dass die Summe aus potenzieller und kinetischer Energie während dem senkrechten Wurf konstant bleibt: 0.00 J + 9.00 J = 0.25 J + 8.75 J.

Die Umwandlung von kinetischer in potenzielle Energie kommt nicht nur beim vertikalen Wurf nach oben vor. Wenn Sie wie in Abb. 4.3 dargestellt mit dem Rollbrett eine Rampe hochsausen, wird ebenfalls kinetische Energie in potenzielle Energie umgewandelt.

[Abb. 4.3] Rollbrettfahrerin auf einer Rampe

Beim Hochfahren auf eine Rampe (Halfpipe) wird die kinetische Energie der Rollbrettfahrerin in potenzielle Energie umgewandelt.

Beim vertikalen Wurf aufwärts wird kinetische Energie des Körpers in potenzielle Energie umgewandelt.

Aufgabe 126   Welche der folgenden Aussagen sind richtig? Wenn kinetische Energie eines abgeschossenen Pfeils in potenzielle Energie umgewandelt wird, so

A] nimmt die Höhe des Pfeils zu.

B] nimmt die Höhe des Pfeils ab.

C] ist der Winkel zwischen Gewichtskraft und Bewegungsrichtung grösser als 90°.

D] ist der Winkel zwischen Gewichtskraft und Bewegungsrichtung kleiner als 90°.

5 Was passiert mit der Energie des Körpers bei Reibung?

Schlüsselfragen dieses Abschnitts:

- Wie berechnet man die Reibungsarbeit?
- Was versteht man unter dem Wirkungsgrad?

Im Abschnitt 4 haben wir Energieumwandlungen betrachtet, bei denen keine Reibungsarbeit verrichtet wird und keine Wärme entsteht, so genannte mechanische Energieumwandlungen. Ohne Reibung würde der Bungeejumper aus Abschnitt 4 dauernd hoch und runter fliegen; seine potenzielle Energie würde dauernd in kinetische Energie umgewandelt und umgekehrt. Wir wissen jedoch aus der Erfahrung, dass die Bewegung des Bungeespringers, wie auch alle anderen Bewegungen auf der Erde, wegen der Reibungskraft früher oder später zum Stillstand kommen. Die Reibungskraft wirkt Bewegungen entgegen. Sie bremst Bewegungen ab. Die Reibungsarbeit, die am Körper verrichtet wird, ist eine Folge der Reibungskraft, die auf ihn wirkt. Weil Reibungsarbeit verrichtet wird, nimmt die kinetische Energie eines Körpers ab. So nimmt beispielsweise die enorme kinetische Energie des Spaceshuttles in Abb. 5.1 wegen der an den Bremsen und am Bremsschirm verrichteten Reibungsarbeit ab.

[Abb. 5.1]   Landender Spaceshuttle

Die kinetische Energie des Spaceshuttles wird in Wärme umgewandelt. Bild: Jim Ross / NASA

Bei Eisenbahnwagen werden grosse Bremsklötze an die Wagenräder gepresst und auch Autobremsen funktionieren ähnlich. Bei der Reibung erwärmen sich die Bremsen. Bei der Reibung entsteht Wärme. Dies ist nicht nur bei Bremsen so. Auch beim Gummiseil des Bungeespringers tritt Reibung auf. Auch hier bremst die Reibung die Auf- und Abwärtsbewegung des Springers ab. Das Seil erwärmt sich dabei, doch in viel geringerem Masse als bei einer Bremse. Mit einem genauen Thermometer kann man die Erwärmung des Seils jedoch messen. Wir fragen uns im Abschnitt 5, wie gross die mit der Reibung verbundene Reibungsarbeit ist, und wie viel Wärme bei einer Energieumwandlung entsteht.

5.1 Wie berechnet man die Reibungsarbeit?

Reibungsarbeit, Wärme

Bei allen Bewegungen mit Reibung wird durch Reibungsarbeit kinetische Energie des Körpers in die Energieform Wärme umgewandelt.

Um wie viel ändert die kinetische Energie des Körpers bei der Reibung? Eine konkrete Situation: Wie viel kinetische Energie des Lastwagens wird wegen der Reibungskraft F_R auf der Strecke s in Wärme umgewandelt?

[Abb. 5.2]   Bremsender Lastwagen

Wie viel kinetische Energie des Lastwagens wird wegen der Reibungskraft F_R auf der Strecke s in Wärme umgewandelt?

Diese Frage beantworten wir mit dem Grundsatz: Energieänderung ΔE gleich verrichtete Arbeit W: $\Delta E = W$. Die Reibungsarbeit ist wie jede Arbeit das Produkt aus Kraft und zurückgelegtem Weg. Die Reibungsarbeit W ist somit durch die Stärke der Reibungskraft F_R und den Weg s bestimmt:

$$W = F_{\parallel} \cdot s = F_R \cdot s \cdot \cos \alpha$$

Die Reibungskraft wirkt immer entgegen der Bewegungsrichtung. Der Kraft-Vektor der Reibungskraft und die Bewegungsrichtung schliessen somit einen Winkel $\alpha = 180°$ ein, d. h. $\cos \alpha = -1$. Die Reibungsarbeit ist folglich immer negativ:

Gleichung 5.1

$$W = -F_R \cdot s$$

Das Minuszeichen zeigt, dass die Energie des Körpers durch die Reibungsarbeit abnimmt.

Zur Erinnerung: In der Mechanik haben Sie gelernt, dass bei horizontaler Bewegung der Betrag der Reibungskraft F_R durch Gleitreibungszahl μ_G und Masse m des Körpers bestimmt ist:

$$F_R = \mu_G \cdot m \cdot g$$

Wenn der Körper vor der Reibungsarbeit die kinetische Energie E_1 hatte, so hat er nachher die Energie E_2:

$$E_2 = E_1 + W = E_1 - F_R \cdot s$$

Energieverlust

Die kinetische Energie E_2 ist nach der Reibungsarbeit kleiner als die kinetische Energie E_1 vorher. Die Energie $\Delta E = W$ ist durch die Reibungsarbeit W in Wärme umgewandelt worden. Die bei der Energieumwandlung entstehende Wärme wird teilweise vom Körper, teilweise von der Umgebung aufgenommen. Die entstandene Wärme ist für den Körper nicht mehr ohne weiteres nutzbar, man spricht von *Energieverlust* durch Reibung. Damit meint man: Kinetische Energie des Körpers ist in «nutzlose» Wärme umgewandelt worden.

Beispiel 5.1 Ein Güterzug wird durch eine Vollbremsung zum Stillstand gebracht. Bei der Vollbremsung werden alle Räder blockiert, der Zug wird durch die Gleitreibungskraft abgebremst. Die Reibungskraft, die bei der Vollbremsung wirkt, ist $F_R = 1.0 \cdot 10^6$ N. Wie viel kinetische Energie wird bei der Vollbremsung nach $s = 10$ m in Wärme umgewandelt? Die Reibungsarbeit, die am Zug verrichtet wird, beträgt:

$$W = -F_R \cdot s = -1.0 \cdot 10^6 \text{ N} \cdot 10 \text{ m} = -1.0 \cdot 10^7 \text{ N} \cdot \text{m} = -1.0 \cdot 10^7 \text{ J}$$

Durch die Reibung werden $1.0 \cdot 10^7$ J kinetische Energie in Wärme umgewandelt.

Sie haben im letzten Beispiel die Gleitreibung an einem Festkörper angetroffen. Eine weitere wichtige Form der Reibung ist der Luftwiderstand. Auch in Flüssigkeiten wie z. B. in Wasser erfahren bewegte Körper eine Widerstandskraft, die kinetische Energie des Körpers in Wärme umwandelt.

Beispiel 5.2 Ein Überschallflugzeug erfährt bei hoher Geschwindigkeit einen starken Luftwiderstand. Der Luftwiderstand hat zur Folge, dass viel Energie des Flugzeugs in Wärme umgewandelt wird. Überschallflugzeuge erwärmen sich deshalb während dem Flug stark.

Reibungskräfte wirken zwischen allen Körpern, die sich gegeneinander bewegen. Trotzdem kann die Wirkung dieser Reibungskräfte oft vernachlässigt werden. Die Reibung kann z. B. vernachlässigt werden, wenn die verrichtete Reibungsarbeit viel kleiner ist als andere gleichzeitig verrichtete Arbeiten. Man kann dann die Situation näherungsweise als mechanische Energieumwandlung betrachten.

Beispiel 5.3 Ein Skispringer fährt über eine Schanze. Dabei werden am Skispringer Beschleunigungsarbeit, Hubarbeit und Reibungsarbeit verrichtet. Die Reibungsarbeit ist kleiner als die Beschleunigungsarbeit und Hubarbeit und wird vernachlässigt. Potenzielle Energie des Skispringers wird dann nur in kinetische Energie umgewandelt.

Durch die Reibungsarbeit W wird kinetische Energie eines Körpers in die Energieform Wärme umgewandelt. Durch die Reibungsarbeit W entsteht die Wärme $\Delta E = W$. Die Reibungsarbeit W, die am Körper verrichtet wird, ist durch die zurückgelegte Strecke s und die Reibungskraft F_R bestimmt:

$$W = -F_R \cdot s$$

Wenn bei einer Energieumwandlung die Reibungsarbeit viel kleiner ist als andere gleichzeitig verrichtete Arbeiten, kann die Reibungsarbeit vernachlässigt werden. Energieumwandlungen mit vernachlässigbarer Reibungsarbeit können als mechanische Energieumwandlungen betrachtet werden.

Aufgabe 7 Die Achse eines Autos wird beim Fahren heiss. Woran könnte das liegen?

Aufgabe 37 A] Wie viel Reibungsarbeit wird beim Bremsen am Auto ($m = 600$ kg), verrichtet, während es $s = 10$ m rutscht? Die Gleitreibungszahl von Pneu auf trockener Strasse ist $\mu_G = 0.60$.

$W = \mu_G \cdot m \cdot g \cdot s = 0{,}6 \cdot 600 \text{ kg} \cdot 9{,}81 \text{ m/s}^2 \cdot 10 \text{ m} = 35316 \text{ J} \approx 35 \text{ kJ}$

B] Wie viel Wärme entsteht beim Bremsen eines Autos ($m = 600$ kg), während es $s = 10$ m rutscht? Die Gleitreibungszahl von Pneu auf trockener Strasse ist $\mu_G = 0.60$.

+35 J

Aufgabe 67 Bei welchem Vorgang ist Reibung wichtig für die Bewegung des Körpers und wieso?

A] Ein Blumentopf fällt vom Fenstersims.

B] Eine Raumfähre tritt wieder in die Erdatmosphäre ein.

5.2 Was versteht man unter dem Wirkungsgrad?

Reibungsverlust

In der Praxis tritt bei Energieumwandlungen wegen der Reibung immer auch Wärme auf. Da die Wärme meist nicht erwünscht ist, spricht man von *Reibungsverlust*. Mit Reibungsverlust meinen wir: Die Reibung führt dazu, dass die Energie eines Körpers nicht zu 100 % von potenzieller in kinetische Energie oder von kinetischer in potenzielle Energie umgewandelt wird. Ein Teil der Energie wird in Wärme umgewandelt.

Wirkungsgrad

Wie effizient eine Energieumwandlung ist, wird durch den Wirkungsgrad beschrieben. *Der Wirkungsgrad η einer Energieumwandlung ist das Verhältnis aus der Energie E_{ab}, die nach der Energieumwandlung in der erwünschten Form vorliegt und genutzt werden kann, und der Energie E_{zu}, die der Energieumwandlung zugeführt wurde*:

Gleichung 5.2

$$\eta = \frac{E_{ab}}{E_{zu}}$$

Das Formelzeichen für den Wirkungsgrad ist der griechische Buchstabe eta: η. Der Wirkungsgrad ist eine reine Zahl, da er das Verhältnis zweier Energien ist. Der Wirkungsgrad kann in Prozent angegeben werden, indem man das Verhältnis η mit 100 % multipliziert. Die Differenz zwischen E_{zu} und E_{ab} ist die Energie, die durch Reibungsarbeit oder sonstige Verluste in eine unerwünschte Energieform umgewandelt wurde.

Beispiel 5.4

In Abb. 5.3 wird ein Fass mit Wasser gefüllt. Das Wasser soll ein Wasserrad antreiben. Da das Fass aber mehrere Löcher hat, werden nicht 100 % der zugeführten Energie des Wassers für Antriebsarbeit verwendet. Der Wirkungsgrad gibt die Effizienz dieser Energieumwandlung an: Wie viel der zugeführten Energie des Wassers wird für die Antriebsarbeit verwendet?

[Abb. 5.3] Wasser wird verwendet, um ein Wasserrad anzutreiben

Der Wirkungsgrad gibt die Effizienz dieser Energieumwandlung an.

Beispiel 5.5 Dem elektrischen Motor eines Personenlifts müssen 550 kJ elektrischer Energie zugeführt werden, um den Lift mit Passagieren (Gesamtmasse $m = 1\,500$ kg) in eine Höhe $h = 30$ m zu heben. Was sagen diese Angaben über den Wirkungsgrad des Lifts aus? Wie effizient wandelt der Lift die zugeführte elektrische Energie in potenzielle Energie von Lift und Personen um? Anders gefragt: Wie viel Wärme entsteht bei der Energieumwandlung durch Reibungsarbeit?

Die Energie E_{zu} ist die elektrische Energie, die dem Liftmotor zugeführt wurde:

$$E_{zu} = 550 \text{ kJ}$$

Die gewünschte Energieform ist die potenzielle Energie des Lifts und der Passagiere:

$$E_{ab} = E_p = m \cdot g \cdot h = 1\,500 \text{ kg} \cdot 9.81 \text{ m/s}^2 \cdot 30 \text{ m} = 4.41 \cdot 10^5 \text{ N} \cdot \text{m} = 441 \text{ kJ}$$

Der Wirkungsgrad des Lifts beträgt:

$$\eta = E_{ab} / E_{zu} = 441 \text{ kJ} / 550 \text{ kJ} = 0.80$$

Der Lift wandelt $0.80 \cdot 100\,\% = 80\,\%$ der zugeführten elektrischen Energie in potenzielle Energie um. 20 % der elektrischen Energie werden leider in Wärme umgewandelt.

Ein Wirkungsgrad $\eta = 1$ bedeutet, dass alle zugeführte Energie in die erwünschte Energieform umgewandelt wird. In der Praxis wird ein Wirkungsgrad von 100 % nie erreicht. In Tab. 5.1 ist der Wirkungsgrad einiger Energieumwandlungen angegeben.

[Tab. 5.1] Typische Werte für den Wirkungsgrad η einiger Energieumwandlungen

Situation	E_{zu}	E_{ab}	η
Dampfmaschine	Wärme	kinetische Energie	0.1
Dampfturbine	Wärme	kinetische Energie	0.4
Dieselmotor	chemische Energie	kinetische Energie	0.3
Elektromotor	elektrische Energie	kinetische Energie	bis 0.9
Solarzelle	Lichtenergie	elektrische Energie	0.2
Zentralheizung	chemische Energie	Wärme	bis 0.85

Der Wirkungsgrad kann auch aus der verrichteten Arbeit W berechnet werden, wenn die verrichtete Arbeit W gleich der abgegebenen Energie E_{ab} ist:

$$\eta = \frac{W}{E_{zu}}$$

Beispiel 5.6 Der Mensch kann etwa 25 % der chemischen Energie, die er beim Essen zu sich nimmt, für mechanische Arbeit verwenden. Wenn uns das Arbeitsvermögen des Menschen interessiert, so ist der Wirkungsgrad des Menschen $\eta = 0.25$. Wenn z. B. eine $m = 70$ kg schwere Person beim Wandern $h = 1\,000$ m in die Höhe steigt, so verrichtet sie die Hubarbeit $W = m \cdot g \cdot h$. Die Energie E_{zu}, die sie dazu dem Körper mit Nahrung zuführen muss, beträgt:

$$E_{zu} = W / \eta = m \cdot g \cdot h / \eta = 70 \text{ kg} \cdot 9.81 \text{ m/s}^2 \cdot 1000 \text{ m} / 0.25 = 2\,700 \text{ kJ}$$

Die 2 700 kJ entsprechen der verwerteten Energie von etwa 150 g Brot.

Der Wirkungsgrad η einer Energieumwandlung ist das Verhältnis der Energie E_{ab}, die nach der Energieumwandlung in der erwünschten Energieform vorliegt, zur Energie E_{zu}, die der Energieumwandlung zugeführt wurde:

$$\eta = E_{ab} / E_{zu}$$

Aufgabe 97 Der Wirkungsgrad η eines Elektromotors ist 80 %. Der Motor soll eine mechanische Arbeit von 1 000 J verrichten. Wie viel elektrische Energie muss dem Motor dazu zugeführt werden?

Aufgabe 127 Eine 100 W Stromsparlampe wandelt elektrische Energie in Lichtenergie um. Die Effizienz dieser Umwandlung ist η = 20 %.

A] Wie gross ist die Energie des während 1 Stunde abgestrahlten Lichts?

B] Wie viel Energie wird in 1 Stunde in andere Energieformen umgewandelt?

Aufgabe 97

$\eta = 0{,}8 \quad E_{ab} = 1'000 \text{ J}$

$\eta = \dfrac{E_{ab}}{E_{zu}} \quad E_{zu} = \dfrac{E_{ab}}{\eta} = \dfrac{1000 \text{ J}}{0{,}8} = \underline{1'250 \text{ J}}$ ✓

Aufgabe 127

$\eta = 0{,}2 \quad P = 100 \text{ W}$

A] $P = \dfrac{W}{t} \quad 100\text{W} = \dfrac{x}{3600\text{s}} \quad x = 100\text{W} \cdot 3600\text{s} = 360'000 \text{ J}$ ✓ $= E_{zu}$

$\eta = \dfrac{E_{ab}}{E_{zu}} \quad E_{ab} = \eta \cdot E_{zu} = 0{,}2 \cdot 360'000 \text{ J} = \underline{72'000 \text{ J}}$ ✓

B] 80% wird in eine andere Form umgewandelt
↳ $\underline{288'000 \text{ J}}$

6 Kann man Energie erzeugen oder vernichten?

Schlüsselfragen dieses Abschnitts:

- Wie verändert sich die Gesamtenergie beim freien Fall?
- Wie verändert sich die Gesamtenergie allgemein bei Energieumwandlungen?
- Wie wendet man den Energieerhaltungssatz auf abgeschlossene Systeme an?
- Wie wendet man den Energieerhaltungssatz auf offene Systeme an?

Unzählige Energieumwandlungen geschehen in der Natur dauernd «von selbst». Vom Menschen werden Energieumwandlungen gezielt herbeigeführt, um Energie in der «passenden» Form zur Verfügung zu haben. Bei der Vielzahl von möglichen Energieumformungen mag es Sie erstaunen, dass es ein einfaches Gesetz für alle Energieumwandlungen gibt: den Energieerhaltungssatz. Der Energieerhaltungssatz besagt, dass bei Energieumwandlungen die Gesamtenergie, d. h. die Summe aller Energien konstant ist. Energie kann also weder aus dem «Nichts» erzeugt werden, noch kann Energie vernichtet werden. Der Energieerhaltungssatz hat sich in unzähligen, auch sehr exotischen Situationen immer wieder als exakt gültig erwiesen. Das Vorhaben vieler Erfinder, mit raffinierten Maschinen wie derjenigen in Abb. 6.1 Energie aus dem Nichts zu erzeugen, musste somit scheitern. Der Energieerhaltungssatz und seine Anwendungen bilden die Krönung des Teils «Energieumwandlungen».

[Abb. 6.1]   Perpetuum mobile

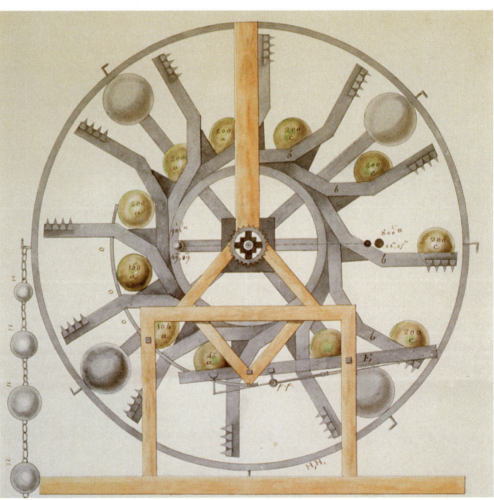

Mit dem Bau von raffinierten Maschinen (Perpetuum mobiles) hat man in der Vergangenheit immer wieder vergeblich versucht, Energie aus dem Nichts zu erzeugen.
Bild: J–L–Charmet / Science Photo Library

6.1 Wie ändert die Gesamtenergie des Körpers beim freien Fall?

Gesamtenergie

Wir untersuchen als Einstieg ins Thema Energieerhaltung, wie sich die Gesamtenergie E_{total} eines Körpers während dem freien Fall verhält. *Unter der Gesamtenergie E_{total} des Körpers verstehen wir dabei die aufsummierte Energie, die der Körper in den verschiedenen Formen besitzt.* Die Gesamtenergie E_{total} eines reibungsfrei fallenden Körpers der Masse m setzt sich zusammen aus potenzieller Energie E_p und kinetischer Energie E_k:

$$E_{total} = E_p + E_k$$

Zum Zeitpunkt t_1 befindet sich der Körper in Ruhe in der Höhe h über dem Boden. Die Gesamtenergie $E_{total,1}$ des Körpers zum Zeitpunkt t_1 ist somit:

$$E_{total,1} = E_{p,1} + E_{k,1} = m \cdot g \cdot h$$

Der Körper wird nun fallen gelassen und beginnt sich beschleunigt zu bewegen. Unter dem Einfluss der Gewichtskraft nimmt seine potenzielle Energie ab und seine kinetische Energie zu. Potenzielle Energie wird in kinetische Energie umgewandelt. Zum Zeitpunkt t_2 hat der Körper die Fallstrecke s zurückgelegt. Er hat dann noch die Höhe $h - s$ und bewegt sich mit der Fallgeschwindigkeit v. Die Gesamtenergie $E_{total,2}$ des Körpers zum Zeitpunkt t_2 ist somit:

$$E_{total,2} = E_{p,2} + E_{k,2} = m \cdot g \cdot (h-s) + \frac{1}{2} \cdot m \cdot v^2$$

Die Bewegungsgleichung der gleichmässig beschleunigten Bewegung ohne Anfangsgeschwindigkeit gibt uns den Zusammenhang zwischen der Fallstrecke s und der Fallgeschwindigkeit v:

$$s = \frac{v^2}{2 \cdot g}$$

Einsetzen der Fallstrecke s in die Gesamtenergie $E_{total,2}$ ergibt:

$$E_{total,2} = m \cdot g \cdot \left(h - \frac{v^2}{2 \cdot g}\right) + \frac{1}{2} \cdot m \cdot v^2 = m \cdot g \cdot h$$

Der Vergleich von Vorher und Nachher zeigt, dass die Gesamtenergie $E_{total,2}$ nachher gleich gross ist wie die Gesamtenergie $E_{total,1}$ vorher:

$$E_{total,1} = E_{total,2} = m \cdot g \cdot h$$

Die kinetische Energie des frei fallenden Körpers nimmt um genau so viel zu, wie seine potenzielle Energie abnimmt. Zu jedem Zeitpunkt hat der fallende Körper die gleiche Gesamtenergie E_{total}:

$$E_{total} = E_p + E_k = \text{konstant}$$

Die Gesamtenergie E_{total} eines frei fallenden Steins ist konstant.

Beim freien Fall ist die Gesamtenergie des Körpers immer gleich gross:

$$E_{total} = E_p + E_k = \text{konstant}$$

Aufgabe 8

Die Gesamtenergie E_{total} eines aus der Höhe h frei fallenden Körpers setzt sich aus potenzieller und kinetischer Energie zusammen:

$$E_{total} = E_p + E_k = m \cdot g \cdot (h-s) + \frac{1}{2} \cdot m \cdot v^2$$

Beweisen Sie, dass die Gesamtenergie eines frei fallenden Körpers zu jedem Zeitpunkt t konstant ist, indem sie die Fallstrecke s und Fallgeschwindigkeit v im Energieerhaltungssatz ersetzen durch:

$$s = \frac{1}{2} \cdot g \cdot t^2$$

$$v = g \cdot t$$

6.2 Wie ändert die Gesamtenergie allgemein bei Energieumwandlungen?

Erhaltungsgrösse, Energieerhaltungssatz

Man könnte die Energieerhaltung beim freien Fall für einen Zufall halten. Es zeigt sich aber in den unterschiedlichsten Experimenten: Die Gesamtenergie E_{total} ist immer konstant. *Die Gesamtenergie ist eine Erhaltungsgrösse.* Diese Beobachtung wird als *Energieerhaltungssatz* bezeichnet.

Energieerhaltungssatz

Der Energieerhaltungssatz als Gleichung geschrieben lautet:

Gleichung 6.1

E_{total} = konstant

Energie kann nicht erzeugt oder vernichtet werden. Die Energie eines Körpers kann nur in eine andere Form umgewandelt werden (Beispiel: ein Stein im freien Fall) oder auf einen anderen Körper übertragen werden (Beispiel: fliessendes Wasser treibt ein Wasserrad an).

Sie haben im Abschnitt 3.2 und im Abschnitt 3.3 gelernt, dass der Wert der potenziellen Energie und der kinetischen Energie von der Wahl des Bezugssystems abhängt. Der Wert der Gesamtenergie hängt somit auch von der Wahl des Bezugssystems ab. *Alle Energien müssen immer bezüglich dieses Bezugssystems gemessen werden, damit der Energieerhaltungssatz angewendet werden kann.*

Der Energieerhaltungssatz gilt im Kleinen, z. B. im Bereich der Atome wie im Grossen, bei ganzen Galaxien.

Beispiel 6.1

Der Energieerhaltungssatz auf das ganze Universum angewendet besagt, dass die gesamte Energie des Universums immer gleich gross ist.

Offene und abgeschlossene Systeme

Gewöhnlich wollen wir nicht das ganze Universum beschreiben, sondern nur einen kleinen Ausschnitt, z. B. einen fallenden Stein oder Wasser an einem Wasserrad. Diesen Ausschnitt des Universums nennen wir das «System»:

System, Umgebung

Alle Körper, deren Verhalten wir beschreiben wollen, fassen wir zum «*System*» zusammen. Die restlichen Körper des Universums, deren Verhalten wir nicht beschreiben wollen, fassen wir zur «*Umgebung*» zusammen.

Beispiel 6.2

Wenn wir einen frei fallenden Stein betrachten, gehört der Stein zum System. Der Rest des Universums gehört zur Umgebung.

Bei Energiebetrachtungen unterscheiden wir zwei Arten von Systemen. Abgeschlossene Systeme und offene Systeme:

Offenes System, abgeschlossenes System

- Wenn zwischen dem System und der Umgebung keine Energie ausgetauscht wird, so spricht man von einem *abgeschlossenen System*. Die Gesamtenergie eines abgeschlossenen Systems ist folglich konstant.
- Wenn zwischen dem System und der Umgebung Energie ausgetauscht wird, so spricht man von einem *offenen System*. Die Gesamtenergie eines offenen Systems kann sich folglich ändern.

Oft ist die mit der Umgebung ausgetauschte Energie für die Fragestellung unbedeutend. Man kann dann die mit der Umgebung ausgetauschte Energie vernachlässigen. *Viele an sich offene Systeme können näherungsweise als abgeschlossene Systeme behandelt werden.*

Beispiel 6.3

Wenn ein Skispringer über eine Schanze fährt, wird Reibungsarbeit an den Skis verrichtet. Der Skispringer bildet ein offenes System. Die Reibungskraft zwischen Skispringer und Piste ist aber sehr klein, so dass die Reibungsarbeit vernachlässigt werden darf. Der Skispringer kann dann als abgeschlossenes System betrachtet werden.

Beispiel 6.4

Messungen zeigen, dass die Gesamtenergie des frei fallenden Apfels konstant ist:

$$E_{total} = E_k + E_p = \text{konstant}$$

Dies ist alles andere als selbstverständlich, denn der Apfel ist ein offenes System: Auch der Apfel vollbringt mit der Gewichtskraft Beschleunigungsarbeit und Hubarbeit an der Erde. (Abb. 6.2). Wieso ist trotzdem die Gesamtenergie des frei fallenden Apfels konstant?

[Abb. 6.2]   Auf die Erde fallender Apfel

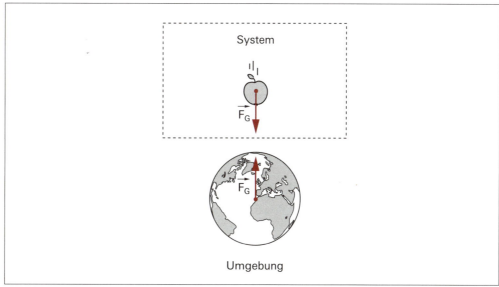

Der frei fallende Apfel ist ein offenes System.

Der freie Fall eines Apfels kommt zustande, weil sich die Erde und der Apfel gegenseitig mit der Gewichtskraft F_G anziehen. Der Apfel verrichtet an der Erde Arbeit, während die Erde am Apfel Arbeit verrichtet. Da die Erdmasse im Vergleich zum Apfel ungeheuer gross ist, legt die Erde nur eine vernachlässigbar kleine Fallstrecke zurück, und ihre Fallgeschwindigkeit bleibt vernachlässigbar klein. Die potenzielle und kinetische Energie der Erde ist praktisch konstant, was bedeutet, dass der frei fallende Apfel praktisch keine Energie mit der Erde (Umgebung) austauscht. Die Energie des Apfels ist somit praktisch konstant. Frei fallende Körper können näherungsweise als abgeschlossene Systeme betrachtet werden.

Wir wollen uns als Nächstes überlegen, wie der Energieerhaltungssatz für abgeschlossene und offene Systeme als Gleichung lautet.

Wie lautet der Energieerhaltungssatz für abgeschlossene Systeme?

Energieerhaltungssatz für abgeschlossene Systeme

Wir betrachten die Gesamtenergie E_{total} eines abgeschlossenen Systems. Zum Zeitpunkt t_1 hat das System die Gesamtenergie $E_{total,1}$. Zum späteren Zeitpunkt t_2 hat es die Gesamtenergie $E_{total,2}$. Energie kann weder erzeugt noch vernichtet werden. Die Gesamtenergie eines abgeschlossenen Systems ist konstant. Der *Energieerhaltungssatz für ein abgeschlossenes System* lautet somit:

Gleichung 6.2

$$\Delta E_{total} = E_{total,2} - E_{total,1} = 0$$

Leicht umgeformt, lautet der Energieerhaltungssatz für ein abgeschlossenes System:

Gleichung 6.3

$$E_{total,2} = E_{total,1}$$

Wie lautet der Energieerhaltungssatz für offene Systeme?

Energieerhaltungssatz für offene Systeme

Wenn am System Arbeit W verrichtet wird, so besagt der Energieerhaltungssatz, dass die Gesamtenergie des Systems ändert. Zum Zeitpunkt t_1 hat ein offenes System die Gesamtenergie $E_{total,1}$. Zum späteren Zeitpunkt t_2 hat es die Gesamtenergie $E_{total,2}$. Der *Energieerhaltungssatz für offene Systeme* schafft den Zusammenhang zwischen der Gesamtenergie E_{total} des offenen Systems zu den beiden Zeitpunkten:

Gleichung 6.4

$$\Delta E_{total} = E_{total,2} - E_{total,1} = W$$

Leicht umgeformt, lautet der Energieerhaltungssatz für ein offenes System:

Gleichung 6.5

$$E_{total,2} = E_{total,1} + W$$

Wie schon im Abschnitt 2.2 erwähnt, kann die Arbeit W ein positives Vorzeichen oder ein negatives Vorzeichen haben:

- $W > 0$ bedeutet, dass die Gesamtenergie des Systems zunimmt: $E_{total,2} > E_{total,1}$
- $W < 0$ bedeutet, dass die Gesamtenergie des Systems abnimmt: $E_{total,2} < E_{total,1}$

Energieerhaltungssatz: Energie kann nicht erzeugt und nicht vernichtet werden. Die Energie eines Körpers kann nur von einer Form in eine andere Form umgewandelt oder auf einen anderen Körper übertragen werden. Damit der Energieerhaltungssatz gilt, müssen aber alle Energien bezüglich desselben Bezugssystems berechnet werden.

Wir unterscheiden bei Energiebetrachtungen offene und abgeschlossene Systeme: Die Gesamtenergie eines offenen Systems ändert sich, da Energie mit der Umgebung ausgetauscht wurde. Die Gesamtenergie eines abgeschlossenen Systems ändert sich nicht, da keine Energie mit der Umgebung ausgetauscht wurde.

Wenn wir die Gesamtenergie E_{total} eines abgeschlossenen Systems zu den beiden Zeitpunkten t_1 und t_2 vergleichen, so gilt:

$$E_{total,1} = E_{total,2}$$

Wenn wir die Gesamtenergie E_{total} eines offenen Systems betrachten, an dem zwischen dem Zeitpunkt t_1 und dem Zeitpunkt t_2 die Arbeit W verrichtet wurde, so gilt:

$$E_{total,1} + W = E_{total,2}$$

Aufgabe 38 Ein Curlingstein gleitet über die Eisfläche, bis er zum Stillstand kommt. Wieso ist der Curlingstein ein offenes System? *Reibungsarbeit wird verrichtet*

Aufgabe 68 Kann man die Erde als ein abgeschlossenes System betrachten, wenn man ihre Kreisbewegung um die Sonne betrachtet?

6.3 Wie wendet man den Energieerhaltungssatz auf abgeschlossene Systeme an?

Mithilfe des Energieerhaltungssatzes ist es möglich, den Zustand des Körpers zu einem späteren Zeitpunkt zu berechnen, wenn bekannt ist, was sein Zustand zu einem früheren Zeitpunkt war. Der Energieerhaltungssatz erlaubt folgendes Problem zu lösen:

- *Bekannt ist der Zustand des Systems zum Zeitpunkt t_1.*
- *Gesucht ist der Zustand des Systems zum Zeitpunkt t_2.*

Wir betrachten als Beispiel den Schlittenfahrer in Abb. 6.3. Wir wissen, wo sich der Schlittenfahrer zu einem früheren Zeitpunkt befindet, und wie gross seine Geschwindigkeit dann ist. Nun wollen wir wissen, wo er sich zu einem späteren Zeitpunkt befindet oder wie schnell er dann ist.

[Abb. 6.3]   Schlittenfahrer zu zwei Zeitpunkten

Bekannt ist das «Vorher», gesucht ist das «Nachher».

Die Lösung zu dieser Fragestellung liefert der Energieerhaltungssatz: Wir betrachten den Vorgang als einen Prozess, bei dem Energie umgewandelt und ausgetauscht wird. Der Schlittenfahrer ist unser System. Wir nehmen an, dass die Reibungskraft und somit die Reibungsarbeit vernachlässigt werden können. Es wird keine Energie (Wärme) mit der Umgebung (Schnee) ausgetauscht. Die Gesamtenergie des Schlittenfahrers ist somit bei der Energieumwandlung konstant. Wenn wir also die Gesamtenergie $E_{total,1}$ des Schlittenfahrers zum Zeitpunkt t_1 mit seiner Gesamtenergie $E_{total,2}$ zum späteren Zeitpunkt t_2 vergleichen, so gilt:

$$E_{total,1} = E_{total,2}$$

Da die Gesamtenergie aus potenzieller und kinetischer Energie besteht, gilt:

Gleichung 6.6
$$E_{k,1} + E_{p,1} = E_{k,2} + E_{p,2}$$

Gleichung 6.7
$$\frac{1}{2} \cdot m \cdot v_1^2 + m \cdot g \cdot h_1 = \frac{1}{2} \cdot m \cdot v_2^2 + m \cdot g \cdot h_2$$

Energiebilanz

Den Energieerhaltungssatz in Form von Gleichung 6.6 und Gleichung 6.7 nennt man die *Energiebilanz* des Systems. Die Erhaltung der Gesamtenergie in abgeschlossenen Systemen erlaubt es, viele physikalische Fragestellungen elegant zu beantworten. Eleganter als mithilfe von Kräftebetrachtungen und Kraftwirkungsgesetz der Mechanik. Gleichung 6.7 stellt für einen reibungsfreien Körper der Masse m den Zusammenhang zwischen den Grössen v_1, h_1, v_2 und h_2 her.

Beispiel 6.5

Ein Fadenpendel besteht aus einem Stein, der an einem dünnen Faden hängt. Wir nehmen an, dass am Stein und am Faden keine Reibungskräfte wirken. In dem Fall pendelt der Stein, wenn er einmal angestossen wird, ständig hin und her. Da der Stein während der Pendelbewegung keine Energie mit der Umgebung austauscht, ist er ein abgeschlossenes System. Die Gesamtenergie, bestehend aus kinetischer und potenzieller Energie, ist zu jedem Zeitpunkt gleich gross. Bei maximalem Ausschlag des Pendels ist z. B. die potenzielle Energie gleich gross wie die kinetische Energie am tiefsten Punkt.

Beispiel 6.6

Die Bewegung eines Skispringers lässt sich mit dem Energieerhaltungssatz berechnen. Wenn der Springer die Rampe herunterfährt, wird potenzielle Energie in kinetische Energie umgewandelt. Wir vernachlässigen die Reibung der Skis und den Luftwiderstand, d. h., wir vernachlässigen die Reibungsarbeit. Die Gesamtenergie des Skispringers, bestehend aus seiner kinetischen und potenziellen Energie, ist dann konstant. Der Skispringer kann als abgeschlossenes System betrachtet werden. Der Energieerhaltungssatz für dieses abgeschlossene System lautet:

$$E_{k,2} + E_{p,2} = E_{k,1} + E_{p,1}$$

Eine Anwendung: Ein Skispringer startet auf der Rampe in einer Höhe $h_1 = 100$ m aus der Ruhe, d. h. $v_1 = 0$ m/s. Der Skispringer erreicht die Höhe $h_2 = 50$ m einmal auf der Rampe und einmal während dem Flug (Abb. 6.4).

[Abb. 6.4]   Bahn des Skispringers

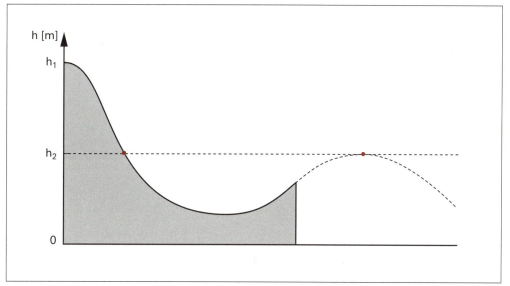

Gleiche potenzielle Energie (Höhe) bedeutet gleiche kinetische Energie (Geschwindigkeit).

Auf der Höhe $h_2 = 50$ m hat der Springer in beiden Fällen dieselbe potenzielle Energie:

$$E_{p,1} = E_{p,2}$$

$$E_{k,2} = E_{k,1} + E_{p,1} - E_{p,2} = E_{k,1}$$

Somit hat der Springer auch beide Male dieselbe kinetische Energie $E_{k,2} = E_{k,1}$.

Beispiel 6.7

Eine Skifahrerin fährt mit Anlauf einen Hügel hoch. Die Skifahrerin hat auf der Höhe $h_1 = 5$ m die Geschwindigkeit $v_1 = 24$ m/s. Welche Höhe h_2 hat sie erreicht, wenn ihre Geschwindigkeit auf $v_2 = 12$ m/s abgesunken ist?

Für die beiden Zeitpunkte wissen wir:

- Zum Zeitpunkt t_1 hat die Skifahrerin die Geschwindigkeit $v_1 = 24$ m/s und die Höhe $h_1 = 5$ m.
- Zum Zeitpunkt t_2 hat die Skifahrerin die Geschwindigkeit $v_2 = 12$ m/s und die gesuchte Höhe h_2.

Die Gesamtenergie des Systems setzt sich zu beiden Zeitpunkten aus der kinetischen und potenziellen Energie der Skifahrerin zusammen. Wir vernachlässigen die Reibungsarbeit und betrachten die Skifahrerin als abgeschlossenes System.

Der Energieerhaltungssatz für das abgeschlossene System «Skifahrerin» lautet:

$$E_{k,1} + E_{p,1} = E_{k,2} + E_{p,2}$$

$$\frac{1}{2} \cdot m \cdot v_1^2 + m \cdot g \cdot h_1 = \frac{1}{2} \cdot m \cdot v_2^2 + m \cdot g \cdot h_2$$

Die Masse m der Skifahrerin kürzt sich heraus:

$$\frac{1}{2} \cdot v_1^2 + g \cdot h_1 = \frac{1}{2} \cdot v_2^2 + g \cdot h_2$$

In dieser Gleichung ist nur noch die gesuchte Höhe h_2 unbekannt:

$$h_2 = \frac{v_1^2}{2 \cdot g} + h_1 - \frac{v_2^2}{2 \cdot g} = \frac{\left(24\frac{m}{s}\right)^2}{2 \cdot 9.81\frac{m}{s^2}} + 5m - \frac{\left(12\frac{m}{s}\right)^2}{2 \cdot 9.81\frac{m}{s^2}} = 27m$$

Wir können mit unserem Resultat elegant die Höhe h_2 der Skifahrerin bei einer beliebigen Geschwindigkeit v_2 berechnen. Wenn z. B. alle kinetische Energie in potenzielle Energie umgewandelt ist ($v_2 = 0$ m/s), so hat die Skifahrerin die maximale Höhe erreicht:

$$h_2 = \frac{v_1^2}{2 \cdot g} + h_1 = \frac{\left(24\frac{m}{s}\right)^2}{2 \cdot 9.81\frac{m}{s^2}} + 5m = 34m$$

> Wenn sich die Gesamtenergie eines abgeschlossenen Systems aus potenzieller und kinetischer Energie zusammensetzt, lautet der Energieerhaltungssatz:
>
> $$E_{k,1} + E_{p,1} = E_{k,2} + E_{p,2}$$
>
> $$\frac{1}{2} \cdot m \cdot v_1^2 + m \cdot g \cdot h_1 = \frac{1}{2} \cdot m \cdot v_2^2 + m \cdot g \cdot h_2$$

Aufgabe 98 — Ein Minigolf-Ball bewegt sich reibungsfrei vom Abschlagsort zum Loch. Was lässt sich über die Summe aus potenzieller und kinetischer Energie des Balls unterwegs sagen?

Aufgabe 128 — Bestimmen Sie die Geschwindigkeit, die eine Skispringerin mit der Masse $m = 60$ kg beim Absprung hat, wenn sie 50 m oberhalb des Ortes startet, wo sie abspringt. Die Reibung zwischen den Skis und der Schanze ist vernachlässigbar klein.

Aufgabe 9 — Auf einer Achterbahn startet der Wagen aus der Ruhe in 50 m Höhe über dem Boden. Er bewegt sich reibungsfrei auf dem Gleis. Der Wagen ist am höchsten Punkt des Loopings 35 m über dem Boden. Wie gross ist dort seine Geschwindigkeit?

Aufgabe 39 — Nach dem Spannen eines Pfeilbogens hat der Bogen potenzielle Energie. Diese potenzielle Energie wird beim Abschuss in kinetische Energie des Pfeils umgewandelt. Berechnen Sie die Abschussgeschwindigkeit eines Pfeils mit der Masse $m = 50$ g für den Hooke'schen

Bogen mit dem Arbeits-Diagramm in der Abb. 6.5, wenn die maximale Dehnung der Saite $s = 0.25$ m betrug. Der Luftwiderstand ist vernachlässigbar klein.

[Abb. 6.5]   Arbeits-Diagramm eines Hooke'schen Bogens

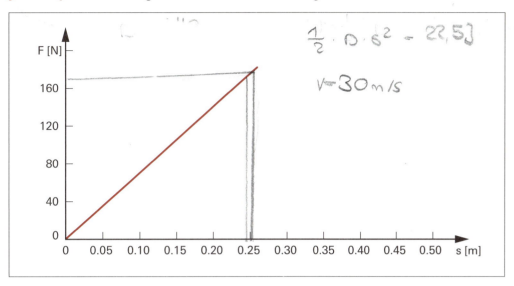

6.4 Wie wendet man den Energieerhaltungssatz auf offene Systeme an?

Im Abschnitt 6.3 haben wir abgeschlossene Systeme betrachtet. Im Alltag treffen Sie jedoch viel öfter offene Systeme an.

Beispiel 6.8   Ein Fallschirmspringer sinkt während dem Flug langsam nach unten. Die Reibungsarbeit der Luft am Fallschirmspringer bewirkt, dass seine potenzielle Energie langsam in kinetische Energie und Wärme umgewandelt wird. Das System «Fallschirmspringer» gibt Energie an die Umgebung ab. Das System «Fallschirmspringer» ist ein offenes System.

Wie wendet man den Energieerhaltungssatz auf offene Systeme wie den Fallschirmspringer an? Wir betrachten das offene System wieder zu zwei Zeitpunkten:

- *Bekannt ist der Zustand des Systems zum Zeitpunkt t_1.*
- *Gesucht ist der Zustand des Systems zum Zeitpunkt t_2.*

Bei einem offenen System sind die beiden Gesamtenergien nicht gleich gross. Wenn zwischen dem Zeitpunkt t_1 und dem Zeitpunkt t_2 am System die Arbeit W verrichtet wurde, so gilt für die Gesamtenergie E_{total} des Systems:

$$\Delta E = E_2 - E_1 = W$$

$$E_{total,1} + W = E_{total,2}$$

Der Energieerhaltungssatz für offene Systeme mit kinetischer und potenzieller Energie kann somit geschrieben werden als:

Gleichung 6.8 $$E_{k,1} + E_{p,1} + W = E_{k,2} + E_{p,2}$$

Gleichung 6.9 $$\frac{1}{2} \cdot m \cdot v_1^2 + m \cdot g \cdot h_1 + W = \frac{1}{2} \cdot m \cdot v_2^2 + m \cdot g \cdot h_2$$

Für das Vorzeichen der Arbeit W gilt wie bisher: Wenn die Energie des Systems zunimmt, ist die am System verrichtete Arbeit positiv. Wenn die Energie des Systems abnimmt, ist die am System verrichtete Arbeit negativ.

Beispiel 6.9

Ein Skifahrer mit der Masse $m = 75$ kg fährt mit zerkratzten Skis einen Hang hinunter. Auf den Skifahrer wirken Reibungskräfte, sodass an seinen Skiern Reibungsarbeit verrichtet wird. Würden keine Reibungskräfte wirken, so würde die potenzielle Energie des Skifahrers bei der Abfahrt vollständig in kinetische Energie umgewandelt. Wegen der Reibung wird Reibungsarbeit an den Skiern verrichtet. Der Skifahrer (System) tauscht mit dem Boden Energie aus (Umgebung). Wenn der Skifahrer ein Stück weit den Hang hinunter gefahren ist, hat er die Geschwindigkeit $v = 40$ m/s und hat $h = 150$ m an Höhe verloren. Wie gross ist die durch Reibungsarbeit entstandene Wärme?

Zum Zeitpunkt t_1 ist $v_1 = 0$ m/s und $h_1 = 150$ m; der Skifahrer hat nur potenzielle Energie:

$$E_{total,1} = m \cdot g \cdot h_1$$

Zum Zeitpunkt t_2 ist $v_2 = 40$ m/s und $h_2 = 0$ m; der Skifahrer hat nur kinetische Energie:

$$E_{total,2} = \frac{1}{2} \cdot m \cdot v_2^2$$

Für den Skifahrer lautet der Energieerhaltungssatz:

$$m \cdot g \cdot h_1 + W = \frac{1}{2} \cdot m \cdot v_2^2$$

$$W = \frac{1}{2} \cdot m \cdot v_2^2 - m \cdot g \cdot h_1 = \frac{1}{2} \cdot 75 \text{kg} \cdot \left(40 \frac{\text{m}}{\text{s}}\right)^2 - 75 \text{kg} \cdot 9.81 \frac{\text{m}}{\text{s}^2} \cdot 150 \text{m}$$

$$W = -50 \text{kJ}$$

Negative Arbeit bedeutet, dass die Gesamtenergie $E_k + E_p$ des Skifahrers zwischen t_1 und t_2 um 50 kJ abgenommen hat. Es sind 50 kJ Wärme entstanden.

Beispiel 6.10

Um eine Last anzuheben, werden in der Praxis oft Hebel verwendet. Um eine Last mit der Masse m in die Höhe h zu heben, muss ihr laut Energieerhaltungssatz die Energie $\Delta E = m \cdot g \cdot h$ zugeführt werden. Wenn diese Energie durch Hubarbeit mit einem Hebel zugeführt wird, gilt für die Hubarbeit $W = F_{\parallel} \cdot s$. Der Energieerhaltungssatz für offene Systeme besagt:

$$\Delta E = W$$

$$m \cdot g \cdot h = F_{\parallel} \cdot s$$

Bei einem langen Hebel ist der Weg s gross. Folglich ist die Kraft $F_{\parallel}$, die am Ende des Hebels wirken muss, klein, denn:

$$F_{\parallel} = (m \cdot g \cdot h) / s$$

Hebelgesetz

Diese Gleichung ist auch unter dem Namen *Hebelgesetz* bekannt.

Wenn sich die Gesamtenergie eines offenen Systems aus potenzieller und kinetischer Energie zusammensetzt und Energie über die Arbeit W mit der Umgebung ausgetauscht wird, lautet der Energieerhaltungssatz:

$$E_{k,1} + E_{p,1} + W = E_{k,2} + E_{p,2}$$

$$\frac{1}{2} \cdot m \cdot v_1^2 + m \cdot g \cdot h_1 + W = \frac{1}{2} \cdot m \cdot v_2^2 + m \cdot g \cdot h_2$$

Aufgabe 69 Ein 30 kg schweres Kind rutscht aus der Ruhe eine 4.0 m lange und 2.5 m hohe Rutschbahn hinunter. Es wirkt eine Reibungskraft von 35 N entlang des Wegs. Berechnen Sie die Geschwindigkeit des Kindes am unteren Ende der Rutschbahn.

Aufgabe 99 Ein Auto hat eine Geschwindigkeit von 50 km/h und macht auf einer horizontalen Strasse eine Vollbremsung. Wie gross ist der Bremsweg, wenn die Gleitreibungszahl $\mu_G = 0.6$ beträgt?

Aufgabe 129 Ein Tennisball wird aus 1.5 m Höhe fallen gelassen. Der Ball prallt auf den Boden auf und springt wieder in die Höhe. Beim Aufprall wird 25 % der kinetischen Energie durch Reibungsarbeit in Wärme umgewandelt. Wie hoch springt der Ball nach dem Aufprall?

Exkurs: Entdeckungsgeschichte des Energieerhaltungssatzes

Der eigentliche Entdecker des Energieerhaltungssatzes ist der Arzt Julius Robert Mayer.
Bild: Science Photo Library

Eine ganze Reihe von Personen und Erkenntnissen haben den Weg zur Entdeckung des Energieerhaltungssatzes geebnet. Energie aus einer Form in eine andere umwandeln, das tat schon jener Mensch, der als Erster ein Feuer durch Reiben von Holzstäbchen entfachte. Mechanische Energie umgekehrt aus Wärme zu gewinnen, auch das tat schon vor etwa 2 000 Jahren der Grieche Heron mit seiner sehr einfachen Dampfmaschine. In der Physik gibt es weniges, das sich nicht in irgendeiner Form in die Entdeckungsgeschichte des Energieerhaltungssatzes einbeziehen lässt. Es mussten verschiedene Schwierigkeiten bei der Entdeckung des Energieerhaltungssatzes überwunden werden: Der Energie-Begriff musste erst gefunden werden, und es musste erkannt werden, dass Wärme auch eine Form von Energie ist, dass also bei Reibung die Energie nicht vernichtet wird.

Als Satz von der Erhaltung der Bewegung ist das Thema Energieerhaltungssatz schon bei Demokrit (ca. 470 v. Chr. – ca. 380 v. Chr.) angesprochen. In einem Lehrgedicht, das die Gedanken von Demokrit wiedergibt, heisst es dazu: «Deshalb war die Bewegung, die jetzt in den Ur-Elementen herrscht, schon von jeher da, und so wird sie auch künftig noch da sein. Denn kein Platz ist vorhanden von wo aus erneuerte Kräfte hereinbrechen könnten, um die Natur und Bewegung der Dinge zu ändern.»

Gottfried Wilhelm Leibniz (1646–1716) formulierte 1686, dass im Universum nicht die Summe aller Bewegungen konstant ist, sondern die Summe aller Kräfte. Bei der Betrachtung des senkrechten Wurfs kam er zum Schluss, dass die Kraft der Höhe plus die Kraft der Bewegung zusammen konstant ist. Mit dieser Idee lag er 1686 schon recht nahe beim Energieerhaltungssatz für den senkrechten Wurf, denn unter «Kraft» verstand man zu dieser Zeit sowohl die Ursache für eine Bewegungsänderung als auch das Arbeitsvermögen. Was wir heute als kinetische Energie bezeichnen, wurde als «lebendige Kraft» bezeichnet.

Was wir heute als potenzielle Energie bezeichnen, wurde als «Fallkraft» oder «Spannkraft» bezeichnet. Erst Lord Kelvin (1824–1907) beseitigte diese Begriffsvermischung, indem er den Begriff «Energie» für das Arbeitsvermögen einführte.

Daniel Bernoulli (1700–1782) stellte 1738 eine Gleichung für die Energieerhaltung beim senkrechten Wurf auf: $m \cdot v^2/2 + m \cdot g \cdot h =$ konstant. Um den Satz von der Erhaltung der Energie auch für das unelastische Auf-den-Boden-Prallen aufrechterhalten zu können, nahm Bernoulli an, dass die beim Aufprall entstehende Wärme als Bewegung der kleinsten Teilchen (Atome) aufzufassen sei. Bernoulli begründete mit dieser Auffassung 1738 die kinetische Wärmelehre, mit der Wärme auf die Bewegungsenergie der Atome zurückgeführt wird.

Es ist ein alter Menschheitstraum, eine Maschine zu bauen, die ständig Arbeit verrichtet, ohne dass man ihr Energie zuführen muss. Ab 1775 lehnte die französische Akademie der Wissenschaften Entwürfe für Perpetuum mobiles mit der Begründung ab: «Diese Art Forschung hat mehr als eine Familie zugrunde gerichtet, und in vielen Fällen haben Techniker, die Grosses hätten leisten können, ihr Geld, ihre Zeit und ihren Geist darauf verschwendet.» Die Zeit war reif für die Entdeckung des Energieerhaltungssatzes.

Der eigentliche Entdecker des Energieerhaltungssatzes ist der Arzt Julius Robert Mayer (1814–1878). Mayer wurde 1840 Schiffsarzt auf einem Handelsschiff, dessen Route von Rotterdam nach Indonesien und zurück führte. Er stellte fest, dass in warmem Klima das venöse Blut von Europäern eine dem arteriellen Blut ähnliche hellrote Färbung annimmt. Diese Beobachtung regte ihn dazu an, den Wärmehaushalt des menschlichen Organismus genauer zu untersuchen. Mayer kam dabei 1841 zu dem Schluss: «Wenn Bewegung abnimmt und aufhört, so bildet sich immer ein dem verschwindenden Kraft-Quantum genau entsprechendes Quantum von Kraft mit anderer Qualität, namentlich also Wärme.» Dies ist eine Rohfassung dessen, was wir heute als Energieerhaltungssatz bezeichnen. Ein Problem bei der Energieerhaltung ist, festzustellen, ob bei der Umwandlung von kinetischer Energie in Wärme keine Energie verloren geht. Wenn Bewegungsenergie in Wärme umgewandelt wird, müsste Wasser durch Schütteln wärmer werden. Mayer konnte nicht nur diesen Nachweis erbringen, sondern auch das so genannte Wärmeäquivalent messen, indem er Wasser über eine messbare Reibungsarbeit erwärmte. Die quantitative Fassung des Energieerhaltungssatzes ist zum ersten Mal 1842 in Mayers Aufsatz «Bemerkungen über die Kräfte der unbelebten Natur» veröffentlicht worden: Fallkraft (heutiger Begriff: potenzielle Energie), Bewegung (kinetische Energie), Wärme, Licht und Elektrizität sind ein und dasselbe Objekt in verschiedenen Erscheinungsformen.

Unabhängige Zweitentdeckungen des Energieerhaltungssatzes ohne Kenntnis von Mayers Arbeit stammen von James Prescott Joule (1818–1889) und Hermann von Helmholtz (1821–1894). Joule formulierte den Energieerhaltungssatz und mass 1843 wie zuvor schon Mayer unter Annahme der Energieerhaltung das Wärmeäquivalent, indem er Wasser über eine messbare Reibungsarbeit erwärmte. Helmholtz gab 1847 eine klare und umfassende mathematische Formulierung des Energieerhaltungssatzes an, die er später auf unterschiedlichste Energieumwandlungen anwandte.

Teil C Begriffe und Modelle der Wärmelehre

Einstieg und Lernziele

Einstieg

Die meisten Menschen empfinden eine Temperatur von 20 Grad Celsius und darüber als warm und alles, was unter 10 Grad Celsius liegt, als kalt. Sollte die Temperatur unter 0 Grad Celsius sinken, so ist das «klirrend kalt». Man kann sich in diesem Zusammenhang fragen, wie kalt es überhaupt werden kann. Gibt es eine tiefstmögliche Temperatur oder ist die Temperaturskala nach unten offen?

Nicht immer ist die Wärme oder Kälte so offensichtlich wie bei einem glühenden Stück Kohle oder einem Eiswürfel. Wodurch unterscheidet sich eigentlich ein warmer Körper von einem kalten? Was ist der Zusammenhang zwischen Wärme und Kälte? Was passiert, wenn ein Körper erwärmt oder abgekühlt wird?

Schlüsselfragen im Zusammenhang mit Wärme sind deshalb:

- Was sind die wichtigen Grössen der Wärmelehre?
- Welches Modell eignet sich zur Beschreibung der Materie?
- Was bedeutet die Brown'sche Bewegung?
- Wie lassen sich Gase beschreiben?

Lernziele

Nach der Bearbeitung des Abschnitts «Was sind die wichtigen Grössen der Wärmelehre?» können Sie

- die fundamentalen Grössen der Wärmelehre benennen.
- erklären, was die Temperatur bedeutet und wie man die Temperatur misst.
- erklären, was die Wärme bedeutet.
- erklären, was die innere Energie bedeutet.

Nach der Bearbeitung des Abschnitts «Welches Modell eignet sich zur Beschreibung der Materie?» können Sie

- charakteristische Grössen der Atome angeben und die Kräfte zwischen den Atomen beschreiben.
- die drei Aggregatzustände mit dem Teilchen-Modell erklären.

Nach der Bearbeitung des Abschnitts «Was bedeutet die Brown'sche Bewegung?» können Sie

- die Brown'sche Bewegung beschreiben.
- die Brown'sche Bewegung mit der Bewegung der Atome erklären.
- für die drei Aggregatzustände die Bewegung der Atome beschreiben.

Nach der Bearbeitung des Abschnitts «Wie lassen sich Gase beschreiben?» können Sie

- das Verhalten von Gasen auf mikroskopischer Ebene beschreiben.
- das Verhalten von Gasen auf makroskopischer Ebene beschreiben.
- makroskopische Grössen eines Gases aus mikroskopischen Grössen berechnen und umgekehrt.

7 Was sind die wichtigen Grössen der Wärmelehre?

Schlüsselfragen dieses Abschnitts:

- Welche Grössen müssen wir in der Wärmelehre unterscheiden?
- Was versteht man unter der Temperatur?
- Was versteht man unter der Wärme?
- Was versteht man unter der inneren Energie?

Sicher haben Sie sich auch schon mit jemandem darüber gestritten, ob es in einem Zimmer kalt oder warm ist. Der Streitpunkt ist dabei die Messgrösse «Temperatur». Die Temperatur ist eine zentrale Grösse der Physik. Die Temperatur bildet neben den Grundgrössen der Mechanik (Länge, Masse, Zeit) eine weitere physikalische Grundgrösse. Die Konstruktion eines Messgeräts für die Temperatur bildet deshalb den Einstieg in die Wärmelehre, d. h. die Theorie aller Phänomene, die irgendetwas mit Temperatur und Temperaturänderungen zu tun haben. Das astronomische Objekt in Abb. 7.1 mit dem Namen «Bumerang-Reflexionsnebel» ist –272 °C «warm». Es handelt sich um einen «sterbenden» Stern, der grosse Mengen seines Gases an den Weltraum abgibt. Das Gas wird bei der Expansion in den Weltraum extrem kalt. Auch die Kälte ist Thema der Wärmelehre.

[Abb. 7.1]   Der Bumerang-Nebel

Der Bumerang-Reflexionsnebel ist –272 °C «warm». Auch kalte Objekte sind Thema der Wärmelehre. Bild: ESA / NASA

Aus dem Alltag sind Sie sich wahrscheinlich gewöhnt, dass die Temperatur in Grad Celsius (°C) angegeben wird. So würden Sie wohl kaum über die Aussage staunen: «Das Wasser hat eine Temperatur von 20 °C.» Sie werden aber im Verlauf des Abschnitts 7 sehen, dass in der Physik neben der Celsius-Temperaturskala eine zweite Temperaturskala zum Einsatz kommt: die so genannte Kelvin-Temperaturskala.

Neben der Temperatur, die Sie im Alltag häufig antreffen, gibt es noch zwei weitere wichtige Grössen in der Wärmelehre: die «Wärme» und die «innere Energie». Wärme und innere Energie werden zusammen mit der Temperatur im Abschnitt 7 besprochen.

7.1 Welche Grössen müssen wir in der Wärmelehre unterscheiden?

Beispiel 7.1 Sie sitzen in der Badewanne und das ursprünglich angenehm temperierte Badewasser wird langsam kalt. Um nicht zu frieren, füllen Sie heisses Wasser nach. Sie haben dabei intuitiv zwei Grössen im Auge: Sie kontrollieren die Temperatur des zulaufenden Wassers und über die zugeflossene Wassermenge die zugeführte Wärme.

Das Beispiel zeigt die Eigenschaften von zwei wichtigen Grössen der Wärmelehre:

- Die «Temperatur» sagt etwas darüber aus, wie warm etwas ist.
- Die «Wärme» sagt etwas über die zugeführte Energie aus.

Wärme ist nicht gleich Temperatur. Wenn wir mit Adjektiven wie warm, kalt, wärmer oder kälter etwas beschreiben, so sprechen wir von der Temperatur. Wenn wir mit dem Substantiv Wärme etwas beschreiben, so reden wir von Energie. Wärme ist Energie. Bei Kälte reden wir sozusagen von fehlender Energie.

Beispiel 7.2 «Es war ein warmer Sommer», «Der Tee ist kalt», «Gestern war es wärmer», spricht die Temperatur oder Temperaturänderungen an. «Die Wärme der Bettflasche» spricht die Energie des heissen Wassers der Bettflasche an.

Wird einem Körper Wärme zugeführt, so nimmt seine Temperatur meist zu. Gibt ein Körper Wärme ab, so nimmt seine Temperatur meist ab. Weitere Situationen aus dem Alltag, in denen von Temperatur und Wärme gesprochen wird:

Beispiel 7.3
- Glühende Kohlen sind heiss und geben viel Wärme ab.
- Kochendes Wasser ist heiss und enthält viel Wärme.
- Eiswürfel sind kalt und können viel Wärme von einem Drink aufnehmen.

Bei genauer Betrachtung der drei Situationen im letzten Beispiel können Sie erkennen, dass wir im Alltag den Begriff Wärme für zwei unterschiedliche Dinge verwenden. Wärme kann heissen:

- Die Energie, die ein Körper abgibt oder aufnimmt: Glühende Kohlen geben Wärme ab, Eiswürfel nehmen vom Drink Wärme auf.
- Die Energie, die in einem Körper drin steckt: Kochendes Wasser enthält Wärme.

Die Energie, die ein Körper hat, ist nicht das gleiche wie die Energie, die ein Körper mit der Umgebung austauscht. Das haben wir schon im Teil Energie unterschieden: Ein Körper hat z. B. potenzielle Energie und kinetische Energie und ein Körper tauscht Energie über Arbeit mit der Umgebung aus. Wir unterscheiden jetzt auch in der Wärmelehre diese beiden Energien durch unterschiedliche Grössen: Wärme und innere Energie. Die Wärmelehre verwendet somit die folgenden 3 Grössen:

- Die Temperatur beschreibt, wie warm ein Körper ist.
- Die innere Energie beschreibt, wie viel Energie in einem Körper infolge seiner Temperatur drin steckt.
- Die Wärme beschreibt, wie viel Energie zwei unterschiedlich warme Körper austauschen.

Temperatur = Zustandsgrösse

In den folgenden Abschnitten werden wir diese für die Wärmelehre zentralen Grössen genauer betrachten.

Die wichtigen Grössen der Wärmelehre:

- Die Temperatur des Körpers beschreibt, wie warm ein Körper ist.
- Die innere Energie des Körpers ist die Energie, die in einem warmen Körper drin steckt.
- Die Wärme ist die Energie, die zwischen zwei unterschiedlich warmen Körpern ausgetauscht wird.

Aufgabe 10

Welche physikalische Grösse der Wärmelehre beschreibt:

A] die Energie von kochendem Wasser? *innere Energie*

B] wann Wasser zu kochen beginnt? *Temperatur*

C] die Energie, die die Herdplatte an den Kochtopf abgibt? *Wärme*

7.2 Was versteht man unter der Temperatur?

Sie haben am Beispiel des Bads gesehen, dass die Temperatur beschreibt, wie warm oder kalt etwas ist. Dabei ist es situationsbedingt, ob wir etwas warm oder kalt nennen. Badewasser mit einer Temperatur von 40 °C würden wir als warm bezeichnen. Teewasser mit einer Temperatur von 40 °C würden wir als kalt bezeichnen.

Temperatur

«Ein Körper ist kalt» hat in der Physik die gleiche Bedeutung wie «ein Körper ist warm». In beiden Fällen wird von der *Temperatur* des Körpers gesprochen. Erst «ein Körper ist wärmer oder kälter als ein anderer Körper» hat eine eindeutige physikalische Bedeutung, denn hier werden zwei Temperaturen miteinander verglichen.

Celsius–Temperaturskala

Celsius–Temperatur, Grad Celsius

Das Formelzeichen für die im Alltag verwendete *Celsius-Temperatur* ist der griechische Buchstabe ϑ («theta»). Die Einheit der Celsius-Temperatur ist das *Grad Celsius*:

Gleichung 7.1

$$[\vartheta] = °C$$

Die Temperatur eines Körpers beschreibt, wie warm ein Körper ist. Die Temperatur ϑ beschreibt z. B., wie warm der Tee im Krug in Abb. 7.2 ist.

[Abb. 7.2]   Heisser Tee

Die Temperatur ϑ beschreibt, wie warm der Tee ist.

Beispiel 7.4   Die typische Temperatur von Wohnzimmern ist ϑ = 20 °C.

Im letzten Beispiel haben wir die Temperatur der Zimmerluft angegeben. In Tab 7.1 sind typische Temperaturen einiger anderer Körper angegeben.

[Tab. 7.1]   Verschiedene Temperaturen

Körper	ϑ [°C]
Temperatur im Zentrum der Sonne	ca. 10^7
Temperatur auf der Oberfläche der Sonne	ca. 5 800
Temperatur einer Gasflamme	ca. 1 500
Temperatur von glühendem Eisen	ca. 1 000
Siedetemperatur von Wasser	100
Schmelztemperatur von Eis	0
Schmelztemperatur von Quecksilber	−39
Temperatur im Weltall, fernab von Sternen	ca. −270

Temperaturmessung

Thermometer

Die Temperatur gibt an, wie warm ein Körper ist. Als Nächstes wollen wir festlegen, wie wir die Temperatur messen. Die Angabe: «Die Temperatur ist 40 °C» ist so selbstsprechend, dass wir sie bisher nicht erklären mussten. In der Physik muss aber jede Grösse durch ein Messinstrument eindeutig definiert sein. Dies wird bei der Temperatur mit dem *Thermometer* gemacht.

Sie besitzen eventuell ein Thermometer. Es funktioniert aufgrund eines ganz allgemeinen Umstands:

Thermische Expansion, thermische Kontraktion

- *Nimmt die Temperatur eines Körpers zu, so dehnt sich der Körper aus.*
- *Nimmt die Temperatur eines Körpers ab, so zieht sich der Körper zusammen.*

Einige Beispiele zu dieser so genannten «*thermischen Expansion*» respektive «*thermischen Kontraktion*»[1]:

Beispiel 7.5   Nimmt die Temperatur der Luft im Luftballon zu, so expandiert die Luft. Dies macht sich beim Volumen des Ballons bemerkbar.

Beispiel 7.6   Nimmt die Temperatur der Betonbrücke zu, so expandiert die Brücke. Dies macht sich bei der Länge der Brücke bemerkbar.

Beispiel 7.7   Nimmt die Temperatur des Quecksilbers im Glasröhrchen des Thermometers zu, so expandiert das Quecksilber. Dies macht sich bei der Höhe der Quecksilbersäule bemerkbar.

Die thermische Expansion von Gasen, Flüssigkeiten und Festkörpern kann dazu verwendet werden, die Temperatur zu messen. Je nach Situation eignet sich das eine Material besser als das andere. Im Alltag wird oft die Expansion von Quecksilber oder Alkohol verwendet. Beide Materialien haben den Vorteil, dass sie über einen grossen Temperaturbereich flüssig bleiben. Wir betrachten im Rest des Abschnitts 7.2 die Temperaturmessung etwas genauer.

[1]   Das Wort thermisch kommt von thermos, griechisch Wärme.

Celsius-Temperaturskala

Quecksilber-Thermometer

Wenn die Temperatur zunimmt, steigt die Quecksilbersäule des Quecksilber-Thermometers, da sich das Quecksilber ausdehnt. Je höher die Quecksilbersäule, umso höher ist die Temperatur des Körpers. In Abb. 7.3 misst die Quecksilbersäule im Glasröhrchen des Thermometers die Temperatur des Schnees respektive die Temperatur des Sands.

[Abb. 7.3]   Temperaturmessung an einem Sommer- und an einem Wintertag

Je höher die Quecksilbersäule im Glasröhrchen, umso grösser ist die Temperatur des Körpers.

Celsius-Skala, Fahrenheit-Skala

Die Quecksilbersäule im Glasröhrchen ist noch kein Mass für die Temperatur. Es braucht eine Temperaturskala. Eine bei uns weit verbreitete Temperaturskala ist die *Celsius-Skala*. Selten treffen Sie bei uns die *Fahrenheit-Skala* an. Auf die Fahrenheit-Skala wollen wir deshalb nicht weiter eingehen.

Experimente mit schmelzendem Eis und kochendem Wasser zeigen, dass bei einem Luftdruck von 1 bar = 10^5 Pa Eis immer bei der gleichen Temperatur schmilzt und Wasser immer bei der gleichen Temperatur kocht.

Mit diesen beiden Fixpunkten lässt sich ein Thermometer eichen. Dies ist in Abb. 7.4 dargestellt. Sie stecken das Thermometer in Eiswasser und markieren den Quecksilberstand mit $\vartheta = 0$ °C. Anschliessend halten Sie das Thermometer ins kochende Wasser und markieren den Quecksilberstand mit $\vartheta = 100$ °C. Die Strecke zwischen den beiden Marken unterteilen Sie in 100 gleiche Teile. Nun kennen Sie die Strecke, die einem Temperaturunterschied von $\Delta\vartheta = 1$ °C entspricht. Damit können Sie die Skala für Temperaturen unter 0 °C und über 100 °C fortsetzen.

[Abb. 7.4] Eichung der Celsius-Skala

Die Eckpfeiler der Celsius-Temperaturskala: Eis schmilzt bei 0 °C und Wasser kocht bei 100 °C.

Volumenänderung

Um ein möglichst genaues Thermometer bauen zu können, ist es wichtig, ein Material zu verwenden, das schon bei einer kleinen Temperaturänderung $\Delta\vartheta$ eine starke, gut erkennbare Veränderung bewirkt. Bei Flüssigkeiten und Gasen wird die Veränderung eher mit der *Volumenänderung* gemessen:

$$\Delta V = V_2 - V_1$$

Längenänderung

Bei Festkörpern wird die Veränderung eher mit der *Längenänderung* gemessen:

$$\Delta l = l_2 - l_1$$

Wir wollen die Volumen- respektive die Längenänderung etwas genauer anschauen. Welche Grössen bestimmen die Stärke der Volumen- respektive der Längenänderung?

$\Delta \vartheta$ = Temperaturdifferenz • 100°C - 50°C = $\Delta \vartheta$ = 50°C

Thermische Expansion und Kontraktion

Relative Volumenänderung, relative Längenänderung

Wenn die Länge eines $l = 1$ m Stabs bei $\Delta\vartheta = 1$ °C um $\Delta l = 0.1$ mm zunimmt, so nimmt die Länge eines Stabs mit $l = 2$ m bei $\Delta\vartheta = 1$ °C um $\Delta l = 0.2$ mm zu. Schliesslich ist ein 2-m-Stab nichts anderes, als die Summe aus zwei 1-m-Stäben. Interessanter als Volumen- und Längenänderung sind deshalb die *relative Volumenänderung* $\Delta V / V$ und die *relative Längenänderung* $\Delta l / l$. Dabei ist nicht so wichtig, ob im Nenner für V das Volumen V_1 oder das Volumen V_2 eingesetzt wird, denn der Unterschied zwischen V_1 und V_2 ist relativ klein. Entsprechendes gilt für die Länge l.

Beispiel 7.8

Wir betrachten ein Quecksilbervolumen von 1.000 cm³, das nach der Erwärmung ein Volumen von 1.001 cm³ hat. Die relative Volumenzunahme des Quecksilbers ist dann:

$$\Delta V / V = 0.001 \text{ cm}^3 / 1.000 \text{ cm}^3 = 0.001$$

1.000 — 100% 1.001
1.001 — 1.000
0.001

Man kann die relative Volumenzunahme auch in Prozenten angeben, indem man die relative Volumenzunahme $\Delta V / V = 0.001$ mit 100 % multipliziert:

$$\Delta V / V = 0.001 \cdot 100 \% = 0.1 \%$$

Das Volumen ändert bei der Erwärmung um 0.1 %.

Wichtig: Die Masse m des Körpers bleibt bei der Erwärmung gleich gross. Die Dichte $\rho = m / V$ nimmt bei der Erwärmung ab, denn:

$$\frac{m}{V_2} < \frac{m}{V_1}$$

Volumenänderung und Längenänderung hängen immer vom Material ab. Wir betrachten im Folgenden einen Eisenstab, der bei $\vartheta = 0\,°C$ eine Länge von $l = 6\,m$ hat. Wir messen die Längenänderung Δl des Eisenstabs, wenn seine Temperatur um $\Delta\vartheta$ zunimmt. Anschliessend berechnen wir daraus die relative Längenänderung $\Delta l / l$. Das Resultat dieser Messung ist in einem Diagramm in Abb. 7.5 dargestellt.

[Abb. 7.5]   Relative Längenänderung eines Eisenstabs

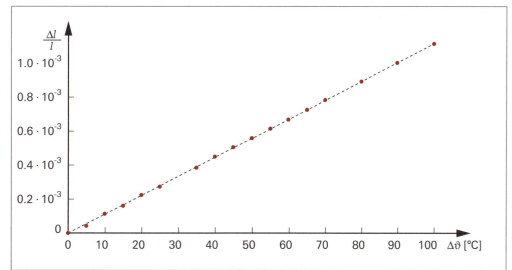

Die Temperaturänderung eines Eisenstabs und die resultierende relative Längenänderung des Eisenstabs.

Die Punkte im $\Delta l / l$–$\Delta\vartheta$–Diagramm liegen auf einer Geraden. Die Steigung α der Geraden in Abb. 7.5 ist[1]:

$$\alpha = \frac{\left(\frac{\Delta l}{l}\right)}{\Delta\vartheta} = \frac{\Delta l}{l \cdot \Delta\vartheta}$$

Eine entsprechende Gleichung gilt für die Volumenänderung des Eisenstabs. Bei der Volumenänderung bezeichnen wir die Steigung mit γ.

$$\gamma = \frac{\left(\frac{\Delta V}{V}\right)}{\Delta\vartheta} = \frac{\Delta V}{V \cdot \Delta\vartheta}$$

Die Einheit von γ und α erkennen Sie an den letzten beiden Gleichungen:

Gleichung 7.2 $[\gamma] = [\alpha] = \dfrac{1}{°C}$

Die beiden Konstanten nennt man Längenausdehnungskoeffizient α und Volumenausdehnungskoeffizient γ.

---

[1] Die Steigung einer Geraden in einem x-y-Diagramm ist definiert als $\Delta y / \Delta x$.

Beispiel 7.9 Aus der Steigung der Geraden in der Abb. 7.5 bestimmen wir für Eisen einen Längenausdehnungskoeffizienten:

$$\alpha = \frac{1.0 \cdot 10^{-3}}{90\,°C} = 11 \cdot 10^{-6} \cdot \frac{1}{°C}$$

Wenn wir die Definition für γ und α umformen, erhalten wir die Volumenänderung ΔV *respektive* die Längenänderung Δl:

Gleichung 7.3 $\quad \Delta V = \boxed{\gamma} \cdot \Delta \vartheta \cdot V \qquad$ → Volumenausdehnungskoeffizient $\quad \Delta \vartheta = \Delta K$

Gleichung 7.4 $\quad \Delta l = \boxed{\alpha} \cdot \Delta \vartheta \cdot l$

Längenausdehnungskoeffizient

Die Ausdehnungskoeffizienten γ und α geben die relative Volumenänderung respektive die relative Längenänderung bei einer Temperaturänderung $\Delta \vartheta = 1\,°C$ an.

Ein $\alpha = 11 \cdot 10^{-6}\,°C^{-1}$ bedeutet, dass die Länge des Körpers mit jedem Grad Erwärmung um $11 \cdot 10^{-6} \cdot 100\,\% = 11 \cdot 10^{-4}\,\%$ zunimmt. Volumenausdehnungskoeffizient γ respektive Längenausdehnungskoeffizient α müssen für jedes Material experimentell gemessen werden. In Tab. 7.2 ist für einige Materialien der Volumenausdehnungskoeffizient γ aufgelistet.

[Tab. 7.2]   Volumenausdehnungskoeffizient γ einiger Materialien

Material	γ [1 / °C]
Beton	$36 \cdot 10^{-6}$
Baustahl	$36 \cdot 10^{-6}$
Eisen	$36 \cdot 10^{-6}$
Fensterglas	$26 \cdot 10^{-6}$
Quecksilber	$182 \cdot 10^{-6}$
Wasser	$207 \cdot 10^{-6}$
Benzin	$950 \cdot 10^{-6}$
Alkohol (Ethylalkohol)	$1\,120 \cdot 10^{-6}$

Dehnen sich alle ca. gleich aus
$\gamma = 3\alpha$ (für Abschätzung)

In Tab. 7.3 ist für einige Materialien der Längenausdehnungskoeffizient α aufgelistet.

[Tab. 7.3]   Längenausdehnungskoeffizient α einiger Materialien

Material	α [1 / °C]
Beton	$11 \cdot 10^{-6}$
Baustahl	$11 \cdot 10^{-6}$
Eisen	$11 \cdot 10^{-6}$
Fensterglas	$9 \cdot 10^{-6}$

Zwischen der Längenänderung und der Volumenänderung eines Körpers gibt es einen Zusammenhang. Für Volumenausdehnungskoeffizient und Längenausdehnungskoeffizient gilt ungefähr die Beziehung:

Gleichung 7.5 $\quad \gamma \approx 3 \cdot \alpha$

Beispiel 7.10 Ein Längenausdehnungskoeffizient $\alpha = 11 \cdot 10^{-6}\,°C^{-1}$ (Eisen) bedeutet für einen Eisenwürfel der Kantenlänge $l = 1\,m$ bei einer Erwärmung von $\Delta \vartheta = 10\,°C$ eine Längenzunahme von:

$$\Delta l = l \cdot \alpha \cdot \Delta \vartheta = 1\,m \cdot 11 \cdot 10^{-6}\,°C^{-1} \cdot 10\,°C = 1.1 \cdot 10^{-4}\,m = 0.11\,mm$$

Ein Eisenwürfel mit einer Kantenlänge von 1 m wird somit bei einer Temperaturzunahme von 10 °C um 0.11 mm länger.

Entsprechend ist die Zunahme eines Eisenwürfels mit einem ursprünglichen Volumen von $V = 1\ m^3$:

$$\Delta V = V \cdot \gamma \cdot \Delta\vartheta = 1\ m^3 \cdot 36 \cdot 10^{-6}\ °C^{-1} \cdot 10\ °C = 3.6 \cdot 10^{-4}\ m^3 = 360\ cm^3$$

Das ursprüngliche Volumen eines Eisenwürfels von 1 m³ wird bei der Erwärmung von 10 °C um 360 cm³ grösser.

Thermische Länge- und Volumenänderung haben im Alltag Folgen:

- Wenn Sie in einem Holzhaus sind und die Temperatur draussen stark abnimmt oder zunimmt, so fangen sich die Wände an zusammenzuziehen oder auszudehnen. Dabei kommt es zu Spannungen in den Holzbalken. Den Abbau der Spannungen hören Sie, wenn es plötzlich knackt.
- Brücken sind an heissen Tagen ein paar Zentimeter länger als an kalten Tagen. Damit sich die Brücke nicht verbiegt oder aus der Verankerung herausreisst, gibt es am Brückenende eine so genannte Dehnungsfuge. Wenn Sie über eine Brücke laufen, sehen sie die Abdeckung dieser Fuge.
- An heissen Tagen hängen die elektrischen Oberleitungen der Eisenbahn stärker durch, da sie länger sind als an kalten Tagen.
- Wenn verschiedene Materialien fest miteinander verbunden sind (geklebt, genagelt, geschweisst etc.), so muss man darauf achten, dass die Ausdehnungskoeffizienten ähnlich sind. Wenn sie sehr verschieden sind, kommt es zu Rissen oder zu Verbiegungen. Beton und Eisen haben den gleichen Ausdehnungskoeffizienten, sodass man keine Probleme bekommt, wenn man Beton durch Armierungseisen verstärkt.

Normale Expansion, anomale Expansion

Als wichtige Spezialität wollen wir das in Abb. 7.6 dargestellte Expansionsverhalten von Wasser betrachten. Bei der *normalen Expansion* nimmt das Volumen eines Materials mit steigender Temperatur zu. Bei der *anomalen Expansion* des Wassers nimmt das Volumen bei der Erwärmung bis 4 °C ab. Auch oberhalb von 4 °C ist die Volumenzunahme von Wasser nicht proportional zur Temperaturänderung, denn die Kurve in Abb. 7.6 ist auch oberhalb von 4 °C keine Gerade. Die Gleichung 7.3 und die Gleichung 7.4 gelten *nicht* für die anomal thermische Expansion von Wasser. Wasser ist wegen der anomalen Expansion ungeeignet als Flüssigkeit in einem Thermometer.

Wasser hat die grösste Dichte bei 4°C

[Abb. 7.6] Anomale Expansion von Wasser   *Dichte: $\frac{1g}{cm^3} = \frac{1kg}{dm^3} = \frac{1kg}{V}$*

dm³ = 1L

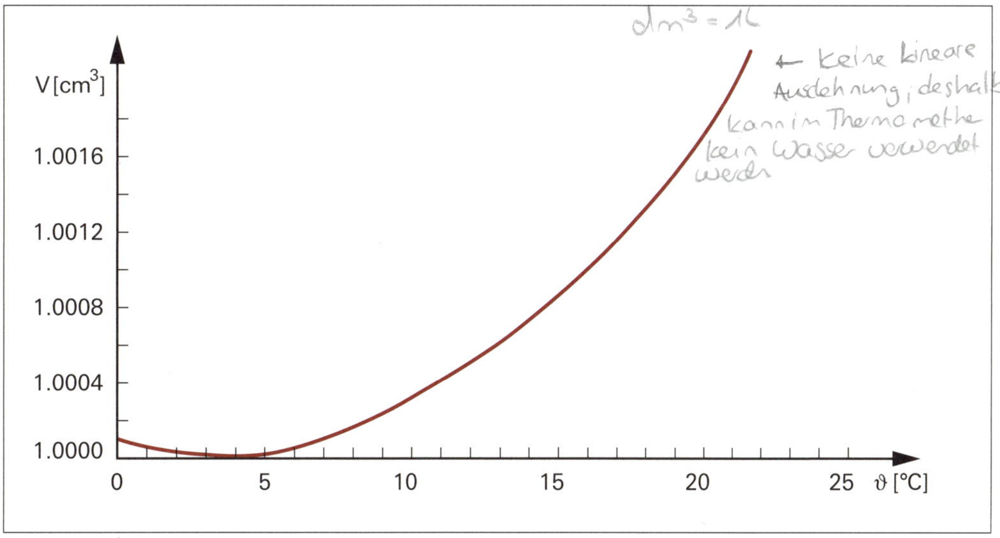

← keine lineare Ausdehnung, deshalb kann im Thermometer kein Wasser verwendet werden

Anomale Expansion: Wasser hat bei 4 °C das kleinste Volumen und somit die grösste Dichte.

Die anomale Expansion des Wassers hat wichtige Folgen: Wasser mit einer Temperatur von 4 °C hat eine grössere Dichte ρ = m / V als solches von 0 °C. Das 4 °C warme Wasser sinkt deshalb gemäss dem Prinzip von Archimedes unter das 0 °C warme Wasser ab. Trotz einer Eisschicht an der Oberfläche eines Sees kann im Winter eine 4 °C warme Wasserschicht am Boden des Sees erhalten bleiben. Dort können z. B. die Fische im Winter überleben.

Eine weitere Spezialität sind Materialien mit extrem kleinen Ausdehnungskoeffizienten. Diese Eigenschaft ist beim Bau von Präzisionsinstrumenten wichtig. Wärmeausdehnung ist bei solchen Instrumenten eine unerwünschte Eigenschaft, denn sie reduziert die Messgenauigkeit. Ausnahme: Instrumente zur Temperaturmessung.

Kelvin-Temperaturskala

Tiefstmögliche Temperatur

Es zeigt sich, dass durch Aufheizen grundsätzlich beliebig hohe Temperaturen erreicht werden können. Durch Abkühlen können hingegen nicht beliebig tiefe Temperaturen erreicht werden. Die *tiefstmögliche Temperatur* ist ϑ = –273.15 °C. Die physikalische Bedeutung dieser tiefsten Temperatur wird Ihnen im Abschnitt 9 klar werden.

Kelvin-Temperaturskala

Anstatt, wie bei der Celsiusskala, den Gefrierpunkt von Wasser als Nullpunkt für die Temperaturskala zu nehmen, bietet es sich geradezu an, diese tiefstmögliche Temperatur als Nullpunkt zu wählen. Die Temperaturskala, die durch diesen Nullpunkt definiert ist, heisst *Kelvin-Temperaturskala*. Sie ist nach Lord Kelvin (1824–1907) benannt. Das Formelzeichen für die Kelvin-Temperatur ist der Buchstabe *T*. Ihre Temperatureinheit ist das Kelvin, abgekürzt K:

Gleichung 7.6

$$[T] = K$$

Das Kelvin ist die SI-Einheit der Temperatur. Man spricht von Kelvin und nicht von Grad Kelvin.

Bei der Kelvin-Temperatur spricht man auch von der absoluten Temperatur. Die Kelvin–Skala ist nicht so willkürlich wie die Celsius-Skala. Die Umrechnung von Grad Celsius nach Kelvin und umgekehrt erhält man durch Addition von 273.15 K respektive Subtraktion von 273.15 °C:

Gleichung 7.7

$$T\,[K] = ϑ\,[°C] + 273.15\ K$$

Gleichung 7.8

$$ϑ\,[°C] = T\,[K] – 273.15\ °C$$

In Abb. 7.7 sind Kelvin-Temperaturen und Celsius-Temperaturen gegenübergestellt.

[Abb. 7.7]   Temperaturskalen

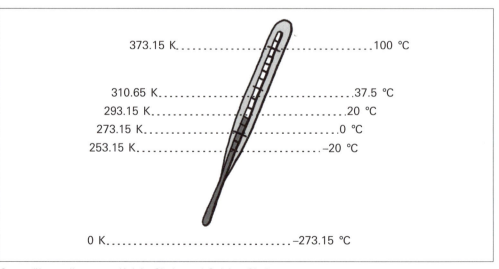

Gegenüberstellung von Kelvin-Skala und Celsius-Skala.

Beispiel 7.11 Die Celsius-Temperatur, die wir typischerweise in Wohnzimmern haben, beträgt 20.0 °C. Dies entspricht einer Kelvin-Temperatur von:

$$T = 20.0 \text{ K} + 273.15 \text{ K} = 293 \text{ K}$$

Die typische Wohnzimmertemperatur ist 293 K.

Beispiel 7.12 Helium-Gas bei 4.21 K flüssig. In Grad Celsius ist dies:

$$\vartheta = T - 273.15 \text{ °C} = 4.21 - 273.15 \text{ °C} = -268.94 \text{ °C}$$

Helium wird bei $\vartheta = -268.94$ °C flüssig.

Temperaturdifferenz, Temperaturveränderung

Die Umrechnung von Grad Celsius in Kelvin ist eine Verschiebung des Nullpunkts. *Temperaturdifferenzen* und *Temperaturveränderungen* sind in °C gleich gross wie in Kelvin: $\Delta T = \Delta\vartheta$.

Beispiel 7.13 Die Temperaturdifferenz zwischen dem Siedepunkt und dem Gefrierpunkt von Wasser in Grad Celsius ist $\Delta\vartheta = 100$ °C. Die Temperaturdifferenz zwischen dem Siedepunkt und dem Gefrierpunkt von Wasser in Kelvin ist $\Delta T = 100$ K. Die Temperaturunterschiede sind in beiden Temperaturskalen dieselben.

Die Temperatur gibt an, wie warm ein Körper ist. Wenn die Temperatur eines Körpers zunimmt, so expandiert er im Allgemeinen. Wenn die Temperatur eines Körpers abnimmt, so zieht er sich zusammen. Die Expansion eines Körpers kann als Mass für die Temperatur verwendet werden. So misst man mit dem Quecksilber-Thermometer die Temperatur ϑ anhand der Expansion von Quecksilber. Bei einem Druck von 1 bar gilt: Die Temperatur $\vartheta = 0$ °C entspricht dem Schmelzpunkt von Eis. Die Temperatur $\vartheta = 100$ °C entspricht dem Siedepunkt von Wasser.

Die thermische Expansion eines Körpers mit normaler Expansion berechnet man mit dem Längenausdehnungskoeffizienten α oder dem Volumenausdehnungskoeffizienten γ:

$$\Delta l = \alpha \cdot \Delta\vartheta \cdot l$$

$$\Delta V = \gamma \cdot \Delta\vartheta \cdot V$$

$$[\alpha] = [\gamma] = \text{°C}^{-1} = \text{K}^{-1}$$

Bei normaler Expansion ist die Expansion Δl respektive ΔV proportional zur Temperaturänderung $\Delta\vartheta$. Wasser zeigt ein anomales Expansionsverhalten, d. h., die Expansion ist nicht proportional zur Temperaturänderung.

Messungen zeigen: Die tiefstmögliche Temperatur ist $\vartheta = -273.15$ °C. Die Celsius-Temperatur $\vartheta = -273.15$ °C entspricht dem Nullpunkt der Kelvin-Temperaturskala. Bei der Kelvin-Temperatur T spricht man auch von der absoluten Temperatur. Die Umrechnung von Celsius nach Kelvin und umgekehrt:

$$T \text{ [K]} = \vartheta \text{ [°C]} + 273.15 \text{ K}$$

$$\vartheta \text{ [°C]} = T \text{ [K]} - 273.15 \text{ °C}$$

Das Kelvin ist die SI-Einheit der Temperatur: $[T] = $ K. Temperaturunterschiede haben in Grad Celsius und in Kelvin den gleichen Wert: $\Delta T = \Delta\vartheta$.

Aufgabe 40 «Der Körper ist kalt» oder «Der Körper ist wärmer als der andere Körper» machen Aussagen über die ......Temperatur...... des Körpers.

Aufgabe 70 Quecksilber-Thermometer basieren darauf, dass Quecksilber mit zunehmender ......Temperatur...... expandiert. Um die Volumenzunahme des Quecksilbers berechnen zu können, muss man den ......Volumenausdehnungskoeffizienten...... von Quecksilber kennen.

Aufgabe 100 Was misst man, wenn man ein Quecksilberthermometer abliest?

A] Die Energie eines Körpers.

(B]) Die Temperatur eines Körpers.

C] Die Wärme eines Körpers.

Aufgabe 152 Was geschieht im Normalfall, wenn ein Körper erwärmt wird?

✓ (A]) Die Dichte des Körpers wird kleiner.

✗ B] Die Gewichtskraft des Körpers nimmt ab.

✓ (C]) Das Volumen des Körpers nimmt zu.

✓ (D]) Die Gewichtskraft des Körpers bleibt unverändert.

✗ E] Die Dichte des Körpers nimmt zu.

Aufgabe 11 Die Concorde war ein Überschall-Flugzeug. Ihr Rumpf hat bei 10 °C eine Länge von 62.5 m. Aufgrund des Luftwiderstands wird das Flugzeug während dem Flug stark erwärmt. Durch die Erwärmung wird das Flugzeug während dem Flug um 12.5 cm länger. Der Längenausdehnungskoeffizient der verwendeten Aluminiumlegierung ist $22.3 \cdot 10^{-6}$ °C^{-1}. Was ist folglich die Temperatur des Aluminium-Rumpfs während dem Flug?

Aufgabe 41 Rechnen Sie die folgenden Angaben von °C in K respektive von K in °C um.

A] $\vartheta = 100$ °C

B] $\vartheta = 0$ °C

C] $\vartheta = -273.15$ °C

D] $\Delta\vartheta = 1$ °C

E] $T = 0$ K

F] $T = 273.15$ K

G] $T = 373.15$ K

H] $\Delta T = 1$ K

Aufgabe 71 Ein Autotank wurde mit 60 Liter Benzin gefüllt. Die Temperatur des Benzins beim Abfüllen war 10 °C. Nachdem das Auto ohne zu fahren in der Sonne gestanden hat, ist das Benzin 25 °C warm geworden. Der Volumenausdehnungskoeffizient von Benzin ist $\gamma = 950 \cdot 10^{-6}$ °C^{-1}.

60 L = 60 dm³ = 0,060 m³

A] Wie gross ist die relative Volumenzunahme des Benzins? $\frac{\Delta V}{V} = \alpha \cdot \Delta t$

$950 \cdot 10^{-6}$ °C$^{-1} \cdot 15$ °C $= 0,01425 \cdot 100 = 1,4\%$

B] Wie gross ist die Volumenzunahme des Benzins nach der Erwärmung?

B] $\Delta V = V \cdot \gamma \cdot \Delta\vartheta \rightarrow 0,060$ m³ $\cdot 950 \cdot 10^{-6}$ °C$^{-1} \cdot 15$ °C $= 0,000\,855$ m³

$\rightarrow 8,6 \cdot 10^{-4}$ m³

C] Was lässt sich über die Masse des Benzins aussagen? *Die Masse des Benzins ist konstant*

D] Was lässt sich über die Dichte des Benzins aussagen? *Die Dichte hat abgenommen*

Aufgabe 101

A] Beschreiben Sie, wie eine Hochspannungsleitung im Sommer und im Winter aussieht.

B] Worauf muss beim Bau der Hochspannungsleitung geachtet werden, wenn sie im Sommer montiert wird?

Aufgabe 131

Die Temperaturausdehnung führt zu Problemen bei Bauwerken, es kommt zu Spannungen und Deformationen im Material. Wie wird dieses Problem bei Brücken gelöst?

Aufgabe 12

Die Schwingzeit t für eine Hin- und Her-Schwingung des Pendels einer Pendeluhr hängt von der Länge l des Pendels ab. Die Schwingzeit t kann mit folgender Gleichung berechnet werden:

$$t = 2 \cdot \pi \cdot \sqrt{l/g}$$

A] Um wie viel nimmt die Schwingzeit T eines ursprünglich 60 cm langen Pendels zu, wenn die Pendeltemperatur um 5 °C zunimmt? Das Pendel besteht aus Eisen.

B] Um wie viel geht die Uhr an einem 25 °C warmen Tag nach 1 h nach, wenn sie an einem 20 °C warmen Tag richtig geht?

7.3 Was versteht man unter der Wärme?

Wärme

Wie schon im Abschnitt 7.1 erwähnt, wollen wir in der Physik den Begriff *Wärme* nur für die zwischen zwei unterschiedlich warmen Körpern ausgetauschte Energie verwenden. Wir sehen die Wärme somit als eine Bilanzgrösse: *Wärme gibt an, was ein Körper abgibt oder bekommt, und nicht, was ein Körper hat.* Der Begriff Wärme beschreibt immer eine Veränderung. Dies im Gegensatz zum Begriff der Temperatur, der einen physikalischen Zustand beschreibt.

Das Formelzeichen für die Wärme ist der Buchstabe Q. Wärme ist Energie. Die Einheit der Wärme ist somit:

Gleichung 7.9

$$[Q] = \text{Joule}$$

Beispiel 7.14

Bei der Verbrennung von 1 Liter Motorenbenzin wird etwa die Wärme $Q = 3 \cdot 10^7$ J an die Umgebung abgegeben.

Vorzeichen der Wärme

Für das *Vorzeichen der Wärme Q* gilt:

- Die Energie des Körpers nimmt zu, wenn er Wärme von der Umgebung aufnimmt. Die von einem Körper aufgenommene Wärme hat deshalb ein positives Vorzeichen: $Q > 0$.
- Die Energie des Körpers nimmt ab, wenn er Wärme an die Umgebung abgibt. Die von einem Körper abgegebene Wärme hat deshalb ein negatives Vorzeichen: $Q < 0$.

Eine wichtige Beobachtung im Zusammenhang mit Wärme: *Wärme geht von alleine immer vom wärmeren zum kühleren Körper.*

Beispiel 7.15   Betrachten wir eine Person, die ein Bad nimmt:

- Wenn die Temperatur des Wassers grösser ist als die Temperatur der Person, so geht die Wärme Q vom Wasser zur Person. Wenn wir die Energie der Person betrachten, so ist z. B. $Q = 2\,000$ kJ.
- Wenn die Temperatur der Person grösser ist als die Temperatur des Wassers, so geht die Wärme Q von der Person zum Wasser. Wenn wir die Energie der Person betrachten, so ist z. B. $Q = -2\,000$ kJ.

In beiden Fällen findet eine Energieübertragung d. h. ein Energieaustausch zwischen Wasser und der Person statt.

Wärme wird zwischen zwei Körpern aufgrund ihrer unterschiedlichen Temperatur ausgetauscht. Der Pfeil in Abb. 7.8 zeigt an, dass der heisse Tee die Wärme Q an die Umgebung abgibt. Der Tee gibt Wärme an die Umgebung ab, weil der Tee heisser ist als die Umgebung. Es ist also die Wärme, die an die Umgebung abgegeben wird, und nicht, wie oft im Alltag formuliert, «die Kälte, die in den Tee kriecht».

[Abb. 7.8]   Abkühlender Tee

Die Wärme Q ist die zwischen Tee und Umgebung ausgetauschte Energie.

Sobald zwei Körper (z. B. Tee und Umgebungsluft) die gleiche Temperatur T erreicht haben, wird keine Wärme Q mehr ausgetauscht, d. h. $Q = 0$ J.

Wärmequellen   Körper, deren Temperatur höher ist als die der Umgebung, bezeichnen wir als *Wärmequellen*. Wärmequellen geben Energie in Form von Wärme an die Umgebung ab.

Beispiel 7.16   Die Sonne oder ein Lagerfeuer sind Wärmequellen, da sie heisser sind als ihre Umgebung.

Wärmeaustausch bedeutet eine Energieübertragung von einem Körper zu einem anderen Körper. Der eine Körper gibt Energie ab, die der andere Körper aufnimmt. Der Begriff der Wärme Q ist somit eng verwandt mit demjenigen der Arbeit W: *Wärme und Arbeit haben beide zur Folge, dass Energie zwischen den beteiligten Körpern ausgetauscht, d. h. übertragen wird. Wärme und Arbeit bedeuten, dass das System offen ist.*

Ausblick: Der Zusammenhang zwischen der vom Körper abgegebenen Wärme Q und der Temperaturänderung ΔT und die Aggregatzustandsänderung des Körpers wird im Abschnitt 11 besprochen. Die Mechanismen, über die Wärme zwischen zwei Körpern ausgetauscht wird, werden im Abschnitt 13 besprochen.

> Die Wärme Q ist die zwischen zwei warmen Körpern ausgetauschte Energie. Die Einheit der Wärme ist das Joule:
>
> $$[Q] = \text{Joule}$$
>
> Wärme wird zwischen zwei Körpern aufgrund ihrer unterschiedlichen Temperatur ausgetauscht. Wärme geht von alleine vom heisseren Körper zum kälteren Körper.
>
> Vorzeichen der Wärme:
>
> - Die Energie des Körpers nimmt zu, wenn er Wärme von der Umgebung aufnimmt. Die von einem Körper aufgenommene Wärme hat deshalb ein positives Vorzeichen.
> - Die Energie des Körpers nimmt ab, wenn er Wärme an die Umgebung abgibt. Die von einem Körper abgegebene Wärme hat deshalb ein negatives Vorzeichen.

Aufgabe 42

Ergänzen Sie die Aussagen mit den Begriffen Wärme und Temperatur.

A] Ob man eine heisse Herdplatte berühren kann, ist eine Frage der *Temperatur*.

B] Die SI-Einheit der *Temperatur* ist Kelvin.

C] Um ein grosses Haus zu heizen, braucht es viel *Wärme*.

D] Wenn man einen Topf Wasser auf eine heissere Platte stellt, geht *Wärme* von der Platte zum Topf Wasser.

E] Nachdem man 20 °C-Wasser und 40 °C-Wasser gemischt hat, gleicht sich die *Temperatur* des Wassers aus.

F] Ein Körper kann durch *Wärme* erhitzt werden.

G] Wenn sich unterschiedlich warme Körper berühren, wird *Wärme* ausgetauscht.

7.4 Was versteht man unter der inneren Energie?

Innere Energie

Wärme ist die zwischen warmen Körpern ausgetauschte Energie. Die Energie, die in einem warmen Körper «drin steckt», nennen wir «*innere Energie*» des Körpers. Die innere Energie wird durch Zu- oder Abfuhr von Wärme vergrössert oder verkleinert. Das Formelzeichen für die innere Energie ist der Buchstabe U. Die Einheit der inneren Energie ist das Joule:

Gleichung 7.10

$$[U] = \text{Joule}$$

Schon der Name «innere Energie» deutet an, dass wir nicht die Gesamtenergie E_{total} des Körpers betrachten, sondern die Energie, die in der Materie des Körpers «drin steckt». Nicht zur inneren Energie des Körpers gehören deshalb: die kinetische Energie des Körpers, die er aufgrund seiner Bewegung hat, und die potenzielle Energie des Körpers, die er aufgrund äusserer Kräfte hat. Die innere Energie des Tees in Abb. 7.9 ist der Anteil an der Gesamtenergie, die der Tee unabhängig von seiner Lage oder seiner Geschwindigkeit hat.

[Abb. 7.9]   Heisser Tee

Die innere Energie U des heissen Tees ist die Energie, die im heissen Tee «drinsteckt».

Beispiel 7.17   Eine Kartoffel wird in einem Speiserestaurant gekocht. Das kochende Wasser führt der Kartoffel Wärme zu, wodurch die innere Energie der Kartoffel zunimmt. Die potenzielle Energie, die die Kartoffel hat, weil sie sich im Speiserestaurant auf 500 m über Meer befindet, oder die kinetische Energie, die die Kartoffel hat, weil sie sich mit dem Zugrestaurant mit 100 km/h bewegt, tragen nicht zur inneren Energie der Kartoffel bei.

In der Wärmelehre ist meist nur die Energie, die im Körper drinsteckt, von Interesse. *In der Wärmelehre übernimmt die innere Energie U die zentrale Stellung, die bei mechanischen Energieumwandlungen die Gesamtenergie E_{total} hat.*

Wenn wir die innere Energie U eines Körpers verändern wollen, so müssen wir ihm Energie zuführen oder entziehen. Auch die innere Energie eines Körpers kann weder aus dem Nichts erzeugt noch vernichtet werden. Wenn die innere Energie eines Körpers durch Wärme ändert, so ist der Zusammenhang zwischen der Wärme Q und der Änderung der inneren Energie ΔU:

Gleichung 7.11 $$\Delta U = Q$$

Beispiel 7.18   Wir betrachten die innere Energie einer kalten Kartoffel, die ins kochende Wasser geworfen wird.

[Abb. 7.10]   Eine Kartoffel wird ins kochende Wasser geworfen

Die vom Wasser auf die kalte Kartoffel übertragene Wärme erhöht die innere Energie der Kartoffel.

Bei Zimmertemperatur hatte die Kartoffel die innere Energie U_1. Das kochende Wasser überträgt auf die Kartoffel die Wärme $Q = 100$ J. Die Wärme Q erhöht die innere Energie der Kartoffel. Die innere Energie der Kartoffel im kochenden Wasser beträgt:

$$U_2 = U_1 + Q$$

Die Änderung der inneren Energie der Kartoffel beträgt:

$$\Delta U = U_2 - U_1 = Q = 100 \text{ J}$$

Wenn wir die Kartoffel aus dem kochenden Wasser nehmen und auf den Teller legen, so ist die Temperatur der Kartoffel grösser als die Zimmertemperatur. Die Kartoffel wird dann die Wärme $Q = 100$ J an die Luft abgeben, wodurch die innere Energie der Kartoffel wieder auf den Wert U_1 abnimmt.

Ausblick: Im Abschnitt 11.1 werden Sie sehen, wie die innere Energie eines Körpers sonst noch verändert werden kann. Es sei aber schon hier vermerkt, dass die innere Energie eines Körpers durch die Arbeit W und die Wärme Q verändert werden kann.

Die Energie, die in einem warmen Körper drinsteckt, heisst innere Energie U. Die Wärme Q bewirkt eine Änderung der inneren Energie U des Körpers:

$$\Delta U = Q$$

Aufgabe 72

Ergänzen Sie die folgenden Sätze mit den Worten: Wärme, innere Energie oder Temperatur.

A] Zwei heisse Steine haben zusammen mehr ……*Energie*…… als ein heisser Stein für sich alleine.

B] Zwei gleich heisse Steine haben zusammen die gleiche ……*Temperatur*…… wie ein heisser Stein alleine.

C] Ein besonders heisser Stein enthält besonders viel ……*innere Energie*……

D] Um einen Stein heisser zu machen, muss ihm ……*Wärme*…… zugeführt werden.

8 Welches Modell eignet sich zur Beschreibung der Materie?

Schlüsselfragen dieses Abschnitts:

- Wie ist die Materie aufgebaut?
- Wie lassen sich die Eigenschaften der drei Aggregatzustände erklären?

Sie haben im letzten Abschnitt die Grundgrössen der Wärmelehre kennen gelernt. Diese sind die Temperatur, die Wärme und die innere Energie. Diese Grössen können für makroskopische Körper wie Teekrüge und Kartoffeln angegeben werden.

Warum kommen wir mitten im Thema Wärmelehre auf den Aufbau der Materie zu sprechen? Schon der Begriff innere Energie deutet darauf hin, dass diese Energie in einem Körper drinsteckt. Wie ist es möglich, dass in der Materie eines warmen Körpers Energie steckt? Um diese Frage beantworten zu können, müssen wir eine Vorstellung haben, wie Materie aufgebaut ist.

Die Frage, was Temperatur denn eigentlich ist, und was passiert, wenn einem Körper Wärme zugeführt oder entzogen wird, blieb bis jetzt offen. Um diese Frage beantworten zu können, müssen wir uns ebenfalls damit beschäftigen, wie die Materie im Kleinsten, d. h. auf mikroskopischer Ebene aufgebaut ist. Der mikroskopische Aufbau der Materie wird heutzutage mit den in Abb. 8.1 dargestellten Atomen erklärt.

Mit dem Teilchen-Modell, das im Abschnitt 8 etwas erläutert wird, lässt sich der Wärme- und Temperaturbegriff deuten.

[Abb. 8.1]   Teilchen-Modell eines festen Körpers, der aus zwei «Atomsorten» besteht

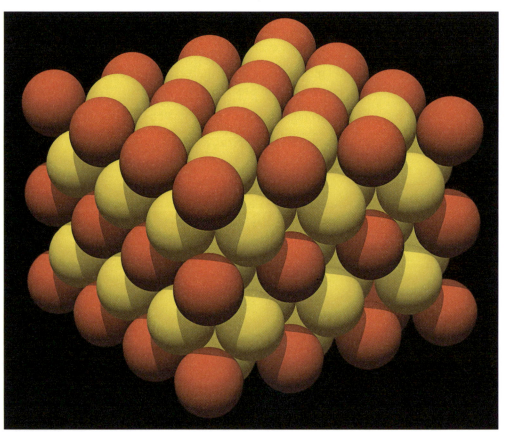

Mit dem Teilchen-Modell der Materie kann man das Wärmeverhalten von Körpern erklären.
Bild: Science Photo Library

8.1 Wie ist die Materie aufgebaut?

Atome, Moleküle

Die Begriffe «*Atome*» und «*Moleküle*» sind Ihnen schon begegnet. Beide Begriffe werden zur Erklärung des Aufbaus der Materie verwendet. Bei Atomen handelt es sich um die fundamentalen Bausteine der Materie. Die Hypothese, dass alle Materie aus fundamentalen Bausteinen aufgebaut ist, wurde schon vor über 2 500 Jahren von den Griechen Demokrit und Leukipp formuliert. Man spricht heute vom *Teilchen-Modell* der Materie. Auch die Bezeichnung für die fundamentalen Bausteine stammt von Demokrit. «Atome» bedeutet frei aus dem Griechischen übersetzt «unteilbar». Man kann sich Atome wie in Abb. 8.1 dargestellt als winzige Kügelchen mit einer winzigen Masse vorstellen. John Dalton (1766–1844) nannte folgende Eigenschaften der Atome:

- Atome sind nicht teilbar und sind somit die fundamentalen Bausteine der Materie. Beispiel: Ein Eisenstab besteht aus vielen Eisen-Atomen.
- Atome verschwinden nicht, entstehen nicht und sehen immer gleich aus. Beispiel: Wenn Eisen verdampft wird, so besteht der Dampf aus gleich vielen Eisen-Atomen wie der Festkörper bestand.
- Alle Atome eines chemischen Elements sind ununterscheidbar. Beispiel: Alle Sauerstoff-Atome sind ununterscheidbar.
- Atome verschiedener Elemente unterscheiden sich in ihrer Atommasse. Beispiel: Sauerstoff-Atome und Wasserstoff-Atome haben eine unterschiedliche Atommasse.
- Atome können sich zu Molekülen verbinden. Beispiel: Zwei Wasserstoff-Atome und ein Sauerstoff-Atom verbinden sich zu einem Wasser-Molekül.

Wir werden im Folgenden diese Vorstellung der Atome benutzen. Sie müssen sich jedoch bewusst sein, dass diese Vorstellung nicht in allen Teilen den heutigen Kenntnissen entspricht. Um die Wärmeerscheinungen, die uns interessieren, zu deuten und zu verstehen, genügt sie jedoch vollauf.

Wir werden meist von Atomen sprechen und den Begriff Moleküle nur dort verwenden, wo es explizit um einen Stoff geht, der aus Molekülen besteht. So werden wir z. B. beim Wasser von Wasser-Molekülen sprechen.

Um eine Vorstellung von Atomen zu bekommen, wollen wir als Nächstes erst mal die folgenden Fragen beantworten:

- Wie gross sind Atome?
- Wie gross ist die Atommasse?
- Aus wie vielen Atomen besteht ein Körper?
- Wie beeinflussen sich die Atome eines Körpers gegenseitig?

Wie gross sind Atome?

Die ungefähre Grösse von Atomen respektive Molekülen kann man durch ein einfaches Experiment abschätzen. Sie geben einen kleinen Tropfen dünnflüssiges Öl mit Radius r in ein Wasserbecken. Der Öltropfen wird sich dabei in einen Ölteppich verwandeln. Wenn das Wasserbecken gross genug ist, wird der Öltropfen nicht die ganze Wasseroberfläche bedecken, sondern nur einen etwa kreisrunden Ölteppich mit Radius R bilden. Die Dicke h des Ölteppichs lässt sich aus den beiden Grössen: Radius r des Öltropfens und Radius R des Ölteppichs berechnen. Dazu nehmen wir an, dass der Öltropfen Kugelform (Radius r) hat und der Ölteppich Zylinderform (Radius der Grundfläche R, Höhe h) hat.

Da beim Ausbreiten des Öltropfens das Volumen V des Öls gleich bleibt, schreiben wir:

$$V_{Zylinder} = V_{Kugel}$$

$$h \cdot \pi \cdot R^2 = \frac{4}{3} \cdot \pi \cdot r^3$$

Wir lösen die letzte Gleichung nach der Dicke h des Ölteppichs auf und setzen die Messwerte $r = 0.25$ mm, $R = 400$ mm ein:

$$h = \frac{\frac{4}{3} \cdot \pi \cdot r^3}{\pi \cdot R^2} = 5 \cdot 10^{-7} \text{ mm} = 5 \cdot 10^{-10} \text{ m}$$

Die Dicke des Ölteppichs ist $5 \cdot 10^{-10}$ m. Wir nehmen nun an, dass die Moleküle des Ölteppichs nebeneinander und nicht aufeinander liegen. Dies sollte durch Verwenden von dünnflüssigem Öl gewährleistet sein. Die Dicke des Ölteppichs ist dann die Grösse eines Öl-Moleküls: $5 \cdot 10^{-10}$ m. Ein Öl-Molekül ist aus mehreren Atomen aufgebaut. Der ungefähre Durchmesser eines Atoms muss winzige 10^{-10} m sein. Andere Messungen zeigen: Der Durchmesser von Atomen liegt im Bereich $3 \cdot 10^{-11}$ m bis $3 \cdot 10^{-10}$ m.

Wie gross ist die Atommasse?

Mit dem ungefähren Volumen eines Atoms und der typischen Dichte von Flüssigkeiten lässt sich abschätzen, wie gross die Masse eines typischen Atoms ist. Bei einer Substanz mit der Dichte $\rho = 1\,000$ kg / m³ und einem Atomradius von 10^{-10} m erhält man z. B.:

1 Angström = 10^{-10} m

$$m_{Atom} = \rho \cdot V_{Atom} = \rho \cdot \frac{4}{3} \cdot \pi \cdot r^3 = 4 \cdot 10^{-27} \text{ kg}$$

Wegen der Unsicherheiten der Abschätzung erhalten wir nur eine ungefähre Vorstellung von der Grösse der Atommasse. Andere Messungen zeigen: Die Masse der Atome liegt im Bereich 10^{-25} kg – 10^{-27} kg.

Aus wie vielen Atomen besteht ein Körper?

Jetzt wo wir wissen, in welcher Grössenordnung die Atommasse ist, können wir direkt ausrechnen, aus wie vielen Atomen ein Körper etwa besteht. Betrachten wir einen Körper, der eine Masse von 1 g hat. Die Anzahl Atome in 1 g Materie ist etwa 0.001 kg / 10^{-26} kg = 10^{23}.

Avogadro-Konstante

Diese unvorstellbar grosse Anzahl macht es sinnvoll, dass wir die Anzahl Atome eines Körpers als Vielfaches einer grossen Konstanten angeben. Diese Konstante heisst *Avogadro-Konstante*. Die Avogadro-Konstante ist

Gleichung 8.1

$$N_A = 6.02 \cdot 10^{23} \text{ mol}^{-1} = 6{,}02 \cdot 10^{23} \text{ Teilchen}$$

Stoffmenge = 1 m

Die Avogadro-Konstante wurde so gewählt, weil $6.02 \cdot 10^{23}$ Wasserstoff-Atome gerade 1 g wiegen. Durch Gleichung 8.1 wird die Einheit Mol definiert. Ein Mol entspricht N_A Teilchen. Wenn ein Körper aus N Teilchen besteht, so lässt sich dies schreiben als:

Gleichung 8.2

$$N = n \cdot N_A$$

Stoffmenge

Die so genannte *Stoffmenge* n gibt an, wie viele Atome respektive Moleküle es im Körper hat. Die SI-Einheit der Stoffmenge ist:

Gleichung 8.3

$$[n] = \text{mol}$$

Mol
: Das *Mol* ist eine SI-Grundgrösse. Das *Mol* ist für die Chemie und die Physik so etwas wie das Dutzend für den Bauern. Wenn der Bauer 24 Eier verkauft, so sind das 2 Dutzend Eier. Analog wird im nächsten Beispiel die Anzahl Atome in mol angegeben.

Beispiel 8.1

Ein Körper besteht aus $4.0 \cdot 10^{24}$ Atomen. Dies entspricht einer Stoffmenge von:

$$n = \frac{N}{N_A} = \frac{4.0 \cdot 10^{24}}{6.02 \cdot 10^{23} \frac{1}{mol}} = 6.6 \, mol$$

Beispiel 8.2

In einem Reagenzglas sind 2.0 mol Wasser. Die Anzahl H_2O-Moleküle, die sich im Reagenzglas befinden, ist somit:

$$N = n \cdot N_A = 2.0 \, mol \cdot 6.02 \cdot 10^{23} \frac{1}{mol} = 1.2 \cdot 10^{24}$$

Wie beeinflussen sich die Atome eines Körpers gegenseitig?

Wieso fliesst eigentlich ein Ölteppich nicht weiter auseinander? Wieso zerfällt der Ölteppich nicht in einzelne Öl-Moleküle? Platz dafür gäbe es, da im Experiment nicht die ganze Wasseroberfläche mit Öl bedeckt wurde. Grund: Die Öl-Moleküle bleiben zusammen, da zwischen ihnen anziehende elektrische Kräfte wirken. In der Elektrostatik werden Sie die Kräfte zwischen Atomen genauer kennen lernen. Wir nehmen hier nur zur Kenntnis: *Zwischen den Molekülen wirken anziehende Kräfte.* Die anziehenden Kräfte nehmen schnell ab, wenn sich der Abstand zwischen den Atomen vergrössert. Bei grossen Abständen ist die Anziehungskraft deshalb vernachlässigbar klein.

Erinnern Sie sich noch an die allgemeine Definition der potenziellen Energie E_p aus dem Teil «Energie»? Dort hiess es: Ein Körper hat potenzielle Energie, wenn eine Kraft auf ihn wirkt. Die Kräfte zwischen den Öl-Molekülen haben zur Folge, dass die Öl-Moleküle elektrische potenzielle Energie haben. Wir haben damit eine Energieform gefunden, die in einem Körper drinsteckt. *Die elektrische potenzielle Energie der Atome trägt zur inneren Energie eines Körpers bei.*

Materie ist aus Atomen aufgebaut. Die Atome kann man sich als winzige Kügelchen vorstellen, die einen Durchmesser von etwa 10^{-10} m und eine Masse im Bereich von 10^{-25} kg bis 10^{-27} kg haben. Die Anzahl Atome N, die es in einem Körper hat, gibt man oft als Vielfaches der Avogadro'schen Konstante $N_A = 6.02 \cdot 10^{23}$ mol^{-1} an:

$N = n \cdot N_A$

Die Grösse n heisst Stoffmenge, ihre SI-Einheit ist das Mol. Die Anzahl Atome N, die es in der Stoffmenge $n = 1$ mol hat, ist:

$N = 1 \, mol \cdot 6.02 \cdot 10^{23} \, mol^{-1} = 6.02 \cdot 10^{23}$

Zwischen den Atomen wirken anziehende Kräfte. Die anziehenden Kräfte nehmen schnell ab, wenn sich der Abstand zwischen den Atomen vergrössert. Bei grossen Abständen ist die Anziehungskraft deshalb praktisch vernachlässigbar klein. Die gegenseitige Anziehungskraft hat zur Folge, dass die Atome eines Körpers elektrische potenzielle Energie haben. Diese elektrische potenzielle Energie trägt zur inneren Energie eines Körpers bei.

Aufgabe 102   Wie kann man sich Atome vorstellen?

Aufgabe 132   1 mol Sauerstoffatome hat eine Masse von 16 g. Was ist die Masse eines einzelnen Sauerstoffatoms?

[handschriftlich:] $n = \frac{N}{N_A}$ $N = n \cdot N_A = 6{,}02 \cdot 10^{23}$ Teilchen → 16g   1 Teilchen: $2{,}6 \cdot 10^{-26}$

Aufgabe 13   A] Wann hat ein Körper potenzielle Energie?

B] Wieso haben die Atome eines Körpers potenzielle Energie?

[handschriftlich:] Weil sie sich anziehen (in der Regel von der Waalsche Kräfte)

8.2   Wie lassen sich die drei Aggregatzustände erklären?

Aggregatzustand   Die *Aggregatzustände,* in denen Materie auftreten kann, sind: fest, flüssig und gasförmig. Festkörper, Flüssigkeiten und Gase unterscheiden sich in *Verformbarkeit* und *Komprimierbarkeit*.

Festkörper   *Festkörper* haben eine bestimmte Form und ein bestimmtes Volumen. Die Form kann durch genügend grosse Kräfte verändert werden. Das Volumen hingegen ist auch durch grosse Kräfte kaum veränderbar, ausser wenn es grosse Hohlräume im Festkörper gibt, wie dies z. B. beim Brot der Fall ist. Kompakte feste Körper ohne Hohlräume lassen sich aber kaum zusammenpressen. Man sagt auch: Festkörper sind nicht komprimierbar.

Flüssigkeit   *Flüssigkeiten* haben keine bestimmte Form. Sie passen sich der Form des Gefässes an. Sie haben ein bestimmtes Volumen, das auch durch grosse Kräfte kaum verringert werden kann. Flüssigkeiten sind fast nicht komprimierbar.

Gas   *Gase* haben keine bestimmte Form. Sie füllen gleichmässig den zur Verfügung stehenden Raum aus. Das Volumen, das sie ausfüllen, kann mit kleinen Kräften verringert werden. Gase sind komprimierbar.

Aus Abschnitt 8.1 kennen Sie das Teilchen-Modell der Materie: Materie besteht aus Atomen (Molekülen), zwischen denen anziehende Kräfte wirken. Komprimierbarkeit und Verformbarkeit von Festkörpern, Flüssigkeiten und Gasen lassen sich mit diesem Teilchen-Modell erklären. Die Komprimierbarkeit hat etwas mit den Leerräumen, das heisst den Abständen zwischen den Atomen zu tun (Abb. 8.2).

[Abb. 8.2]   Teilchen-Modell für Festkörper, Flüssigkeiten und Gase

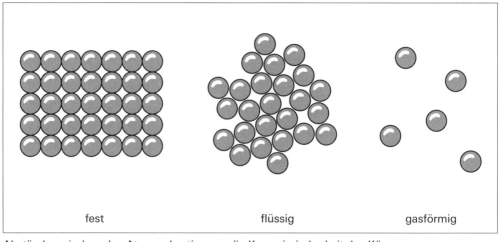

Abstände zwischen den Atomen bestimmen die Komprimierbarkeit des Körpers.

Die Verformbarkeit wird durch die Stärke der Kräfte zwischen den Atomen festgelegt. Sie sehen, wie mit dem Teilchen-Modell der Materie makroskopische Eigenschaften (Verformbarkeit, Komprimierbarkeit) mit mikroskopischen Eigenschaften (Kraft und Abstand zwischen Atomen) verknüpft sind.

Festkörper sind nicht komprimierbar und nicht verformbar. Dies kommt daher, dass es in Festkörpern keine Leerräume zwischen den Atomen gibt und dass die Kräfte zwischen den Atomen so gross sind, dass sie starr miteinander verbunden sind.

Flüssigkeiten sind fast nicht komprimierbar, aber verformbar. Dies kommt daher, dass es in Flüssigkeiten keine grösseren Leerräume zwischen den Atomen gibt und daher, dass die Kräfte zwischen den Atomen so klein sind, dass sie gegeneinander verschiebbar sind.

Gase sind komprimierbar und leicht verformbar. Dies kommt daher, dass es in Gasen grosse Leerräume zwischen den Atomen gibt und daher, dass die Kräfte zwischen den Atomen so winzig sind, dass sie sich fast kräftefrei bewegen können.

Die Abstände und Kräfte für die drei Aggregatzustände sind in Tab. 8.1 zusammengestellt.

[Tab. 8.1] Überblick über die 3 Aggregatzustände

	Festkörper	**Flüssigkeit**	**Gas**
Abstände	minimal ⇨ nicht komprimierbar	fast minimal ⇨ fast nicht komprimierbar	gross ⇨ komprimierbar
Kräfte	gross ⇨ schlecht verformbar	klein ⇨ verformbar	winzig ⇨ leicht verformbar

Für die Abstände und Kräfte zwischen den Atomen eines Körpers gilt:

- Bei Festkörpern sind die Abstände minimal und die Kräfte gross.
- Bei Flüssigkeiten sind die Abstände fast minimal und die Kräfte klein.
- Bei Gasen sind die Abstände gross und die Kräfte winzig.

Aufgabe 43 An welcher Eigenschaft sieht man, dass

A] bei Festkörpern die Abstände zwischen den Atomen minimal sind?

B] bei Festkörpern die Kräfte zwischen den Atomen gross sind?

C] bei Flüssigkeiten die Abstände zwischen den Atomen fast minimal sind?

D] bei Flüssigkeiten die Kräfte zwischen den Atomen klein sind?

E] bei Gasen die Abstände zwischen den Atomen gross sind?

F] bei Gasen die Kräfte zwischen den Atomen winzig sind?

9 Was bedeutet die Brown'sche Bewegung?

Schlüsselfragen dieses Abschnitts:

- Was ist die Brown'sche Bewegung?
- Was ist die Ursache der Brown'schen Bewegung?
- Wie sieht die thermische Bewegung der Atome für die drei Aggregatzustände aus?

Wir haben uns im Abschnitt 8 eine Vorstellung vom mikroskopischen Aufbau der Materie gemacht: Materie besteht aus Atomen (Molekülen). Um die Temperatur und die innere Energie eines Körpers verstehen zu können, müssen wir aber noch einen Schritt weiter gehen und uns noch etwas tiefer mit den Eigenschaften der Materie beschäftigen. Als Ausgangspunkt und Schlüssel dafür dient uns eine Beobachtung, die vor über zweihundert Jahren gemacht wurde, nämlich die so genannte Brown'sche Bewegung von Pollenkörnern, die in Wasser schweben. Die Brown'sche Bewegung von drei in Wasser schwebenden Pollenkörnern ist in Abb. 9.1 anhand der Aufenthaltsorte der drei Pollenkörner wiedergegeben.

Wir wollen uns im Abschnitt 9 mit der Brown'schen Bewegung beschäftigen, um mehr über die mikroskopische Interpretation der Temperatur zu erfahren.

[Abb. 9.1] Brown'sche Bewegung von drei Pollenkörnern

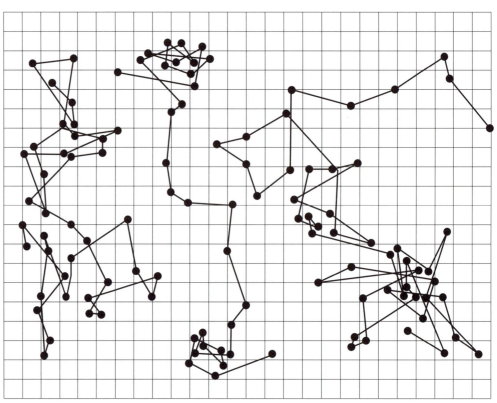

Brown'sche Bewegung: Die Punkte geben die Position von drei Pollenkörnern nach jeweils 30 s an. Ein Häuschen entspricht 3 mm. Zeichnung nach: Jean Perrin in «Les Atomes» (1913)

9.1 Was ist die Brown'sche Bewegung?

Brown'sche Bewegung

Im Jahr 1827 untersuchte der schottische Botaniker Robert Brown (1773–1858) unter dem Mikroskop das Aussehen von Pollen. Dabei sah er, dass im Wasser schwebende Pollen ständig in Zitterbewegung sind. Um auszuschliessen, dass die Bewegung durch «Leben» in den Pollen verursacht wird, zerkleinerte er Steine zu sehr feinen Sandkörnchen. Er fand, dass die winzigen Sandkörnchen dieselbe Zitterbewegung vollführten. Um Browns Untersuchungen zu ehren, bezeichnet man diese Zitterbewegung als *Brown'sche Bewegung*. Weitere Beobachtungen zeigen, dass die *Brown'sche Bewegung* in warmem Wasser schneller ist als in kaltem Wasser.

Die Beobachtungen zur Brown'schen Bewegung können wie folgt interpretiert werden:

- *Die Brown'sche Bewegung der Pollen wird durch das Wasser verursacht.*
- *Die Brown'sche Bewegung der Pollen hat etwas mit der Temperatur des Wassers zu tun.*

In Flüssigkeit schwebende Teilchen sind ständig in Brown'scher Bewegung. Die Brown'sche Bewegung ist in heissen Flüssigkeiten schneller als in kalten.

Aufgabe 73

A] Wie kann man die Brown'sche Bewegung von Pollen sehen?

B] Wie sieht die Brown'sche Bewegung der Pollen aus?

C] Wovon hängt die Geschwindigkeit der Brown'schen Bewegung der Pollen ab?

9.2 Was ist die Ursache der Brown'schen Bewegung?

Bei dieser Interpretation der Brown'schen Bewegung drängen sich zwei Fragen auf: Wie wird die Brown'sche Bewegung der Pollen durch das Wasser verursacht? Wieso wird die Brown'sche Bewegung der Pollen mit steigender Temperatur schneller? Diese beiden Fragen sind denn auch Inhalt des Abschnitts 9.2.

Die Erklärung der Brown'schen Bewegung der in Wasser schwebenden Pollen wurde 1876 von William Ramsay (1852–1916) geliefert: *Die Zitterbewegung der Pollenkörner kommt daher, dass die Wasser-Moleküle ständig in Bewegung sind. Da die Bewegung der Wasser-Moleküle völlig ungeordnet ist, kollidieren sie ständig mit den Pollenkörnern. Die Pollenkörner werden wie in Abb. 9.2 dargestellt einmal mehr von der einen Seite gestossen, ein andermal mehr von einer anderen Seite; es kommt zur Zitterbewegung des Pollenkorns.*

[Abb. 9.2]   Modell für die Brown'sche Bewegung eines Pollenkorns

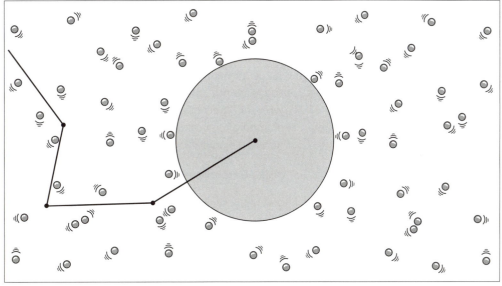

Das grosse Pollenkorn wird ständig von den viel kleineren Wasser-Molekülen geschubst.

Thermische Bewegung

Die Brown'sche Bewegung wird mit steigender Temperatur schneller. Dies bedeutet, dass die Stösse der Wasser-Moleküle mit steigender Temperatur heftiger werden. Erklärung: *Die Geschwindigkeit der Wasser-Moleküle nimmt mit steigender Temperatur zu.* Es besteht also ein Zusammenhang zwischen der Wassertemperatur und der Geschwindigkeit der Bewegung der Wasser-Moleküle. Man spricht deshalb von der *thermischen Bewegung* der Wasser-Moleküle.

Erst im Jahre 1905 fand Albert Einstein (1879–1955) eine mathematische Beschreibung der Brown'schen Bewegung. Die Einstein'schen Gesetze der Brown'schen Bewegung wurden 1908 durch Messungen vom Franzosen Jean Perrin (1870–1942) bestätigt. Dies war eine wichtige Bestätigung der obigen Deutung der Brown'schen Bewegung, aber auch ein endgültiger Beweis für die Existenz der Atome.

Heutzutage kann man die thermische Bewegung von Atomen und Molekülen im so genannten «Feldelektronenmikroskop» direkt beobachten. Ein solches Mikroskop liefert millionenfache Vergrösserungen. Schaut man zum Beispiel einen Kristall unter einem solchen Mikroskop an, so sieht man, dass sich das stets vorhandene leichte Zittern der Atome verstärkt, je heisser der Kristall gemacht wird. Auch im Festkörper zittern die Atome umso schneller, je grösser die Temperatur ist. Ganz allgemein gilt somit: *Die Atome eines Körpers bewegen sich umso schneller, je grösser seine Temperatur ist.*

Mittlere Geschwindigkeit der Atome

Wir wollen als Nächstes die Geschwindigkeit der Atome eines Körpers etwas genauer anschauen. Bisher haben wir von der «Geschwindigkeit der Atome» gesprochen, so als hätten alle Atome dieselbe Geschwindigkeit. Da die Atome ständig miteinander kollidieren, ist aber zu erwarten, dass der Betrag und die Richtung der Geschwindigkeit von Atom zu Atom verschieden sind. Korrekterweise werden wir deshalb von jetzt an von der *mittleren Geschwindigkeit der Atome* sprechen. Für die mittlere Geschwindigkeit wird oft auch das Symbol $\bar{v}$ verwendet. Wir lassen den Strich auf dem v weg, erwähnen aber immer, wenn wir mit v die mittlere Geschwindigkeit (Durchschnittsgeschwindigkeit) meinen.

In Tab. 9.1 ist die mittlere Geschwindigkeit für verschiedene Temperaturen und verschiedene Moleküle aufgelistet.

[Tab. 9.1]   Mittlere Geschwindigkeit der Moleküle bei verschiedenen Temperaturen

Temperatur	Mittlere Geschwindigkeit von Wasserstoffmolekülen	Mittlere Geschwindigkeit von Sauerstoffmolekülen
0 °C	1300 m/s	461 m/s
100 °C	1525 m/s	539 m/s
200 °C	1717 m/s	607 m/s
300 °C	1890 m/s	668 m/s

Tab. 9.1 zeigt, wie die mittlere Geschwindigkeit mit steigender Temperatur zunimmt. Ausserdem zeigt sie, dass die mittlere Geschwindigkeit der leichten Moleküle eines Gases (wie Wasserstoff H_2) grösser ist als die der schweren Moleküle des Gases (wie Sauerstoff O_2). Die mittlere Geschwindigkeit von Sauerstoffmolekülen bei Zimmertemperatur ist so etwa 500 m/s = 1 800 km/h, diejenige von Wasserstoffmolekülen etwa 1 350 m/s = 4 860 km/h.

Geschwindigkeitsverteilung

In der Abb. 9.3 ist die *Geschwindigkeitsverteilung* der Stickstoff-Moleküle in einem Stickstoff-Gas der Temperatur $\vartheta = 20\ °C$ dargestellt.

[Abb. 9.3]   Geschwindigkeitsverteilung der Moleküle eines Gases

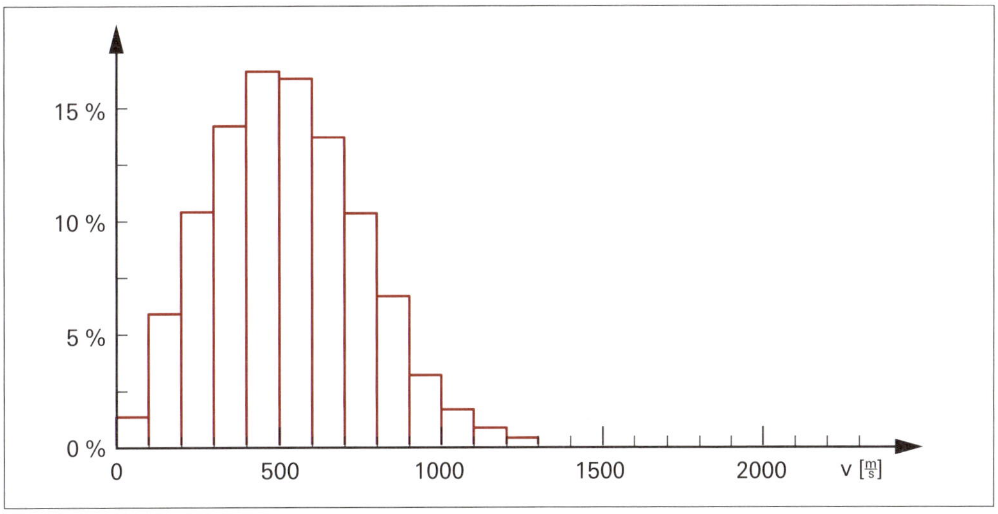

Geschwindigkeitsverteilung der Stickstoff-Moleküle eines 20 °C warmen Gases.

Sie können Abb. 9.3 z. B. entnehmen, dass sich bei 20 °C etwa 10 % aller Stickstoff-Moleküle mit Geschwindigkeiten zwischen 700 m/s und 800 m/s bewegen. Eine Temperaturzunahme bedeutet eine Erhöhung der mittleren Geschwindigkeit der Stickstoff-Moleküle: Das Maximum der Verteilung in Abb. 9.3, jetzt bei 400–500 m/s, verschiebt sich nach rechts. Umgekehrt bedeutet eine Temperaturabnahme eine Abnahme der mittleren Geschwindigkeit der Stickstoff-Moleküle: Das Maximum der Verteilung verschiebt sich nach links.

Verdunsten, Verdampfen

Die Tatsache, dass nicht alle Atome eines Körpers gleich schnell sind, wird beim *Verdunsten* einer Flüssigkeit sichtbar. Verdunsten ist dabei nicht zu verwechseln mit *Verdampfen*. Kochendes Wasser wird relativ schnell gasförmig. Wir sagen: Das kochende Wasser verdampft. Allgemein: Wenn eine Flüssigkeit kocht, so verdampft sie, weil die Moleküle der Flüssigkeit genügend kinetische Energie haben, um die Anziehungskraft der anderen Moleküle in der Flüssigkeit zu überwinden. Wasser wird aber schon bei Zimmertemperatur langsam gasförmig. Wir sagen: Das Wasser verdunstet. Der Grund fürs Verdunsten: Die schnellsten Moleküle der Flüssigkeit haben genügend kinetische Energie, um die Anziehungskraft der anderen Moleküle in der Flüssigkeit zu überwinden. Die schnellsten Moleküle verlassen die Flüssigkeit und werden gasförmig. Dadurch wird die mittlere Geschwindigkeit der im Wasser verbleibenden Moleküle kleiner: Die Temperatur der Flüssigkeit nimmt ab. Dies spüren wir z. B., wenn Schweiss auf der Haut verdunstet: Der zurückbleibende Schweiss wird kälter und kühlt die Haut ab.

Kinetischen Wärmelehre

Die Brown'sche Bewegung zeigt uns, dass die Temperatur eines Körpers etwas mit der Bewegung seiner Atome und Moleküle zu tun hat. *Was wir makroskopisch als Temperatur wahrnehmen, ist mikroskopisch gesehen nichts anderes als die ungeordnete Bewegung der vielen Atome und Moleküle des Körpers.* Wir können damit den Temperatur-Begriff der Wärmelehre mit dem Geschwindigkeits-Begriff der Kinematik verbinden. Die Wärmelehre wird, so verbunden mit der Kinematik, zur *kinetischen Wärmelehre*.

Mit der Erkenntnis, dass die Temperatur eines Körpers nichts anderes ist als die ungeordnete Bewegung seiner Atome, wird auch verständlich, warum es eine tiefste Temperatur von $\vartheta = -273.15$ °C gibt. Wenn ein Körper abgekühlt wird, so wird die ungeordnete Bewegung der Atome immer langsamer. *Die Temperatur von $\vartheta = -273.15$ °C entspricht dem Zustand, bei dem die Atome oder Moleküle des Körpers in Ruhe sind.* Eine weitere Abkühlung ist nicht möglich, da die Bewegung der Atome nicht weiter verlangsamt werden kann. Die tiefste Temperatur ist ein Grenzwert, der in der Praxis nie erreicht werden kann. Mit technischem Geschick kann man die Temperatur eines Körpers aber sehr nahe an den absoluten Nullpunkt abkühlen. Im Jahr 2000 war die tiefste im Labor erreichte Temperatur etwa 10^{-10} K.

Die Atome eines warmen Körpers sind ständig in ungeordneter Bewegung. Man spricht von der thermischen Bewegung der Atome. Wenn die Temperatur des Körpers steigt, nimmt die mittlere Geschwindigkeit der Atome des Körpers zu.

Die Brown'sche Bewegung der Pollen in Wasser ist eine Folge der thermischen Bewegung der Wasser-Moleküle: Wasser-Moleküle in ungeordneter Bewegung schubsen die Pollen ständig von allen Seiten.

Die Temperatur von $\vartheta = -273.15$ °C entspricht dem Zustand, bei dem sich die Atome oder Moleküle des Körpers nicht bewegen, d. h. in Ruhe sind. Dieser Zustand, d. h. diese Temperatur ist jedoch in der Praxis unerreichbar.

Aufgabe 103 Nennen Sie eine Grösse der Kinematik, die mitbestimmt, wie heftig die Kollisionen der Wasser-Moleküle mit den Pollen sind.

Die Geschwindigkeit der Atome bestimmt die Heftigkeit der Kollision mit.

Aufgabe 133 Nennen Sie eine Grösse der Wärmelehre, die mitbestimmt, wie heftig die Kollisionen der Wasser-Moleküle mit den Pollen sind.

Die Temperatur des Körpers bestimmt die Heftigkeit der Kollision mit.

Aufgabe 14 Beschreiben Sie den Zusammenhang zwischen der Temperatur des Körpers und der mittleren Geschwindigkeit seiner Atome (Moleküle).

Wenn die Temperatur eines Körpers steigt, nimmt die mittlere Geschwindigkeit der Atome zu.

Aufgabe 44 Ein im Wasser schwebendes Pollenkorn bewegt sich bei seiner Zitterbewegung in diesem Augenblick nach rechts. Was sagt Ihnen das?

Die auf der linken Seite liegenden Wasser-Moleküle stupsen mehr.

Aufgabe 74 Wodurch unterscheidet sich ein heisser Stein von einem kalten?

Im heissen Stein ist die mittlere Geschwindigkeit der Atome (Moleküle) grösser als im kalten.

Aufgabe 104 Erklären Sie mit eigenen Worten den Unterschied zwischen verdunsten und verdampfen.

verdampfen: Siedepunkt Wasser erreicht, Atome haben genügend kinetische Energie um Flüssigkeit zu verlassen.

verdunsten: Temp unter Siedepunkt, nur die schnellsten Atome haben genügend kinetische Energie um die Flüssigkeit zu verlassen.

9.3 Wie sieht die Bewegung der Atome für die drei Aggregatzustände aus?

Im Abschnitt 8.2 haben wir uns für die drei Aggregatzustände überlegt, wie gross die Abstände und die anziehenden Kräfte zwischen den Atomen des Körpers sind. Wir wollen uns jetzt überlegen, wie die ungeordnete Bewegung der Atome für die drei Aggregatzustände aussieht.

Vibration

In Festkörpern sind die Atome aufgrund der gegenseitigen Anziehung starr miteinander verbunden. Die Bewegungsfreiheit ist dadurch stark eingeschränkt: Die Atome bewegen sich nur an Ort hin und her, da sie ständig mit den benachbarten Atomen kollidieren. Man spricht von der *Vibration* der Atome.

Diffusion

In Flüssigkeiten sind die Atome nicht starr verbunden, sie spüren aber die gegenseitige Anziehung gut. Die Bewegungsfreiheit der Atome ist dadurch eingeschränkt, aber nicht so stark wie bei einem festen Körper. Die Atome bewegen sich eine Weile an Ort hin und her, da sie mit den benachbarten Atomen kollidieren. Bei heftigen Kollisionen können die Atome jedoch ihren ursprünglichen Ort verlassen. Man sieht dies z. B., wenn man zwei verschiedenfarbige Flüssigkeiten wie Kaffee und Milch mischt. Dort führen heftige Kollisionen zu einer langsamen Durchmischung der beiden Flüssigkeiten. Man spricht von der langsamen *Diffusion* der Atome.

Da in Gasen die gegenseitige Anziehung der Atome winzig ist, können sie sich fast frei bewegen. Sie kollidieren jedoch immer wieder mit anderen Atomen oder der Gefässwand. Da sich die Gasatome fast ungehindert bewegen können, durchmischen sich Gase schnell. Man spricht von der schnellen Diffusion der Atome.

Die thermische Bewegung der Atome in Festkörpern, Flüssigkeiten und Gasen ist in Abb. 9.4 schematisch dargestellt.

[Abb. 9.4]   Thermische Bewegung der Atome in Festkörpern, Flüssigkeiten und Gasen

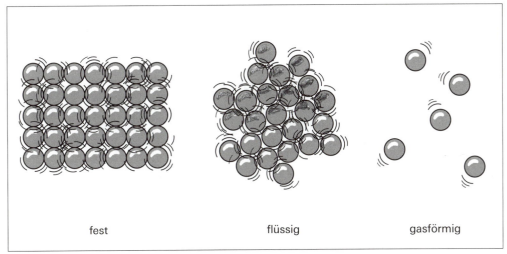

fest   flüssig   gasförmig

Die thermische Bewegung der Atome sieht in Festkörpern, Flüssigkeiten und Gasen unterschiedlich aus, da unterschiedlich starke anziehende Kräfte zwischen den Atomen wirken.

Ausblick: Die Temperatur des Körpers hat etwas mit der mittleren Geschwindigkeit und somit mit der mittleren kinetischen Energie der Atome zu tun. Es gibt also einen Zusammenhang zwischen den mikroskopischen Eigenschaften der Materie und den makroskopischen Grössen der Wärmelehre. Diese Zusammenhänge werden wir uns im Abschnitt 10 genauer anschauen.

Aussehen der thermischen Bewegung der Atome:

- Atome in Festkörpern bewegen sich an Ort hin und her und stossen dabei an die benachbarten Atome (Vibration der Atome).
- Atome in Flüssigkeiten bewegen sich an Ort hin und her, bis sie durch einen heftigen Stoss von einem benachbarten Atom weggestossen werden (langsame Diffusion der Atome).
- Atome in Gasen bewegen sich geradlinig, bis sie mit einem anderen Atom oder der Gefässwand zusammenstossen (schnelle Diffusion der Atome).

Aufgabe 134   Man riecht schnell, wenn eine Gasleitung ein Leck hat. Wie lässt sich dies mit der Bewegung der Atome (Moleküle) erklären?

Aufgabe 15   Beschreiben Sie die Bewegung der Atome in Festkörpern, Flüssigkeiten und Gasen.

10 Wie lassen sich Gase beschreiben?

- Wie beschreibt man Gase auf mikroskopischer Ebene?
- Wie beschreibt man Gase auf makroskopischer Ebene?
- Wie passen die mikroskopische und makroskopische Beschreibung zusammen?

Die Theorie der Brown'schen Bewegung besagt, dass die Atome eines Körpers ständig in thermischer Bewegung sind. Es gibt einen Zusammenhang zwischen der Temperatur des Körpers und der mittleren Geschwindigkeit der Atome des Körpers. Für Gase ist es möglich, die Temperatur des Körpers aus der mittleren Geschwindigkeit seiner Atome zu berechnen. Grundlage dazu ist eine Beschreibung von Gasen auf mikroskopischer und makroskopischer Ebene. Die mikroskopische Beschreibung von Gasen wird zudem das Zustandekommen des Gasdrucks in einem Luftballon mit der ungeordneten Bewegung der Atome im Luftballon erklären können.

[Abb. 10.1] Platzender Luftballon

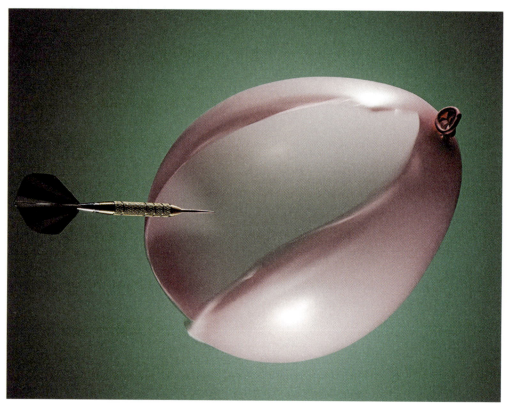

Der Druck eines Gases lässt sich mit der ungeordneten Bewegung der Atome/Moleküle erklären.
Bild: Adam Hart-Davis / Science Photo Library

10.1 Wie beschreibt man Gase auf mikroskopischer Ebene?

Gasteilchen

Die Atome eines Gases in einem Gefäss bewegen sich fast frei, da die gegenseitigen Anziehungskräfte sehr klein sind. Dabei kollidieren die Atome ständig mit anderen Atomen des Gases und mit der Gefässwand. Wenn man die Bewegung jedes einzelnen Gasteilchens berechnen könnte, so wie man es zum Beispiel für eine Billard-Kugel tun kann, so hätte man eine exakte Beschreibung für das Gas. Da aber die Zahl der *Gasteilchen* (Atome und Moleküle) selbst in einem kleinen Volumen ungeheuer gross ist, ist ein solches Unterfangen hoffnungslos. *Es ist nicht möglich, das Verhalten der einzelnen Gasteilchen zu beschreiben. Die riesige Anzahl Gasteilchen macht es aber interessant, statistische Aussagen über das Verhalten aller Gasteilchen zu machen.* Es kommt uns dann nicht darauf an, die Bewegung jedes einzelnen Gasteilchens zu berechnen, sondern es interessiert uns das mittlere (durchschnittliche) Verhalten aller Gasteilchen. Die kinetische Wärmelehre besteht so aus Gesetzen, die es erlauben, Voraussagen über das Verhalten eines Gases als Ganzes zu machen, ohne dass das Verhalten jedes Gasteilchens einzeln beschrieben werden muss.

Statistische Beschreibung eines Gases

Um das Gas auf mikroskopischer Ebene statistisch beschreiben zu können, benützen wir das Modell des idealen Gases. Ein ideales Gas besteht aus sehr vielen Gasteilchen, die alle die folgenden Eigenschaften haben:

- Die Gasteilchen sind sehr klein im Vergleich zum Abstand zwischen den Gasteilchen. Die Gasteilchen können somit als Massenpunkte angesehen werden.
- Kollidiert ein Gasteilchen mit einem anderen Gasteilchen oder mit der Gefässwand, so wird es einfach elastisch reflektiert.
- Ausser bei Kollisionen wirken keine Kräfte auf die Gasteilchen.
- Die Bewegung der Gasteilchen ist völlig ungeordnet.

Dies sind vereinfachende Annahmen und deshalb charakteristisch für das, was man in der Physik ein Modell nennt. Das ideale Gas mit den obigen Eigenschaften ist eine Annäherung an wirkliche Gase. Ein ideales Gas existiert nicht. Ein reales Gas lässt sich aber gut mit dem Modell des idealen Gases beschreiben, solange der Gasdruck p nicht zu hoch und die Gastemperatur T nicht zu tief ist. Bei kleinem Druck und grosser Temperatur ist der Abstand zwischen den Gasteilchen viel grösser als die Grösse der Gasteilchen. Die Gasteilchen können dann als kräftefreie Massenpunkte betrachtet werden.

Wie realistisch sind die anderen Eigenschaften des idealen Gases? Zur ersten Annahme können wir eine Abschätzung machen: Die Dichte von Wasserdampf ist etwa 1 000-mal kleiner als diejenige von Wasser. Ein Wasserdampfteilchen hat demnach etwa 1 000-mal mehr Raum zu Verfügung als ein Wasserteilchen. In Flüssigkeiten sind die Moleküle so nahe beieinander, dass sie sich gegenseitig berühren. Wenn Wasserdampfteilchen also 1 000-mal mehr Raum zu Verfügung haben als die Wasserteilchen, so sind sie im Mittel $1\,000^{1/3} = 10$ Moleküldurchmesser voneinander entfernt. Die Gasteilchen sind also in der Tat viel kleiner als der Abstand zwischen ihnen.

Eine für die Beschreibung von Gasen wichtige Grösse ist der Gasdruck p. So ist für die Umgebungsluft ein Druck von etwa 10^5 Pa = 1 bar typisch:

$$1\text{ Pa} = 1\text{ N}/\text{m}^2 = 1\text{ kg}\cdot\text{m}/(\text{s}^2\cdot\text{m}^2) = 1\text{ kg}/(\text{s}^2\cdot\text{m})$$

Kinetische Gastheorie, Gasdruck

Warum üben Gase einen Druck auf den Gasbehälter aus? Woher kommt überhaupt der Gasdruck? Wieso gibt es diese grossen Abstände zwischen den Gasteilchen? Wieso fallen nicht einfach alle Atome eines Gases auf den Boden? Schliesslich wirkt auch auf die Atome die Gewichtskraft. Die so genannte *kinetische Gastheorie,* die wir als Nächstes genauer anschauen werden, kann auf solche Fragen Antworten geben. Vorweggenommen: Das Gas übt einen *Gasdruck* aus, weil die Gasteilchen ständig in Bewegung sind und laufend mit der Umgebung kollidieren. *Das ständige Bombardement durch die vielen mikroskopisch kleinen Gasteilchen in Abb. 10.2 nehmen wir makroskopisch als konstanten Druck wahr.*

[Abb. 10.2] Teilchen-Modell für ein Gas

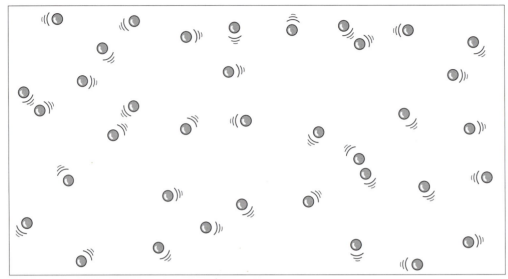

Die vielen mikroskopisch kleinen Gasteilchen bewirken makroskopisch einen konstanten Druck.

Wir wollen den Gasdruck in einem idealen Gas berechnen. Wir betrachten dazu einen Würfel mit der Kantenlänge s. Im Würfel befindet sich vorerst nur *ein* Gasteilchen, das sich z. B. mit der Geschwindigkeit $v_1 = +300$ m/s parallel zur x-Achse nach rechts bewegt. Wenn das Gasteilchen auf die rechte Gefässwand trifft, so erfolgt ein elastischer Stoss, das heisst, das Gasteilchen prallt so zurück, dass es sich nach dem Stoss mit entgegengesetzter Geschwindigkeit $v_2 = -300$ m/s nach links bewegt. Die Geschwindigkeitsänderung, die das Gasteilchen durch den Stoss erfahren hat, beträgt:

$$v_2 - v_1 = -300 \text{ m/s} - 300 \text{ m/s} = -600 \text{ m/s}$$

Für den Betrag der Geschwindigkeitsänderung eines Gasteilchens mit der Geschwindigkeit v gilt also:

$$\Delta v = 2 \cdot v$$

Das Gasteilchen bewegt sich nach der Kollision mit der rechten Wand durch den Würfel, bis es auf die linke Gefässwand trifft, wo es wieder einen elastischen Stoss erfährt. Es hat nun wieder die Geschwindigkeit $v_3 = +300$ m/s und fliegt auf die rechte Wand zu, wo es zum nächsten Stoss kommt, usw. Die Flugzeit Δt zwischen zwei Stössen auf der rechten Wand ist bei einem Würfel mit Kantenlänge s:

$$\Delta t = \frac{\Delta x}{v} = \frac{2 \cdot s}{v}$$

Wir berechnen nun die Kraft, die während dem elastischen Stoss auf das Gasteilchen wirkt. Gemäss dem Wechselwirkungsgesetz: Actio = Reactio, ist dies betragsmässig auch die Kraft, die das Gasteilchen auf die Gefässwand ausübt. Um die Kraft, die beim Stoss auf das Gasteilchen wirkt, auszurechnen, benutzen wir das 2. Newton'sche Gesetz:

$$F = m \cdot a = m \cdot \frac{\Delta v}{\Delta t}$$

Hier ist m die Masse des Gasteilchens und a die Beschleunigung des Gasteilchens beim Stoss mit der rechten Gefässwand. Die Geschwindigkeitsänderung beim Stoss beträgt $\Delta v = 2 \cdot v$. Somit ist die Kraft:

$$F = m \cdot a = m \cdot \frac{\Delta v}{\Delta t} = m \cdot \frac{2 \cdot v}{\Delta t}$$

Die Dauer Δt der Krafteinwirkung, d.h. der Kollision ist sehr kurz. Doch nach der Kollision fliegt das Gasteilchen zweimal durch den Behälter, bevor es von Neuem auf die gleiche Wand trifft. Während dieser Flugzeit ist die auf das Gasteilchen wirkende Kraft gleich null. Jetzt kommt die Statistik: Statt des exakten zeitlichen Kraftverlaufs interessieren wir uns nur für den Mittelwert der Kraft. Wir müssen also für Δt nicht das Zeitintervall eines Stosses, sondern das Zeitintervall zwischen zwei Stössen mit der gleichen Gefässwand einsetzen:

$$\Delta t = \frac{2 \cdot s}{v}$$

Die mittlere Kraft auf die rechte und linke Gefässwand ist somit:

$$F = m \cdot \frac{2 \cdot v}{\Delta t} = m \cdot \frac{2 \cdot v}{\left(\frac{2 \cdot s}{v}\right)} = \frac{m \cdot v^2}{s}$$

Der mittlere Druck p, den ein Gasteilchen auf die rechte und linke Würfelfläche $A = s^2$ ausübt, ist somit:

$$p = \frac{F}{A} = \frac{F}{s^2} = \frac{m \cdot v^2}{s \cdot s^2} = \frac{m \cdot v^2}{s^3} = \frac{m \cdot v^2}{V}$$

In der letzten Gleichung haben wir berücksichtigt, dass s^3 das Würfelvolumen V ist.

Wenn sich N Gasteilchen mit einem mittleren v^2 im Würfel befinden, die sich alle in x-Richtung bewegen, so ist der Druck auf die rechte und linke Seite N-mal so gross:

$$p = N \cdot \frac{m \cdot v^2}{V}$$

In Wirklichkeit bewegen sich natürlich nicht alle N Teilchen in x-Richtung, sondern auch ein Teil in y- und z-Richtung. Die Kraft verteilt sich also nicht nur auf die linke und rechte Seite, sondern auch auf die obere und untere und hintere und vordere, kurz auf eine 3-mal so grosse Fläche. Der Druck ist somit nur 1/3 so gross. Damit wird unsere Gleichung für den Druck in einem idealen Gas mit N Gasteilchen:

$$p = \frac{N}{3} \cdot \frac{m \cdot v^2}{V}$$

Gesetz des idealen Gases (theoretisch)

Gleichung 10.1

Leicht umgeformt erhalten wir die übliche Form des *Gesetzes des idealen Gases*:

$$p \cdot V = \frac{1}{3} \cdot N \cdot m \cdot v^2$$

Gleichung 10.1 gibt den Zusammenhang zwischen dem Gasdruck und der Geschwindigkeit der Gasteilchen wieder. Gleichung 10.1 sagt über den Gasdruck in einem idealen Gas das, was wir auch intuitiv erwarten:

- Je grösser die Anzahl Gasteilchen, die sich im Volumen aufhalten, umso grösser der Druck.
- Je grösser die Masse der Gasteilchen, umso grösser der Druck.
- Die Geschwindigkeit spielt eine doppelte Rolle. Wenn die Geschwindigkeit gross ist, so wirkt beim Stoss mit der Behälterwand eine grössere Kraft. Zudem kommt es häufiger zu Stössen, da ein schnelles Gasteilchen schneller erneut mit der Gefässwand kollidiert. Darum ist der Druck proportional zur Geschwindigkeit im Quadrat.
- Je grösser das Volumen, auf das sich die Gasteilchen verteilen, umso kleiner der Druck.

Um den Druck berechnen zu können, müssen wir den Mittelwert von v^2 berechnen. Um die mittlere Geschwindigkeit berechnen zu können, unterscheiden wir nicht zwischen dem Mittelwert von v^2 und dem Quadrat der mittleren Geschwindigkeit v.

Beispiel 10.1

Ein Modell-Gas besteht aus drei Gasteilchen. Zu einem bestimmten Zeitpunkt haben die drei Gasteilchen folgende Geschwindigkeiten: 290 m/s, 300 m/s und 310 m/s.

Der für den Druck eigentlich relevante Mittelwert von v^2 ist:

$$[(290 \text{ m/s})^2 + (300 \text{ m/s})^2 + (310 \text{ m/s})^2] / 3 = 90\,067 \text{ m}^2/\text{s}^2$$

Das Quadrat der mittleren Geschwindigkeit ist:

$$[(290 \text{ m/s} + 300 \text{ m/s} + 310 \text{ m/s}) / 3]^2 = 90\,000 \text{ m}^2/\text{s}^2$$

Der Mittelwert von v^2 ist also in der Tat nicht das gleiche wie das Quadrat der mittleren Geschwindigkeit. Sie sehen aber auch, dass der Unterschied klein ist und deshalb ignoriert werden kann.

Die kinetische Energie E_k eines Gasteilchens der Masse m und der Geschwindigkeit v ist:

$$E_k = \frac{1}{2} \cdot m \cdot v^2$$

Gesetz des idealen Gases (theoretisch)

Wir können deshalb die Gleichung 10.1 einsetzen und erhalten eine andere Form des *Gesetzes des idealen Gases*:

Gleichung 10.2

$$p \cdot V = \frac{2}{3} \cdot N \cdot E_k$$

Gleichung 10.2 gibt den Zusammenhang zwischen der mittleren kinetischen Energie E_k der Gasteilchen und dem Druck p des idealen Gases an.

Beispiel 10.2

Luft besteht zu 78 % aus Stickstoff-Molekülen (N_2) und zu 21 % aus Sauerstoff-Molekülen (O_2). Die übrigen 1 % sind andere Atome und Moleküle wie Argon, Kohlenstoffdioxid, Neon, Helium etc. Wir betrachten einen Ballon, der nur mit Stickstoff gefüllt ist. Die Masse des Gases im Ballon ist $m = 25$ g, das Volumen des Ballons ist $V = 2 \cdot 10^{-2}$ m^3. Die Masse eines Stickstoff-Moleküls ist $m_{N2} = 4.65 \cdot 10^{-26}$ kg. Wie gross muss die mittlere Geschwindigkeit der Stickstoff-Moleküle im Ballon sein, wenn der Druck im Ballon $p = 1.2$ bar beträgt?

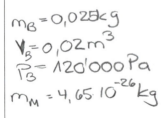

Gleichung 10.2 des idealen Gases aufgelöst nach der mittleren kinetischen Energie der Stickstoff-Moleküle lautet:

$$E_K = \frac{1}{2} \cdot m_{N2} \cdot v^2 = \frac{3 \cdot p \cdot V}{2 \cdot N}$$

$$v = \sqrt{\frac{3 \cdot p \cdot V}{N \cdot m_{N2}}} = \sqrt{\frac{3 \cdot p \cdot V}{m}} = 490 \frac{\text{m}}{\text{s}}$$

In der letzten Gleichung haben wir berücksichtigt, dass sich die Masse m des Stickstoff-Gases aus der Molekül-Masse der N Moleküle zusammensetzt: $m = N \cdot m_{N2}$. Die Stickstoff-Moleküle bewegen sich mit der mittleren Geschwindigkeit $v = 490$ m/s durch den Ballon.

Um ein Gas auf mikroskopischer Ebene zu beschreiben, gibt es das Modell des idealen Gases. Ein ideales Gas besteht aus sehr vielen Gasteilchen, die alle die folgenden Eigenschaften haben: Die Gasteilchen können als Massenpunkte betrachtet werden. Die Zusammenstösse zwischen zwei Gasteilchen oder einem Gasteilchen und der Behälterwand sind elastisch. Ausser bei den Kollisionen wirken keine Kräfte auf die Gasteilchen. Die Bewegung der Gasteilchen ist völlig ungeordnet.

Der Druck, den ein ideales Gas auf einen Körper ausübt, kommt durch Kollisionen zwischen den Gasteilchen und der Körperoberfläche zustande. Aufgrund von statistischen Überlegungen ist der Druck p in einem idealen Gas:

$$p \cdot V = \frac{1}{3} \cdot N \cdot m \cdot v^2 = \frac{2}{3} \cdot N \cdot E_k$$

N ist die Anzahl Gasteilchen im Gas; m ist die Masse eines Gasteilchens; v ist die mittlere Geschwindigkeit der Gasteilchen; $E_k = m \cdot v^2 / 2$ ist die mittlere kinetische Energie der Gasteilchen; V ist das Volumen, das die N Gasteilchen einnehmen.

Ein reales Gas lässt sich gut mit dem Modell des idealen Gases beschreiben, solange der Gasdruck p nicht zu hoch und die Gastemperatur T nicht zu tief ist.

Aufgabe 45 Nennen Sie die vier Eigenschaften des idealen Gases.

Aufgabe 75 Der Luftdruck beträgt $1.0 \cdot 10^5$ Pa, die Dichte der Luft ist $\rho = (N \cdot m) / V = 1.293$ kg/m³. Was ist die mittlere Geschwindigkeit der Gasteilchen in der Luft?

10.2 Wie beschreibt man Gase auf makroskopischer Ebene?

Gesetz des idealen Gases (experimentell)

Das Ziel des Abschnitts 10 ist es, das Verhalten von Gasen zu beschreiben. Im Abschnitt 10.1 haben wir mithilfe der kinetischen Gastheorie erklären können, wie der Gasdruck eines Gases mikroskopisch, das heisst auf der Stufe der Moleküle zustande kommt. In diesem Abschnitt wollen wir uns überlegen, wie die makroskopischen Grössen Temperatur, Volumen und Gasmenge den Gasdruck bestimmen. Experimente des 17. und 18. Jahrhunderts haben gezeigt, dass es einen solchen Zusammenhang gibt. Die experimentell gefundene Beziehung wird durch das so genannte *Gesetz des idealen Gases* beschrieben:

Gleichung 10.3

$$p \cdot V = n \cdot R \cdot T$$

Universelle Gaskonstante

R ist die so genannte *universelle Gaskonstante*:

Gleichung 10.4

$$R = 8.31 \, \text{J} \cdot \text{K}^{-1} \cdot \text{mol}^{-1}$$

Das Gesetz des idealen Gases schafft den Zusammenhang zwischen der Gasmenge n und den Grössen Druck p, Volumen V und Temperatur T des Gases.

In Gleichung 10.3 müssen alle Werte in SI-Einheiten eingesetzt werden. Zur Erinnerung eine Zusammenstellung der SI-Einheit von Druck, Volumen, Stoffmenge und Temperatur: $[p] = $ Pa, $[V] = $ m³, $[n] = $ mol und $[T] = $ K.

Das Gesetz des idealen Gases beschreibt das Verhalten von realen Gasen nur unter gewissen Bedingungen gut, deshalb der Name «Gesetz des idealen Gases». Das Gesetz des idealen Gases macht nur dann gute Vorhersagen über das Verhalten eines Gases, wenn der Druck des Gases nicht zu hoch und die Temperatur nicht zu tief ist.

Beispiel 10.3 Welches Volumen V nehmen $n = 100$ mol Luft bei $T = 293$ K (20 °C) und $p = 1.0 \cdot 10^5$ Pa (1 bar) ein? Das Gesetz des idealen Gases erlaubt es, das gesuchte Gasvolumen zu berechnen:

$$V = \frac{n \cdot R \cdot T}{p}$$

$$V = \frac{100 \, \text{mol} \cdot 8.31 \cdot \text{J} \cdot \text{K}^{-1} \cdot \text{mol}^{-1} \cdot 293 \, \text{K}}{1.0 \cdot 10^5 \, \text{Pa}} = 2.4 \, \text{m}^3$$

Zur Erinnerung: 1 J = 1 N · m und 1 Pa = 1 N / m^2

Wenn wir eine konstante Gasmenge n betrachten, so hat das Gesetz des idealen Gases drei wichtige Spezialfälle: Das Gesetz von Boyle-Mariotte, das Gesetz von Amonton und das Gesetz von Gay-Lussac. Die Gesetze sind nach den Physikern Robert Boyle (1627–1691), Edme Mariotte (1620–1684), Guillaume Amonton (1663–1705) und Joseph Louis Gay-Lussac (1778–1850) benannt, die sie aus verschiedenen Experimenten mit Gas abgeleitet haben.

Gesetz von Boyle-Mariotte, isotherme Prozesse Falls die Temperatur T des Gases während einem Prozess konstant ist, so ist das Produkt Druck p und Volumen V konstant: $p \cdot V$ = konstant. Man nennt solche Prozesse *isotherme Prozesse*. Dieser Spezialfall des Gesetzes des idealen Gases wird auch als *Gesetz von Boyle-Mariotte* bezeichnet.

Beispiel 10.4 Konstante Stoffmenge n und konstante Gastemperatur T trifft man bei Volumenänderungen von eingeschlossenen Gasen an, bei denen die Gastemperatur T durch die konstante Umgebungstemperatur bestimmt ist. Wenn man ein Gas zusammendrückt, so wird es zwar kurz warm. Längerfristig wird es aber wieder die Temperatur der Umgebung (z. B. $T = 293$ K) annehmen. In dem Fall gilt für Gasvolumen und Gasdruck:

$$p_1 \cdot V_1 = p_2 \cdot V_2 = n \cdot R \cdot T = \text{konstant bei isothermen Prozessen}$$

Halbes Gasvolumen ($V_2 = V_1 / 2$) bedeutet doppelten Gasdruck ($p_2 = 2 \cdot p_1$).

Gesetz von Amonton, isochore Prozesse Falls das Volumen V des Gases während dem Prozess konstant ist, so ist das Verhältnis aus Druck p und Temperatur T konstant: p / T = konstant. Man nennt solche Prozesse *isochore Prozesse*. Dieser Spezialfall des Gesetzes des idealen Gases wird auch als *Gesetz von Amonton* bezeichnet.

Beispiel 10.5 Konstante Stoffmenge n und konstantes Gasvolumen V trifft man bei der Erwärmung eines Gases an, das in einem starren Gefäss eingeschlossen ist. In dem Fall gilt für den Gasdruck und die Gastemperatur:

$$\frac{p_1}{T_1} = \frac{p_2}{T_2} = n \cdot R / V = \text{konstant bei isochoren Prozessen}$$

Doppelte Gastemperatur ($T_2 = 2 \cdot T_1$) bedeutet somit doppelten Gasdruck ($p_2 = 2 \cdot p_1$).

Gesetz von Gay-Lussac, isobare Prozesse

Falls der Druck p des Gases während dem Prozess konstant ist, so ist das Verhältnis aus Druck V und Temperatur T konstant: V/T = konstant. Man nennt solche Prozesse *isobare Prozesse*. Dieser Spezialfall des Gesetzes des idealen Gases wird auch als *Gesetz von Gay-Lussac* bezeichnet.

Beispiel 10.6

Konstante Stoffmenge n und konstanten Gasdruck p trifft man dort an, wo der Druck eines eingeschlossenen Gases durch den konstanten Luftdruck der Umgebung (z. B. $p = 10^5$ Pa) bestimmt ist. In dem Fall gilt für das Gasvolumen und die Gastemperatur:

$$\frac{V_1}{T_1} = \frac{V_2}{T_2} = n \cdot R / p = \text{konstant bei isobaren Prozessen}$$

Doppelte Gastemperatur ($T_2 = 2 \cdot T_1$) bedeutet doppeltes Gasvolumen ($V_2 = 2 \cdot V_1$).

Manchmal ist es praktisch, nicht mit der Stoffmenge $n = N/N_A$, sondern direkt mit der Anzahl Teilchen N im Gas zu rechnen. Das Gesetz des idealen Gases lautet dann:

$$p \cdot V = \frac{N}{N_A} \cdot R \cdot T$$

Boltzmann-Konstante

Das Verhältnis aus universeller Gaskonstanten R und Avogadro-Konstanten N_A wird *Boltzmann-Konstante k* genannt, benannt nach Ludwig Boltzmann (1844–1906):

Gleichung 10.5

$$k = R/N_A = 8.31 \text{ J} \cdot \text{K}^{-1} \cdot \text{mol}^{-1} / 6.02 \cdot 10^{-23} \text{ mol}^{-1} = 1.38 \cdot 10^{-23} \text{ J} \cdot \text{K}^{-1}$$

Gesetz des idealen Gases (experimentell)

Das *Gesetz des idealen Gases* lautet dann:

Gleichung 10.6

$$p \cdot V = N \cdot k \cdot T$$

Das Gesetz des idealen Gases schafft in dieser Form den Zusammenhang zwischen der Anzahl Teilchen N des Gases, dem Gasdruck p, dem Gasvolumen V und der Gastemperatur T.

Gesetz von Avogadro

Das Gesetz des idealen Gases zeigt in dieser Schreibweise eine zentrale Eigenschaft von Gasen, die als das *Gesetz von Avogadro* bekannt ist: Bei gleichem Druck p und gleicher Temperatur T enthält ein gleiches Volumen V unabhängig von der chemischen Zusammensetzung stets die gleiche Anzahl Gasteilchen:

$$N = \frac{p \cdot V}{k \cdot T}$$

Wir können also bei bekanntem Druck p und bekannter Temperatur T sofort ausrechnen, wie viele Gasteilchen sich im Volumen V befinden.

Beispiel 10.7

Bei Zimmertemperatur $T = 293$ K und Luftdruck $p = 10^5$ Pa ist die Anzahl Gasteilchen in $V = 1$ dm^3 Luft, unabhängig von der chemischen Zusammensetzung des Gases:

$$N = \frac{p \cdot V}{k \cdot T} = \frac{10^5 \text{Pa} \cdot 10^{-3} \text{m}^3}{1.38 \cdot 10^{-23} \frac{\text{J}}{\text{K}} \cdot 293 \text{K}} = 2.5 \cdot 10^{22}$$

Das experimentell gefundene Gesetz des idealen Gases gibt den Zusammenhang an zwischen der Stoffmenge n respektive der Teilchenzahl N und den Grössen Druck p, Volumen V und Temperatur T des Gases:

$$p \cdot V = n \cdot R \cdot T = N \cdot k \cdot T$$

Die Werte der universellen Gaskonstanten R und der Boltzmann-Konstanten k sind:

$$R = 8.31 \, \text{J} \cdot \text{K}^{-1} \cdot \text{mol}^{-1}$$

$$k = 1.38 \cdot 10^{-23} \, \text{J} \cdot \text{K}^{-1}$$

Das Gesetz des idealen Gases beschreibt ein reales Gas gut, wenn der Druck des Gases nicht zu hoch und die Temperatur des Gases nicht zu tief ist.

Betrachtet man dieselbe Gasmenge n, so hat das Gesetz des idealen Gases drei Spezialfälle:

- Bei einem isothermen Prozess gilt: $p \cdot V$ = konstant.
- Bei einem isochoren Prozess gilt: p / T = konstant.
- Bei einem isobaren Prozess gilt: V / T = konstant.

Bei gleichem Druck p und gleicher Temperatur T enthält ein gleiches Volumen V unabhängig von der chemischen Zusammensetzung stets die gleiche Anzahl N von Gasteilchen.

Aufgabe 10

Die Lufttemperatur und der Luftdruck betragen $T = 273$ K und $p = 1.0 \cdot 10^5$ Pa.

A] Was ist der mittlere Abstand der Luftmoleküle? Berechnen Sie dazu erst die Anzahl Gasteilchen in einem Volumen V.

B] Vergleichen Sie den mittleren Abstand der Luftmoleküle mit der Grösse der Moleküle.

Aufgabe 13

Ein mit Helium gefüllter Ballon startet vom Boden und steigt in eine Höhe von 2500 m auf. Am Boden herrscht eine Temperatur von 20 °C und ein Druck von $1.0 \cdot 10^5$ Pa. Auf 2500 m Höhe herrscht eine Temperatur von 5 °C und ein Druck von $0.80 \cdot 10^5$ Pa. Wie gross ist das Verhältnis der Volumen des Ballons am Boden und in 2500 m Höhe?

Aufgabe 1

Eine 20-l-Gasflasche ist mit Helium-Gas gefüllt. Das Helium in der Flasche hat eine Temperatur von 20 °C. Der Druck in der Flasche beträgt 100 bar. Die Masse von Helium-Atomen beträgt $m_{He} = 6.6 \cdot 10^{-27}$ kg.

A] Wie viele Kilogramm Helium sind in der Flasche?

B] Wie viele Ballone könnte man damit auf ein Volumen von 5 l aufblasen? Nehmen Sie für den Druck im Ballon 1.2 bar und für die Temperatur im Ballon 20 °C an.

Aufgabe 4

Ein sehr gutes in einem Laboratorium produziertes Vakuum hat einen Druck von $p = 10^{-9}$ Pa. Bestimmen Sie die Anzahl Gasteilchen in 1.0 m³ Luft bei einer Temperatur von 20 °C.

Aufgabe 7

Gase können verwendet werden, um ein Thermometer zu bauen. Bei einem *Gas-Thermometer* wird verwendet, dass bei konstantem Volumen das Verhältnis aus Druck und Temperatur konstant ist. Gefäss B_1 ist mit einem Gas gefüllt. In den durch einen beweglichen Schlauch verbundenen Gefässen B_2 und B_3 befindet sich Quecksilber. Man sorgt nun dafür, dass der Quecksilberpegel im Gefäss B_2 stets auf gleicher Höhe bleibt, indem man das Gefäss B_3 anhebt oder absenkt. Durch den konstanten Quecksilberpegel im Gefäss B_2 ist das Volumen im Gefäss B_1 konstant. Die Temperatur des Gases im Gefäss B_1 ist bei konstantem Volumen proportional zum Druck im Gefäss B_1. Die Temperatur im Gefäss B_1 kann aus der Höhe h des oberen Endes der Quecksilbersäule im Gefäss B_3 ausgerechnet werden, wenn das Gerät geeicht ist:

Als die Temperatur im Gefäss B_1 genau $T_1 = 273$ K betrug, wurde die Höhe $h_1 = 10$ cm gemessen. Der Umgebungsdruck war 1 bar. Wie gross ist die Temperatur im Gefäss B_1, wenn die Höhe $h_2 = 30$ cm gemessen wird und der Umgebungsdruck 0.9 bar beträgt? Die Dichte von Quecksilber ist $\rho = 13\,546$ kg/m^3. Der Schweredruck p einer Quecksilbersäule der Höhe h ist $p = \rho \cdot g \cdot h$.

[Abb. 10.3] Gas-Thermometer

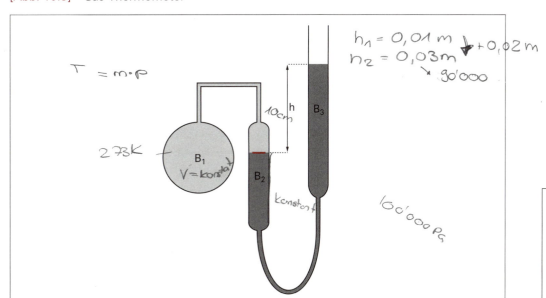

Aufgabe 106

In einer Druckluftflasche befindet sich Sauerstoff unter einem Druck von 20 bar. Durch einen Sturz wird die Druckluftflasche eingebeult. Das Volumen der Flasche ist nach dem Sturz 25 % kleiner als vor dem Sturz. Wie gross ist jetzt der Druck, wenn sich die Temperatur beim Sturz nicht geändert hat? Nehmen Sie trotz des hohen Drucks an, dass sich die Luft wie ein ideales Gas verhält.

Aufgabe 136

Eine Gasflasche enthält Helium. Die Temperatur des Heliums beträgt 20 °C, der Druck 120 bar. Nun wird die Flasche an der Sonne liegen gelassen, wodurch die Temperatur des Heliums auf 55 °C ansteigt. Wie gross ist dann der Druck in der Gasflasche? Nehmen Sie an, dass sich das Helium wie ein ideales Gas verhält.

10.3 Wie passen die mikroskopische und makroskopische Beschreibung zusammen?

Die Tatsache, dass die Temperatur eines Körpers mit der Bewegung seiner Atome oder Moleküle zu tun hat, ist eine grundlegende Einsicht der kinetischen Wärmelehre. Sie folgt z. B. aus der Existenz der Brown'schen Bewegung. Mithilfe unserer Beschreibung von Gasen auf mikroskopischer und makroskopischer Ebene ist es sogar möglich, die Temperatur aus der mittleren Geschwindigkeit der Gasteilchen zu berechnen. Dies wollen wir als Krönung des Themas kinetische Gastheorie nun tun.

Den Druck eines idealen Gases haben wir im Abschnitt 10.1 theoretisch hergeleitet:

$$p \cdot V = \frac{2}{3} \cdot N \cdot E_k$$

Das experimentell gefundene Gesetz des idealen Gases aus Abschnitt 10.2 lautet:

$$p \cdot V = N \cdot k \cdot T$$

Bei beiden Gleichungen steht auf der linken Seite das Produkt $p \cdot V$. Also müssen auch die rechten Seiten der beiden Gleichungen identisch sein. Wir setzen die beiden rechten Seiten gleich und erhalten:

$$\frac{2}{3} \cdot N \cdot E_k = N \cdot k \cdot T$$

Mittlere kinetische Energie

Die Anzahl Gasteilchen, die sich im Gas befinden, kürzt sich heraus und wir können nach der mittleren kinetischen Energie E_k der Gasteilchen auflösen:

Gleichung 10.7

$$E_k = \frac{3}{2} \cdot k \cdot T$$

Wir haben hier eine Gleichung zwischen der makroskopischen Grösse Temperatur T und der mikroskopischen Grösse mittlere kinetische Energie E_k der Gasteilchen. Die Boltzmann-Konstante schafft einen Zusammenhang zwischen der absoluten Temperatur T des Körpers und der mittleren kinetischen Energie E_k der Gasteilchen. Dies ist auch an der Einheit der Boltzmann-Konstante erkennbar: $[k]$ = J / K.

Beispiel 10.8

Wie gross ist die mittlere kinetische Energie eines Moleküls in einem Gas, das eine Temperatur von T = 300 K hat?

$$E_K = 3 \cdot k \cdot T / 2 = 3 \cdot 1.38 \cdot 10^{-23} \text{ J} \cdot \text{K}^{-1} \cdot 300 \text{ K} / 2 = 6.32 \cdot 10^{-21} \text{ J}$$

Beachten Sie, dass in einem Gasgemisch alle Gasteilchen dieselbe mittlere kinetische Energie haben (nicht aber dieselbe mittlere Geschwindigkeit).

Beispiel 10.9

Die Stickstoff-Moleküle der Atmosphäre sind langsamer als die Helium-Atome, da Stickstoff-Moleküle (N_2) eine grössere Masse haben als Helium-Atome (He):

$$m_{N2} = 4.65 \cdot 10^{-26} \text{ kg}$$

$$m_{He} = 6.64 \cdot 10^{-27} \text{ kg}$$

Bei einer Temperatur von 300 K ist die mittlere Geschwindigkeit der Stickstoff-Moleküle respektive der Helium-Atome:

$$E_k = \frac{1}{2} \cdot m \cdot v^2 = \frac{3}{2} \cdot k \cdot T$$

$$v_{N2} = \sqrt{\frac{3 \cdot k \cdot T}{m_{N2}}} = \sqrt{\frac{3 \cdot 1.38 \cdot 10^{-23} \frac{J}{K} \cdot 300 K}{4.65 \cdot 10^{-26} kg}} = 517 \frac{m}{s}$$

$$v_{He} = \sqrt{\frac{3 \cdot k \cdot T}{m_{He}}} = \sqrt{\frac{3 \cdot 1.38 \cdot 10^{-23} \frac{J}{K} \cdot 300 K}{6.64 \cdot 10^{-27} kg}} = 1368 \frac{m}{s}$$

Der Zusammenhang zwischen Temperatur T und mittlerer kinetischer Energie E_k in Gleichung 10.7, den wir hier für ideale Gase hergeleitet haben, gilt nicht nur für Gase, sondern auch für Festkörper und Flüssigkeiten: *Die Temperatur eines Körpers ist immer proportional zur mittleren kinetischen Energie E_k der Atome des Körpers.* Die Gleichung 10.7 ist somit von fundamentaler Bedeutung in der Wärmelehre.

Die Gleichung 10.7 ist hilfreich, wenn wir uns fragen, was die innere Energie eines Körpers auf mikroskopischer Ebene ist. *Gemäss Gleichung 10.7 hat ein warmer Körper innere Energie, weil alle Atome des Körpers kinetische Energie haben.* Im Gegensatz zur kinetischen Energie, die der Körper hat, weil er sich als Ganzes bewegt, ist die kinetische Energie der ungeordneten Bewegung der Atome weniger offensichtlich.

Die innere Energie eines Körpers besteht nicht nur aus kinetischer Energie der Atome. *Die Atome des Körpers haben wegen der gegenseitigen Anziehungskraft auch potenzielle Energie.* Für diese potenzielle Energie der Atome können wir keine Gleichung angeben, da die Kräfte zwischen den Atomen nicht so leicht mit einer Gleichung beschreibbar sind. Trotzdem können wir sagen: Die innere Energie eines Körpers lässt sich auf atomarer Ebene wieder den bekannten Grundformen der Energie zuordnen: *Die innere Energie des Körpers ist die Summe aus potenzieller Energie der Atome und kinetischer Energie der Atome.*

> Die Kombination von mikroskopischer und makroskopischer Beschreibung von Gasen liefert den Zusammenhang zwischen der Bewegung der Atome und der Temperatur des Körpers: Der Zusammenhang zwischen der mittleren kinetischen Energie E_k der Atome/Moleküle aufgrund ihrer ungeordneten thermischen Bewegung und der Gastemperatur T ist:
>
> $$E_k = \frac{3}{2} \cdot k \cdot T$$
>
> Dieser Zusammenhang gilt nicht nur für Gase, sondern für beliebige Körper. Die innere Energie eines Körpers besteht auf mikroskopischer Ebene aus der kinetischen Energie der Atome aufgrund ihrer ungeordneten thermischen Bewegung und aus der potenziellen Energie der Atome aufgrund der gegenseitigen Anziehungskraft.

Aufgabe 17

A] Wie gross ist die mittlere kinetische Energie eines Stickstoff-Moleküls in einem 288 K warmen Gas?

B] Vergleichen Sie die kinetische Energie eines Stickstoff-Moleküls in einem 288 K warmen Gas mit der potenziellen Energie, die ein Stickstoff-Molekül 1.0 m über dem Erdboden hat. Die Masse eines Stickstoff-Moleküls (N_2) ist $m_{N2} = 4.65 \cdot 10^{-26}$ kg.

Aufgabe 47

A] Luft ist ein Gemisch aus verschiedenen Atomen und Molekülen. Was ist die mittlere Geschwindigkeit der Stickstoff-Moleküle (N_2) in der 288 K warmen Luft? Die Masse eines Stickstoff-Moleküls ist $m_{N2} = 4.65 \cdot 10^{-26}$ kg.

B] Bestimmen Sie das Verhältnis aus mittlerer Geschwindigkeit der Stickstoff-Moleküle und mittlerer Geschwindigkeit der Sauerstoff-Moleküle (O_2). Die Massen der beiden Moleküle sind: $m_{N2} = 4.65 \cdot 10^{-26}$ kg, $m_{O2} = 5.32 \cdot 10^{-26}$ kg.

Aufgabe 77

Die mittlere Geschwindigkeit v der Moleküle eines Gases ist 700 m/s und die Masse der Moleküle des Gases ist $4.65 \cdot 10^{-26}$ kg. Wie gross ist die Temperatur des Gases?

Exkurs: Die Geschichte des Wärmestoffs

Benjamin Thompson widerlegte experimentell die Wärmestofftheorie. Bild: Science Photo Library

Die Wärmelehre hat im 18. Jahrhundert einen Umweg über die heute nicht mehr verwendete Caloricum-Theorie von Joseph Black (1728–1799) gemacht. Im 18. Jahrhundert war man der Meinung, dass Wärme ein masseloser Stoff ist. Diesem Wärmestoff gab man den Namen «Caloricum». Man stellte sich vor, dass das Caloricum in den Poren der Körper sitzt. Wenn zwei unterschiedlich warme Körper Wärme austauschen, dann entweicht das Caloricum aus den Poren des wärmeren Körpers und dringt in die Poren des kühleren Körpers ein. Man nahm an, dass Caloricum aus einzelnen Teilchen besteht, die sich gegenseitig abstossen und deshalb bewirken, dass sich der Körper bei der Erwärmung ausdehnt. Caloricum hat die Eigenschaft, dass man es weder vernichten noch erzeugen kann. Die Caloricummenge ist also eine Erhaltungsgrösse so wie die Energie. Mit der Caloricum-Theorie konnte Joseph Fourier (1768–1830) relativ erfolgreich die Wärmeleitung erklären.

Die Wärmestoff-Theorie war weit verbreitet, sie kam jedoch am Ende des 18. Jahrhunderts durch Experimente in der bayerischen Kanonenbohrerei in München in Schwierigkeiten. Im Jahre 1798 unternahm dort Benjamin Thompson (1753–1814), der spätere Graf Rumford, folgenden Versuch: Er nahm stumpfe Stahlbohrer und bohrte damit im Inneren von Kanonenrohren. Nach kurzer Zeit wurden die Rohre glühend heiss und das zur Kühlung verwendete Wasser kam zum Sieden. Der Versuch nahm auch nach sehr vielen Wiederholungen immer den gleichen Verlauf. Wenn Wärme ein Stoff wäre, der in den Poren des Stahls der Kanonenrohre sitzt und beim Bohren freigesetzt wird, dann müsste der Wärmestoff irgendwann zur Neige gehen. Da dies aber nicht der Fall war, konnte die Caloricum-Theorie nicht richtig sein. Wärme musste etwas mit der Bewegung der Bausteine der Materie zu tun haben. Thompson war nahe daran, Wärme als kinetische Energie der Atome (die man damals noch als «lebendige Kraft» bezeichnete) zu erkennen.

Teil D Wärmeprozesse

Einstieg und Lernziele

Einstieg

Sie kennen das Feuer als Wärmequelle, doch kann ein Feuer auch einen Gegenstand in Bewegung versetzen? Im Jahre 1829 veröffentlichte der französische Physiker Sadi Carnot eine Arbeit zu diesem Thema. Die Antwort auf die Frage finden Sie in diesem Teil.

Ein Wärmeprozess ist einfach ein physikalischer Vorgang, bei dem Wärme eine wichtige Rolle spielt. Wir untersuchen zuerst, was Wärme macht und danach, was man mit Wärme machen kann. Bei Ersterem besprechen wir die Gesetzmässigkeiten, mit denen Wärmeprozesse ablaufen, und beim Zweiten schauen wir an, wie wir uns diese Gesetzmässigkeiten in technischen Anwendungen zunutze machen können.

Schlüsselfragen im Zusammenhang mit Wärmeprozessen sind:

- Wie reagiert Materie auf Wärme?
- Wie wird Wärme transportiert?
- Was sind technische Anwendungen der Wärmelehre?

Lernziele

Nach der Bearbeitung des Abschnitts «Wie reagiert Materie auf Wärme?» können Sie

- den an die Wärmelehre angepassten Energieerhaltungssatz angeben.
- ein typisches Temperatur-Wärme-Diagramm beschreiben.
- ausrechnen, wie die Temperatur eines Körpers auf Wärme reagiert.
- ausrechnen, wie viel Wärme eine Aggregatzustandsänderung des Körpers bewirkt.
- die Temperatur und den Aggregatzustand eines Gemischs berechnen.

Nach der Bearbeitung des Abschnitts «Wie wird Wärme transportiert?» können Sie

- die verschiedenen Formen des Wärmetransports benennen.
- erklären, wie Wärmeleitung zustande kommt und wovon sie abhängt.
- erklären, wie Wärmeströmung zustande kommt und wovon sie abhängt.
- erklären, wie Wärmestrahlung zustande kommt und wovon sie abhängt.

Nach der Bearbeitung des Abschnitts «Was sind technische Anwendungen der Wärmelehre» können Sie

- erläutern, wie Wärme in Arbeit umgewandelt werden kann.
- die Arbeitsweise von 2-Takt-Dampfmaschinen und 4-Takt-Benzinmotoren beschreiben.
- die Arbeitsweise von Kühlschränken und Wärmepumpen beschreiben.

11 Wie reagiert Materie auf Wärme?

Schlüsselfragen dieses Abschnitts:

- Wie lautet der Energieerhaltungssatz der Wärmelehre?
- Wie reagiert Materie auf Wärme?
- Welche Temperaturänderung bewirkt die Wärme?
- Wann bewirkt Wärme eine Aggregatzustandsänderung?
- Was passiert mit der Temperatur und dem Aggregatzustand beim Mischen?

Sie wissen, dass Wärme zwischen zwei unterschiedlich warmen Körpern ausgetauschte Energie ist. Wir fragen uns jetzt, was passiert, wenn man einem Körper Wärme zuführt. Dazu überlegen wir uns erst, wie die Wärme in den Energieerhaltungssatz eingebaut werden muss. Der Abschnitt 11 bringt keine neuen Vorstellungen und Modelle; vielmehr geht es darum, Berechnungen machen zu können, was Wärme bewirkt. Nachher werden Sie ausrechnen können, was mit dem Stück Eis in Abb. 11.1 passiert, wenn man ihm Wärme zuführt. Wird das Eis schmelzen, und wenn ja, wie warm wird das Schmelzwasser sein?

[Abb. 11.1] Schmelzendes Eis

Wie reagiert ein Körper auf Wärme? Bild: Adam Hart-Davis / Science Photo Library

11.1 Wie lautet der Energieerhaltungssatz in der Wärmelehre?

Die Gesamtenergie E_{total} eines Systems ist die Summe aller Energien, die das System enthält. Wir betrachten als Beispiel heissen Kaffee. Die Moleküle des Kaffees sind in thermischer Bewegung und haben so kinetische Energie. Die Moleküle üben gegenseitig auch anziehende Kräfte aufeinander aus und haben so potenzielle Energie. Die kinetische und die potenzielle Energie der Moleküle machen zusammen die innere Energie des heissen Kaffees aus. Da sich der Kaffee auf einem Tisch befindet, hat er zudem gravitationelle potenzielle Energie. Wenn sich der Kaffee in einem fahrenden Zug befindet, so hat er auch kinetische Energie durch die Bewegung als Ganzes. Die Summe all dieser Energien ist die Gesamtenergie E_{total} des Kaffees.

Energie kann nicht vernichtet oder erzeugt werden. Wenn die Gesamtenergie E_{total} eines Systems abnimmt, so muss die Energie der Umgebung zunehmen. Wenn die Gesamtenergie E_{total} eines Systems zunimmt, so muss die Energie der Umgebung abnehmen. Solange Energieaustausch/Energieübertragung wie z. B. bei mechanischen Energieumwandlungen durch die Arbeit W geschieht, lautet der Energieerhaltungssatz:

Gleichung 11.1

$$\Delta E_{total} = W$$

Wird Energie auch durch die Wärme Q ausgetauscht, so muss neben der Arbeit auch die Wärme im Energieerhaltungssatz für offene Systeme auftauchen:

Gleichung 11.2

$$\Delta E_{total} = W + Q$$

In Worten: Die Gesamtenergie E_{total} eines Systems ändert um die mit der Umgebung ausgetauschte Arbeit W und Wärme Q. Die Arbeit W hat etwas mit makroskopischen Kräften zu tun. Temperaturen spielen keine Rolle. Die Wärme Q hat etwas mit Temperaturunterschieden zu tun. Makroskopische Kräfte spielen hier keine Rolle.

1. Hauptsatz der Wärmelehre

Wenn nur die innere Energie des Systems durch die Arbeit und Wärme verändert wird, müssen wir nur die innere Energie U des Systems betrachten und nicht die Gesamtenergie E_{total}. Der Energieerhaltungssatz für offene Systeme lautet:

Gleichung 11.3

$$\Delta U = W + Q$$

1. Hauptsatz der Wärmelehre

In Worten: Die innere Energie U eines Systems ändert um die mit der Umgebung ausgetauschte Arbeit W und Wärme Q. Diese Form des Energieerhaltungssatzes nennt man auch den 1. Hauptsatz der Wärmelehre.

Vorzeichen der Änderung der inneren Energie

Das *Vorzeichen der Änderung der inneren Energie* ist bestimmt durch die Wärme und Arbeit: Wenn die Arbeit oder Wärme die innere Energie des Körpers vergrössert, hat sie ein positives Vorzeichen. Wenn die Arbeit oder Wärme die innere Energie des Körpers verkleinert, hat sie ein negatives Vorzeichen.

Beispiel 11.1

Sie rühren, wie in Abb. 11.2 dargestellt, mit einem Löffel heftig im heissen Tee. Der heisse Tee gibt dabei die Wärme $Q = -500$ J an die Umgebungsluft ab. Zwischen Löffel und Tee wirkt eine Reibungskraft. Dadurch wird die Reibungsarbeit $W = 10$ J am Tee verrichtet.

[Abb. 11.2]   Umrühren des heissen Tees

Die innere Energie des Tees nimmt durch die Reibungsarbeit zu und durch die Wärme ab.

Was passiert mit der inneren Energie des Tees? Der Energieerhaltungssatz für die innere Energie des Tees lautet:

$$\Delta U = W + Q = 10\ J - 500\ J = -490\ J$$

Die innere Energie des Tees nimmt um 490 J ab.

Änderung der inneren Energie nur durch Wärme

Oft geschieht der Energieaustausch nur über Wärme. In solchen Fällen ist $W = 0\ J$. Der 1. Hauptsatz der Wärmelehre reduziert sich dann auf:

$$\Delta U = Q$$

Beispiel 11.2 Sie legen sich in ein Bad. Dabei wird Ihr Körper Wärme mit dem Badewasser austauschen. Wenn das Wasser kälter ist als Ihr Körper, wird Ihr Körper wie in Abb. 11.3 dargestellt nach einer Weile die Wärme Q an das Wasser abgegeben haben. Die innere Energie Ihres Körpers ist durch den Wärmeaustausch kleiner geworden. Die Wärme ist negativ, z. B. $Q = -500\ J$:

$$\Delta U = Q = -500\ J$$

Die Wärmeabgabe hat zur Folge, dass Sie abkühlen.

[Abb. 11.3] Wärme wird ans kühlere Badewasser abgegeben

Wenn die Körpertemperatur höher ist als die des Badewassers, gibt der Körper Wärme ans Badewasser ab. Die innere Energie des Körpers nimmt ab.

Wenn das Wasser wärmer ist als Ihr Körper, wird Ihr Körper nach einer Weile die Wärme Q vom Wasser aufgenommen haben. Die innere Energie Ihres Körpers ist grösser geworden. Die Wärme ist positiv, z. B. $Q = 500\ J$:

$$\Delta U = Q = +500\ J$$

Die Wärmeaufnahme hat zur Folge, dass Sie aufgeheizt werden.

Änderung der inneren Energie durch Wärme und Arbeit

Expansionsarbeit

Körper dehnen sich bei der Erwärmung aus und ziehen sich zusammen, wenn sie abkühlen. Gase wollen sich stark ausdehnen, wenn sie aufgewärmt werden. Bei Gasen können Temperaturänderungen zu enormen Volumenänderungen führen. Wenn das Volumen eines Gases zunimmt, so muss das Gas die Materie in der Umgebung mit einer Kraft $F_{\parallel}$ wegschieben, um sich Platz zu machen. Gemäss der Definition der Arbeit $W = F_{\parallel} \cdot s$, verrichtet das Gas dabei Arbeit an der Umgebung. Die Arbeit, die ein Gas beim Expandieren an der Umgebung verrichtet, nennt man *Expansionsarbeit*. Die Expansionsarbeit verkleinert die innere Energie des Systems und hat ein negatives Vorzeichen.

Kompressionsarbeit

Beim Zusammendrücken eines Gasvolumens muss Arbeit am Gas verrichtet werden. Die Arbeit, die die Umgebung beim Zusammendrücken am Gas verrichtet, nennt man *Kompressionsarbeit*. Die Kompressionsarbeit vergrössert die innere Energie des Systems und hat ein positives Vorzeichen.

Beispiel 11.3

Der Luft in einem Ballon werden 8 000 kJ Wärme zugeführt. Dadurch wird die Luft wärmer und dehnt sich aus. Die Expansionsarbeit, die die Luft dabei verrichtet, beträgt 1 000 kJ.

Die Wärmezufuhr vergrössert die innere Energie der Luft um $Q = +8\,000$ J, die Expansionsarbeit verkleinert die innere Energie der Luft um $W = -1\,000$ J. Der 1. Hauptsatz der Wärmelehre lautet somit:

$$\Delta U = W + Q = -1\,000 \text{ kJ} + 8\,000 \text{ kJ} = 7\,000 \text{ kJ}$$

Die innere Energie der Luft nimmt insgesamt um 7 000 kJ zu.

Beispiel 11.4

In Abb. 11.4 wird der Luft im Zylinder eines Automotors durch Verbrennen von Benzindampf die Wärme Q zugeführt. Dabei wird die Luft heiss, dehnt sich aus und drückt dabei den Kolben aus dem Zylinder heraus. Die heisse Luft verrichtet somit die Arbeit W am Kolben und indirekt an den Antriebsrädern.

[Abb. 11.4]   Zylinder und Kolben eines Automotors

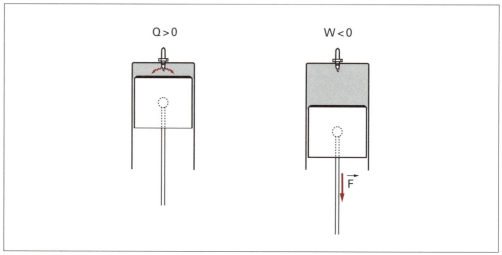

Das erhitzte Gas dehnt sich wegen der zugeführten Wärme Q aus, drückt den Kolben aus dem Zylinder und verrichtet so die Expansionsarbeit W am Kolben.

Wenn man einem Gas Wärme zuführen will, ohne dass dabei Expansionsarbeit oder Kompressionsarbeit verrichtet wird, so muss das Volumen V des Gases konstant gehalten werden.

Beispiel 11.5 Der Luft in einem leeren Stahltank werden durch die Sonneneinstrahlung 8 MJ Wärme zugeführt, wodurch die Temperatur steigt. Das Volumen V des Stahltanks ändert nicht. Es wird keine Expansionsarbeit verrichtet. Der 1. Hauptsatz der Wärmelehre lautet dann:

$$\Delta U = Q = +8\,\text{MJ}$$

Die innere Energie der Luft nimmt um 8 MJ zu.

---

1. Hauptsatz der Wärmelehre (Energieerhaltungssatz): Die Änderung der inneren Energie ΔU eines Körpers ist die Summe aus verrichteter Arbeit W und ausgetauschter Wärme Q:

$$\Delta U = W + Q$$

Vorzeichen der Arbeit und Wärme:

- Wenn die Arbeit oder Wärme die innere Energie des Körpers vergrössert, hat sie ein positives Vorzeichen.
- Wenn die Arbeit oder Wärme die innere Energie des Körpers verkleinert, hat sie ein negatives Vorzeichen.

Damit ein Gas bei der Erwärmung keine Arbeit verrichtet, muss das Volumen konstant bleiben. Der 1. Hauptsatz der Wärmelehre reduziert sich dann auf: $\Delta U = Q$.

Aufgabe 107 Welches sind die Namen, Formelzeichen und Einheiten der Grössen, die im 1. Hauptsatz der Wärmelehre auftauchen?

Aufgabe 137 Einem System wurden 5 kJ Wärme zugeführt, während das System 4 kJ Arbeit verrichtet hat. Was ist die Änderung der inneren Energie des Systems?

Aufgabe 18 Sie legen ein Ei ins kochende Wasser.

A] Wie lautet der Energieerhaltungssatz für das Ei in Worten?

B] Wie lautet der Energieerhaltungssatz für das Ei als Gleichung?

11.2 Wie reagiert Materie auf Wärme?

Sie führen einem Körper die Wärme Q zu, wodurch die Temperatur T des Körpers steigt. Um wie viel steigt die Temperatur T, wenn wir einem Körper die Wärme Q zuführen? Sie können sich sicher vorstellen, dass die Masse des Körpers mitentscheiden wird. Einen Fingerhut voll Wasser können Sie durch Abbrennen eines Streichholzes spürbar erwärmen. Bei einem ganzen Schwimmbad voll Wasser wird das Bad wegen dem einen Streichholz nicht spürbar wärmer. Wir fragen uns, um wie viel die Temperatur T steigt, wenn wir einer Substanz der Masse m die Wärme Q zuführen.

Den Einfluss, den Wärme auf die Temperatur einer Substanz hat, sieht man am besten in einem T-Q-Diagramm. Das Temperatur-Wärme-Diagramm von 1 kg Eis (H_2O), das ursprünglich die Temperatur $T = 0$ K hatte, ist in Abb. 11.5 dargestellt.

[Abb. 11.5] T-Q-Diagramm für 1 kg H₂O

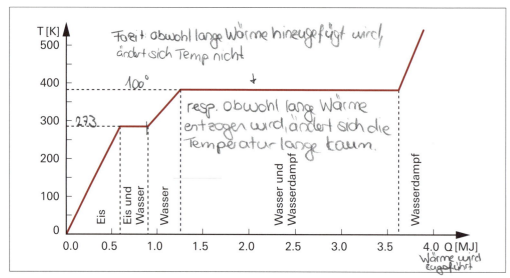

Temperatur-Wärme-Diagramm für 1 kg Eis, das von 0 K durch Wärmezufuhr aufgeheizt wird, dabei erst schmilzt und dann verdampft.

Das T-Q-Diagramm von Eis/Wasser/Wasserdampf hat fünf Abschnitte:

- Bis 273 K (0 °C) nimmt die Temperatur des Eises kontinuierlich zu, wenn Wärme zugeführt wird.
- Wenn das Eis bei 273 K schmilzt, ändert die Temperatur des Eises und Schmelzwassers nicht, obwohl Wärme zugeführt wird.
- Zwischen 273 K und 373 K nimmt die Temperatur des Wassers kontinuierlich zu, wenn Wärme zugeführt wird.
- Wenn das Wasser bei 373 K (100 °C) verdampft, ändert die Temperatur des Wassers und Wasserdampfs nicht, obwohl Wärme zugeführt wird.
- Ab 373 K nimmt die Temperatur des Wasserdampfs kontinuierlich zu, wenn weiter Wärme zugeführt wird.

Schmelztemperatur, Verdampfungstemperatur

Die Temperatur, bei der ein Festkörper schmilzt, bezeichnen wir als *Schmelztemperatur T_f*; f steht für fluid, engl. Flüssigkeit. Die Temperatur, bei der die Flüssigkeit verdampft, bezeichnen wir als *Verdampfungstemperatur T_v*; v steht für vapour, engl. Dampf. Für Wasser gilt: T_f = 273 K, T_v = 373 K.

Das gleiche T-Q-Diagramm wie in Abb. 11.5 erhalten wir, wenn wir Wasserdampf Wärme entziehen, indem wir ihn mit etwas Kühlerem in Kontakt bringen:

- Bis 373 K nimmt die Temperatur des Wasserdampfs kontinuierlich ab, wenn Wärme entzogen wird.
- Wenn der Wasserdampf bei 373 K (100 °C) kondensiert, ändert die Temperatur des Wasserdampfs und Wassers nicht, obwohl Wärme entzogen wird.
- Zwischen 373 K und 273 K nimmt die Temperatur des Wassers kontinuierlich ab, wenn Wärme entzogen wird.
- Wenn das Wasser bei 273 K gefriert, ändert die Temperatur des Wassers und Eises nicht, obwohl Wärme entzogen wird.
- Unter 273 K (0 °C) nimmt die Temperatur des Eises kontinuierlich ab, wenn Wärme entzogen wird.

Kondensationstemperatur, Gefriertemperatur

Die *Kondensationstemperatur*, bei der ein Gas kondensiert, ist gleich gross wie die Siedetemperatur T_v. Die *Gefriertemperatur*, bei der eine Flüssigkeit erstarrt, ist gleich gross wie die Schmelztemperatur T_f.

Das *T-Q*-Diagramm in Abb. 11.5 zeigt, dass Wärme zwei Wirkungen haben kann:

- Wärme kann die Temperatur des Körpers verändern. Bei Wärmezufuhr kann die Temperatur zunehmen, bei Wärmeentzug kann die Temperatur abnehmen.
- Wärme kann den Aggregatzustand des Körpers verändern. Bei Wärmezufuhr können Körper vom festen in den flüssigen Zustand übergehen (schmelzen) oder vom flüssigen in den gasförmigen Zustand übergehen (verdampfen). Bei Wärmeentzug können Körper vom gasförmigen in den flüssigen Zustand (kondensieren) oder vom flüssigen in den festen Zustand übergehen (erstarren).

Was ist die mikroskopische Deutung des *Q-T*-Diagramms in Abb 11.5?

- Bei einer Temperaturveränderung verändert sich die mittlere Geschwindigkeit der Atome (Moleküle) des Körpers. Bei einer Temperaturänderung ändert zudem das Volumen des Körpers und somit der Abstand zwischen den Atomen des Körpers. Bei einer Temperaturänderung verändert die Wärme mikroskopisch gesehen also die kinetische und potenzielle Energie der Atome (Moleküle).
- Bei einer Aggregatzustandsänderung verändern sich die Abstände zwischen den Atomen des Körpers sprunghaft. Wegen der anziehenden Kräfte zwischen den Atomen verändert sich dabei die potenzielle Energie der Atome stark. Bei einer Aggregatzustandsänderung verändert die Wärme mikroskopisch gesehen die potenzielle Energie der Atome. Die kinetische Energie der Atome bleibt konstant, da die Temperatur des Körpers bei der Aggregatzustandsänderung konstant ist.

Ausblick: Zwei Fragen drängen sich im Zusammenhang mit dem *T-Q*-Diagramm auf: Wie stark verändert die Wärme *Q* die Temperatur *T* eines Körpers? Wie viel Wärme *Q* braucht es, um den Aggregatzustand eines Körpers zu ändern?

> Wärme bewirkt beim Körper eine Temperaturänderung oder eine Aggregatzustandsänderung. Bei der Temperatur T_f wechselt der Aggregatzustand zwischen fest und flüssig. Bei der Temperatur T_v wechselt der Aggregatzustand zwischen flüssig und gasförmig.
>
> Wenn bei Wärmezufuhr die Temperatur zunimmt, so wird der Abstand zwischen den Atomen und die Geschwindigkeit der Atome grösser. Wärmezufuhr vergrössert dann die potenzielle und kinetische Energie der Atome. Bei der Aggregatzustandsänderung ändert der Abstand zwischen den Atomen, die Temperatur bleibt konstant. Die Wärme ändert dann nur die potenzielle Energie der Atome.

Aufgabe 48

A] Was passiert mikroskopisch, wenn die Temperatur eines Körpers zunimmt? *Abstand zwischen den Atomen & Geschwindigkeit wird grösser → potenzielle & kinetische Energie nehmen zu*

B] Was passiert mikroskopisch, wenn der Aggregatzustand eines Körpers ändert? *Der Abstand zwischen den Atomen ändert, die Temperatur bleibt konstant, d.h. Änderung der potenziellen Energie*

Aufgabe 78

A] Wie nennt man die Temperatur, bei der Festkörper flüssig respektive Flüssigkeiten fest werden? *Schmelztemperatur / Gefriertemperatur*

B] Wie nennt man die Temperatur, bei der Flüssigkeiten gasförmig respektive Gase flüssig werden? *Verdampfungstemperatur / Kondensationstemperatur*

Aufgabe 108

Kochendes Wasser steht auf der heissen Herdplatte.

A] Wie hoch ist die Temperatur des Wassers? *Siedetemp 100°C*

B] Was passiert mit der zugeführten Wärme? *Wärme wird in potenzielle Energie der Atome umgewandelt.*

11.3 Welche Temperaturänderung bewirkt die Wärme?

Abb. 11.6 zeigt nochmal das Q-T-Diagramm für 1 kg H$_2$O. Sie können daran erkennen, dass die Temperatur linear mit der Wärme Q zunimmt/abnimmt, solange es nicht zu Aggregatzustandsänderungen kommt.

[Abb. 11.6] Q-T-Diagramm für 1 kg H$_2$O

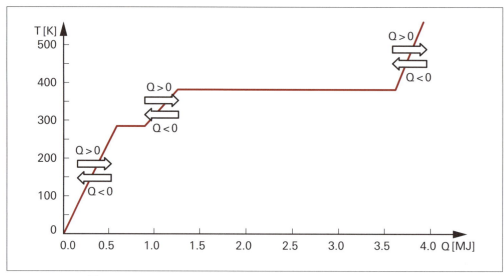

Die Temperatur T nimmt linear mit der Wärme Q zu/ab, solange es nicht zu Aggregatzustandsänderungen kommt.

Wir können folglich den Zusammenhang zwischen der Wärme Q und der bewirkten Temperaturänderung ΔT mit einer linearen Gleichung beschreiben:

Gleichung 11.4
$$Q = c \cdot m \cdot \Delta T$$

Spezifische Wärmekapazität

Die Wärme Q ist proportional zur Temperaturänderung ΔT und Masse m des Körpers. Die Proportionalitätskonstante c heisst *spezifische Wärmekapazität*. Die Einheit der spezifischen Wärmekapazität c ist:

$$[c] = \frac{J}{kg \cdot K}$$

==Die spezifische Wärmekapazität eines Materials gibt an, wie viel Wärme man 1 kg des Materials zuführen muss, damit es sich um 1 K = 1°C erwärmt.==

In Tab. 11.1 sind für einige Materialien die spezifischen Wärmekapazitäten angegeben.

[Tab. 11.1] Spezifische Wärmekapazitäten

Material	c [J / (kg · K)]
Wasser	4 180
Eis	2 100
Aluminium	900
Beton	880
Glas	800
Eisen	450
Quecksilber	139

Beachten Sie, dass die spezifische Wärmekapazität nicht nur vom Material abhängt, sondern auch vom Aggregatzustand. Die spezifische Wärmekapazität von Wasser c_{Wasser} ist z. B. verschieden von der spezifischen Wärmekapazität von Eis c_{Eis} (Tab. 11.1).

Beispiel 11.6 Wie viel Wärme muss die Sonne liefern, um das Wasser in einem Schwimmbecken von 25 m · 10 m · 3 m, d. h. von 750 m³ von 10 °C auf 20 °C aufzuheizen? Das Becken enthält m = 750 000 kg Wasser, die spezifische Wärmekapazität von Wasser ist 4 180 J / (K · kg):

$$Q = c \cdot m \cdot \Delta T$$

$$Q = 4\,180 \text{ J / (K} \cdot \text{kg)} \cdot 750\,000 \text{ kg} \cdot 10 \text{ K} = 31 \text{ GJ}$$

Diese beträchtliche Energie muss der Heizung eines Hallenbads durch Verbrennen von etwa 700 Litern Öl zugeführt werden.

Beispiel 11.7 Auf einem elektrischen Kochherd wird 1 kg Wasser in einem 0.5 kg schweren Aluminiumtopf von 5 °C auf 95 °C erwärmt. Wir wollen uns überlegen, welche Wärme nötig ist, um das Wasser zu erwärmen. Speziell an dieser Situation ist, dass nicht nur das Wasser erwärmt wird, sondern auch der Aluminiumtopf.

Die Wärme, die es braucht, um einen Körper zu erwärmen, ist allgemein:

$$Q = c \cdot m \cdot \Delta T$$

Wasser und Topf sollen wärmer werden. Die gewünschte Temperaturzunahme ist:

$$\Delta T = 90 \text{ K}$$

Allgemeines Vorgehen bei Fragestellungen dieser Art: Wir rechnen erst die Wärme aus, die es braucht, um nur den Topf und nur das Wasser zu erwärmen. Um zu wissen, welche Wärme es braucht, um Topf und Wasser zusammen zu erwärmen, zählen wir die beiden Wärmen (Energien) anschliessend zusammen.

Die Masse des Topfs ist m_{Topf} = 0.5 kg. Die spezifische Wärmekapazität des Aluminiumtopfs ist gemäss Tab. 11.1 $c_{Aluminium}$ = 900 J / (kg · K). Die für die Erwärmung des Topfs notwendige Wärme beträgt:

$$Q_{Topf} = c_{Aluminium} \cdot m_{Topf} \cdot \Delta T = 900 \cdot \frac{J}{kg \cdot K} \cdot 0.5 \text{kg} \cdot 90 \text{K} = 4.1 \cdot 10^4 \text{J}$$

Die Masse des Wassers ist m_{Wasser} = 1.0 kg. Die spezifische Wärmekapazität des Wassers ist laut Tab. 11.2 c_{Wasser} = 4180 J / (kg · K). Die für die Erwärmung des Wassers notwendige Wärme beträgt:

$$Q_{Wasser} = c_{Wasser} \cdot m_{Wasser} \cdot \Delta T = 4180 \cdot \frac{J}{kg \cdot K} \cdot 1 \text{kg} \cdot 90 \text{K} = 3.8 \cdot 10^5 \text{J}$$

Somit beträgt die zur Erwärmung von Wasser und Aluminiumtopf notwendige Wärme Q:

$$Q = Q_{Topf} + Q_{Wasser}$$

$$Q = 4.1 \cdot 10^4 \text{J} + 3.8 \cdot 10^5 \text{J} = 4.2 \cdot 10^5 \text{J}$$

Bemerkenswert: Etwa 90 % der Energie werden für das Erwärmen des Wassers verwendet. Nur etwa 10 % der Energie werden für die Erwärmung des Topfs verwendet. Grund:

Wasser hat eine vergleichsweise grosse spezifische Wärmekapazität. Deshalb fällt die Energie, die es braucht, um den Topf zu erwärmen, nicht so stark ins Gewicht.

Der Tabelle 11.1 können Sie entnehmen, dass Wasser eine vergleichsweise grosse spezifische Wärmekapazität hat. Dies hat wichtige Folgen für das Klima in Meeresnähe. Das Meer oder ein grosser See kann im Sommer viel Wärme von der Luft aufnehmen und die Luft abkühlen, ohne dass die Temperatur des Wassers stark dadurch ansteigt. Im Winter kann viel Wärme wieder an die Luft abgegeben und die Luft aufgeheizt werden, ohne dass die Temperatur des Wassers dadurch stark abnimmt. Die Luft in Meeresnähe hat deshalb übers Jahr hinweg eine relativ konstante Temperatur. Man spricht vom ausgeglichenen Meeresklima.

Sie haben im Abschnitt 11.1 gelernt, dass jede Volumenzunahme mit Expansionsarbeit W verbunden ist. Wenn es bei der Erwärmung des Körpers zur Volumenzunahme kommt, so wird die Wärme Q nicht nur für die Temperaturänderung ΔT, sondern auch für die Expansionsarbeit W verwendet. Dies ist vor allem bei Gasen wichtig, die sich bei der Erwärmung stark ausdehnen wollen. Bei Gasen gibt es deshalb zwei spezifische Wärmekapazitäten:

- Wenn bei der Erwärmung des Gases das Gasvolumen V konstant ist, so ist in Gleichung 11.4 die spezifische Wärmekapazität c_V einzusetzen.
- Wenn bei der Erwärmung des Gases der Gasdruck p konstant ist, so ist in Gleichung 11.4 die spezifische Wärmekapazität c_p einzusetzen.

Da im Fall von konstantem Gasdruck das Volumen des Gases ändert und ein Teil der Wärme für Expansionsarbeit verwendet wird, gilt:

Gleichung 11.5

$$c_p > c_V$$

Ungleichung 11.5 bedeutet, dass es mehr Wärme braucht, um eine bestimmte Temperaturveränderung zu erreichen, wenn das Gas unter konstantem Druck gehalten wird, als wenn es bei konstantem Volumen gehalten wird. Bei Festkörpern und Flüssigkeiten wird wegen der geringen thermischen Expansion nicht zwischen c_p und c_V unterschieden. In Tab. 11.2 sind die beiden spezifischen Wärmekapazitäten für Luft und Wasserdampf angegeben. Beachten Sie, dass sich die beiden spezifischen Wärmekapazitäten um etwa 25 % unterscheiden.

[Tab. 11.2] Spezifische Wärmekapazitäten von Gasen

Material	c_p [J / (kg · K)]	c_V [J / (kg · K)]
Luft	1 000	720
Wasserdampf	1 860	1 400

Beispiel 11.8 Die Sonne erwärmt die Umgebungsluft. Wenn sich die Luft ausdehnt und dabei der Umgebungsdruck konstant ist, so ist für die Berechnung der Temperaturänderung die spezifische Wärmekapazität c_p zu verwenden. Wenn die Luft eines Velopneus erwärmt wird und das Pneuvolumen dabei konstant ist, so ist für die Berechnung der Temperaturänderung die spezifische Wärmekapazität c_V zu verwenden.

Solange es nicht zu Aggregatzustandsänderungen kommt, gilt: Die Wärme Q ist proportional zur Temperaturänderung ΔT und proportional zur Masse m des Körpers. Die Proportionalitätskonstante c wird spezifische Wärmekapazität genannt:

$$Q = c \cdot m \cdot \Delta T$$

$$[c] = J / (kg \cdot K)$$

Die spezifische Wärmekapazität c muss für jedes Material und jeden Aggregatzustand gemessen werden.

Damit beim Erwärmen eines Körpers keine Expansionsarbeit verrichtet wird, muss das Volumen des Körpers konstant bleiben. Wenn das Volumen des Körpers bei der Erwärmung zunimmt, wird Expansionsarbeit verrichtet. Diese Expansionsarbeit fällt vor allem bei der Erwärmung von Gasen ins Gewicht. Die spezifische Wärmekapazität bei konstantem Volumen c_V ist deshalb um einiges kleiner als die spezifische Wärmekapazität bei konstantem Druck c_p.

Aufgabe 138

Ein 0.2 kg schweres Kupferstück befindet sich zusammen mit 0.5 kg Wasser in einem 0.5 kg schweren Aluminiumtopf. Anfänglich hat alles die Temperatur 20 °C. Um alles auf 60 °C zu erwärmen, werden $1.047 \cdot 10^5$ J Wärme benötigt. Wie gross ist die spezifische Wärmekapazität von Kupfer? Die spezifischen Wärmekapazitäten von Wasser und Aluminium finden Sie in Tab. 11.1.

Aufgabe 19

Der Angel-Wasserfall in Venezuela ist 807 m hoch. Wasser, das den Wasserfall runterfällt, hat unten die kinetische Energie $E_{k,1} = E_{p,2} = m \cdot g \cdot h$. Angenommen, diese kinetische Energie wird beim Aufprall vollständig in Wärme umgewandelt, welche Temperaturzunahme hat dies für das Wasser zur Folge?

Aufgabe 49

Je nach Situation ist es von Vorteil, ein Material mit grosser oder kleiner spezifischer Wärmekapazität zu verwenden. Begründen Sie die folgenden Aussagen:

A] Für die Kühlflüssigkeit in einem Automotor verwendet man ein Material mit grosser spezifischer Wärmekapazität.

B] Für einen Kochtopf verwendet man ein Material mit kleiner spezifischer Wärmekapazität.

Aufgabe 79

A] Wie viel Wärme muss 1 kg Luft zugeführt werden, um sie um 1 °C zu erwärmen, wenn der Luftdruck bei der Erwärmung konstant ist?

B] Wie viel Wärme muss 1 kg Luft zugeführt werden, um sie um 1 °C zu erwärmen, wenn das Luftvolumen bei der Erwärmung konstant ist, da die Luft in einem geschlossenen Behälter ist?

11.4 Wann bewirkt Wärme eine Aggregatzustandsänderung?

Obwohl bei Aggregatzustandsänderungen die Temperatur konstant ist, sind Aggregatzustandsänderungen mit Wärme verbunden. Grund: Bei Aggregatzustandsänderungen ändert der Abstand zwischen den sich gegenseitig anziehenden Atomen. Bei Aggregatzustandsänderungen ändert folglich die potenzielle Energie der Atome.

Spezifische Schmelzwärme, spezifische Verdampfungswärme

Wir können auch den Zusammenhang zwischen der Wärme und der Änderung des Aggregatzustands mit einer Materialkonstanten angeben, der so genannten *spezifischen Schmelzwärme* respektive der *spezifischen Verdampfungswärme*. Diese Materialkonstanten sollen angeben, wie viel Wärme es braucht, um bei 1 kg des Materials eine Aggregatzustandsänderung zu bewirken. Die Wärme, die es zum Schmelzen respektive Verdampfen braucht, ist dann proportional zur Masse m des Körpers:

Gleichung 11.6

$$Q = L \cdot m$$

Das Formelzeichen für die spezifische Schmelzwärme ist der Buchstabe L_f. Der Index f steht für «fluid», englisch Flüssigkeit. Das Formelzeichen für die spezifische Verdampfungswärme ist der Buchstabe L_v. Der Index v steht für «vapour», englisch Dampf. Der Wert von L_f respektive L_v muss für jedes Material in einem Experiment gemessen werden. Im Abschnitt 11.2 haben Sie das Resultat einer solchen Messung für Eis respektive Wasser gesehen: das Q-T-Diagramm. In Abb. 11.7 ist das Q-T-Diagramm für 1 kg H$_2$O dargestellt.

[Abb. 11.7] Q-T-Diagramm für 1 kg H$_2$O

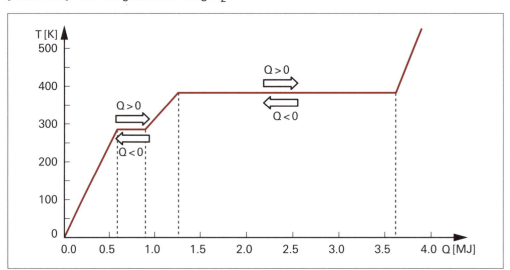

Bei Aggregatzustandsänderungen ist die Temperatur T trotz der Wärme Q konstant.

Bei 1 kg Eis mit einer Temperatur gerade unter der Gefriertemperatur bewirkt gemäss Abb. 11.7 die Wärme $Q = 0.3$ MJ ein Schmelzen. Die spezifische Schmelzwärme von Eis ist somit $L_f = 0.3$ MJ / kg. Bei Wasser bewirkt gemäss Abb. 11.7 die Wärme $Q = 2.3$ MJ das Verdampfen von 1 kg Wasser. Die spezifische Verdampfungswärme von Wasser ist somit $L_v = 2.3$ MJ / kg. In Tab. 11.3 sind für weitere Materialien spezifische Schmelzwärme L_f und spezifische Verdampfungswärme L_v aufgelistet.

[Tab. 11.3]   Spezifische Schmelzwärme L_f und spezifische Verdampfungswärmen L_v

Material	L_f [J / kg]	L_v [J / kg]
Eis respektive Wasser	$3.338 \cdot 10^5$	$2.256 \cdot 10^6$
Eisen	$2.77 \cdot 10^5$	
Methylalkohol	$0.92 \cdot 10^5$	$1.1 \cdot 10^6$

| Erstarrungswärme, Kondensationswärme | Gemäss dem Energieerhaltungssatz wird beim Kondensieren respektive beim Erstarren die Wärme $Q = L_f \cdot m$ respektive $Q = L_v \cdot m$ wieder an die Umgebung abgegeben. Statt von der Schmelzwärme spricht man dann eher von der *Erstarrungswärme*. Statt von der Verdampfungswärme spricht man dann eher von der *Kondensationswärme*. Die beim Erstarren oder Kondensieren an die Umgebung abgegebene Wärme Q geht an die Umgebung. Die Umgebung kann z. B. die Wand des Gefässes sein, in dem sich das Gas oder die Flüssigkeit befindet. |

Beispiel 11.9

Wie viel Wärme wird beim Gefrieren eines kleinen Teichs frei, wenn der Teich $1 \cdot 10^4$ kg Wasser enthält? Dies entspricht übrigens einem Teich, der 0.4 m tief, 5 m lang und 5 m breit ist.

Die Erstarrungswärme ist gleich gross wie die Schmelzwärme. Also ist die Wärme, die beim Gefrieren an die Umgebung abgegeben wird:

$$Q = L_f \cdot m = 3.338 \cdot 10^5 \text{ J/kg} \cdot 10^4 \text{ kg} = 3 \cdot 10^9 \text{ J}$$

Wenn grosse Seen anfangen zu gefrieren, wird enorm viel Wärme abgegeben. Diese Erstarrungswärme geht an das Wasser unter der entstehenden Eisoberfläche. Wenn es nicht über längere Zeit bitterkalt ist, verhindert dieser Effekt bei grossen Seen das Gefrieren gänzlich, weil das Wasser einfach nicht die riesige innere Energie, die es hat, loswerden kann.

Die Wärme, die es braucht, damit der Aggregatzustand eines Körpers ändert, ist proportional zur Masse m des Körpers. Beim Schmelzen heisst die Proportionalitätskonstante spezifische Schmelzwärme L_f. Die Wärme Q, die es braucht, um den Körper zu schmelzen, ist dann:

$$Q = L_f \cdot m$$

$[L_f] = \text{J/kg}$

Beim Verdampfen heisst die Proportionalitätskonstante spezifische Verdampfungswärme L_v. Die Wärme Q, die es braucht, um den Körper zu verdampfen, ist dann:

$$Q = L_v \cdot m$$

$[L_v] = \text{J/kg}$

Spezifische Schmelzwärme L_f und spezifische Verdampfungswärme L_v müssen für jedes Material experimentell gemessen werden.

Aufgabe 109

Ein Eisberg der Temperatur $\vartheta = 0$ °C hat die Masse 10^6 kg. Wie viel Wärme ist nötig, um ihn zu schmelzen?

Aufgabe 139

Auf der Herdplatte steht ein Topf mit 1.0 Liter kochendem Wasser. Nach genau 1 h ist der Liter Wasser verdampft. Wie gross ist die Leistung der Herdplatte? Nehmen Sie an, dass es beim Heizen zu keinen Wärmeverlusten an die Umgebung kommt.

Aufgabe 20

Um wie viel unterscheidet sich die innere Energie von 0.50 kg Eis und von 0.50 kg Wasser, wenn beides die Temperatur $\vartheta = 0$ °C hat?

Aufgabe 50

Sie haben 0.4 l Wasser in einem Eiswürfelbeutel ins Gefrierfach gegeben, um Eiswürfel zu erhalten.

A] Wie viel Wärme muss das ursprünglich 10 °C warme Wasser abgeben, um zu –5 °C kaltem Eis zu werden? Die Masse des Eiswürfelbeutels ist so klein, dass die Wärme, die der Plastikbeutel abgeben muss, vernachlässigt werden kann.

B] Wie lange dauert es, bis die 0.4 l Wasser zu –5 °C kaltem Eis geworden sind, wenn das Gefrierfach 100 J Wärme pro Sekunde entziehen kann, also eine Kühlleistung von 100 W hat?

11.5 Was passiert mit der Temperatur und dem Aggregatzustand beim Mischen?

Häufig regulieren wir die Temperatur durch Mischen:

- Wenn das Wasser in der Badewanne zu kalt ist, werden Sie wahrscheinlich heisses Wasser zufliessen lassen. Das heisse Wasser wird das kalte Wasser beim Mischen erwärmen.
- Sie machen sich einen Drink und wollen ihn mit Eiswürfeln abkühlen. Dazu geben Sie Eiswürfel in den Drink. Die Eiswürfel nehmen so viel Wärme auf, dass sie 0 °C erreichen. Die Wärme, die jetzt das 0 °C warme Eis aufnimmt, wird für das Schmelzen der Eiswürfel verwendet. Schlussendlich wird das entstandene Schmelzwasser noch auf die Endtemperatur des Drinks erwärmt.
- Im Restaurant wird kalte Milch erwärmt, indem ihr heisser Wasserdampf beigemischt wird. Der heisse Wasserdampf kondensiert in der Milch, die Kondensationswärme erwärmt die kalte Milch.
- Sie geben heisse Suppe in einen kalten Suppenteller. Das «Gemisch», bestehend aus Suppe und Suppenteller, wird bekanntlich nicht mehr so heiss sein wie die Suppe im Suppentopf.

Beim Mischen von zwei Körpern kommt es zu Temperaturänderungen und eventuell zu Aggregatzustandsänderungen.

Oft interessiert uns, wie viel wir beimischen müssen, damit das Gemisch die gewünschte Temperatur hat. Wir betrachten zwei Körper mit den Massen m_1 und m_2, den Temperaturen ϑ_1 und ϑ_2 und den spezifischen Wärmekapazitäten c_1 und c_2. Frage: Wie hoch ist die Temperatur ϑ_3 des Gemischs, wenn der Aggregatzustand nicht ändert? Als konkretes Beispiel können Sie sich zwei Eimer Wasser unterschiedlicher Temperatur vorstellen, die zusammengeschüttet werden.

Wir nehmen an, dass die Körper beim Mischen keine Wärme mit der Umgebung austauschen. Für die beiden Körper gilt dann gemäss Energieerhaltung: *Die vom wärmeren Körper 1 abgegebene Wärme Q_1 ist gleich der vom kühleren Körper 2 aufgenommenen Wärme Q_2*:

Gleichung 11.7
$$Q_1 = Q_2$$

Mit Gleichung 11.7 kann die Mischtemperatur ϑ_3 bestimmt werden, wenn die spezifischen Wärmekapazitäten bekannt sind.

Beispiel 11.10 Sie mischen $\vartheta_1 = 30\,°C$ warmes Wasser mit $\vartheta_2 = 60\,°C$ warmem Wasser, um $\vartheta_3 = 40\,°C$ warmes Wasser zu erhalten. In welchem Verhältnis m_1/m_2 müssen Sie das Wasser mischen?

Die Wärme, die das $\vartheta_1 = 30\,°C$ warme Wasser aufnehmen muss, damit es auf $\vartheta_3 = 40\,°C$ aufgewärmt wird, beträgt:

$$Q_1 = c_{Wasser} \cdot m_1 \cdot \Delta T_1 = c_{Wasser} \cdot m_1 \cdot (\vartheta_3 - \vartheta_1)$$

Die Wärme, die das $\vartheta_2 = 60\,°C$ warme Wasser abgeben muss, damit es auf $\vartheta_3 = 40\,°C$ abgekühlt wird, beträgt:

$$Q_2 = c_{Wasser} \cdot m_2 \cdot \Delta T_2 = c_{Wasser} \cdot m_2 \cdot (\vartheta_2 - \vartheta_3)$$

Gemäss der Energieerhaltung gilt: Die vom wärmeren Wasser abgegebene Wärme ist die vom kühleren Wasser aufgenommene Wärme:

$$Q_1 = Q_2$$

Einsetzen ergibt:

$$c_{Wasser} \cdot m_1 \cdot (\vartheta_3 - \vartheta_1) = c_{Wasser} \cdot m_2 \cdot (\vartheta_2 - \vartheta_3)$$

$$\frac{m_1}{m_2} = \frac{\vartheta_2 - \vartheta_3}{\vartheta_3 - \vartheta_1} = \frac{60\,°C - 40\,°C}{40\,°C - 30\,°C} = 2$$

$$m_1 = 2 \cdot m_2$$

Doppelt so viel $\vartheta_1 = 30\,°C$ warmes Wasser wie $\vartheta_2 = 60\,°C$ warmes Wasser gemischt führen zu einem $\vartheta_3 = 40\,°C$ warmen Wasser-Gemisch.

Beim Mischen kann es auch zu Aggregatzustandsänderungen kommen. Das Vorgehen beim Berechnen der Mischtemperatur ϑ_3 ist das gleiche wie im letzten Beispiel. *Wenn es beim Mischen zu Aggregatzustandsänderungen kommt, müssen aber zusätzlich Schmelzwärme respektive Verdampfungswärme mitberücksichtigt werden.*

Beispiel 11.11 In einem Glas sind $m_{Saft} = 0.2$ kg (2 dl) Orangensaft. Sowohl das Glas wie auch der Saft haben die Temperatur $\vartheta_1 = 20\,°C$. Wir werfen Eis mit der Temperatur $\vartheta_2 = -5\,°C$ in den Orangensaft. Wir wollen damit erreichen, dass der Orangensaft auf $\vartheta_3 = 10\,°C$ abkühlt. Wie viel Eis müssen wir in den Orangensaft geben?

Da beim Abkühlen des Orangensafts das Glas auch mit abgekühlt wird, müssen wir, um diese Frage beantworten zu können, die Masse des Glases kennen. Wir nehmen $m_{Glas} = 0.1$ kg an. Zudem nehmen wir an, dass der Orangensaft die gleiche spezifische Wärmekapazität hat wie Wasser.

Die vom Glas und Orangensaft abgegebene Wärme Q_1 ist gleich der vom Eis aufgenommenen Wärme Q_2. Das $\vartheta_2 = -5\,°C$ kalte Eis wird dabei erst auf $\vartheta_f = 0\,°C$ aufgewärmt, schmilzt und das Schmelzwasser wird auf $\vartheta_3 = 10\,°C$ aufgewärmt.

Die Wärme Q_1 setzt sich zusammen aus:

$$Q_1 = c_{Wasser} \cdot m_{Saft} \cdot (\vartheta_1 - \vartheta_3) + c_{Glas} \cdot m_{Glas} \cdot (\vartheta_1 - \vartheta_3)$$

Die Wärme Q_2 setzt sich zusammen aus:

$$Q_2 = c_{Eis} \cdot m_{Eis} \cdot (\vartheta_f - \vartheta_2) + L_f \cdot m_{Eis} + c_{Wasser} \cdot m_{Eis} \cdot (\vartheta_3 - \vartheta_f)$$

Die Energieerhaltung bedeutet $Q_1 = Q_2$. Dies führt auf die etwas lange Gleichung:

$$c_{Wasser} \cdot m_{Saft} \cdot (\vartheta_1 - \vartheta_3) + c_{Glas} \cdot m_{Glas} \cdot (\vartheta_1 - \vartheta_3) =$$

$$c_{Eis} \cdot m_{Eis} \cdot (\vartheta_f - \vartheta_2) + L_f \cdot m_{Eis} + c_{Wasser} \cdot m_{Eis} \cdot (\vartheta_3 - \vartheta_f)$$

Dies können wir durch Ausklammern von $(\vartheta_1 - \vartheta_3)$ und m_{Eis} vereinfachen:

$$(\vartheta_1 - \vartheta_3) \cdot [c_{Wasser} \cdot m_{Saft} + c_{Glas} \cdot m_{Glas}] =$$

$$m_{Eis} \cdot [c_{Eis} \cdot (\vartheta_f - \vartheta_2) + L_f + c_{Wasser} \cdot (\vartheta_3 - \vartheta_f)]$$

Auflösen nach der gesuchten Masse m_{Eis}:

$$m_{Eis} = \frac{(\vartheta_1 - \vartheta_3) \cdot (c_{Wasser} \cdot m_{Saft} + c_{Glas} \cdot m_{Glas})}{c_{Eis} \cdot (\vartheta_f - \vartheta_2) + L_f + c_{Wasser} \cdot (\vartheta_3 - \vartheta_f)}$$

$$m_{Eis} = \frac{10\,K \cdot \left(4180 \cdot \frac{J}{Kg \cdot K} \cdot 0.2\,Kg + 800 \frac{J}{kg \cdot K} \cdot 0.1\,kg\right)}{2100 \cdot \frac{J}{Kg \cdot K} \cdot 5\,K + 3.338 \cdot 10^5 \cdot \frac{J}{Kg} + 4180 \cdot \frac{J}{Kg \cdot K} \cdot 10\,K}$$

$$m_{Eis} = 2.4 \cdot 10^{-2}\,kg = 24\,g$$

Wenn Sie überprüfen, wie sich der Wert der Wärme Q_2 zusammensetzt, so können Sie feststellen, dass der kühlende Effekt hauptsächlich durch die Schmelzwärme zustande kommt und nicht durch die tiefe Temperatur des Eises.

> Beim Mischen von zwei Körpern kommt es zu Temperaturänderungen und eventuell zu Aggregatzustandsänderungen.
>
> Beim Mischen von zwei Substanzen kann die Temperatur des Gemischs mit dem Energieerhaltungssatz berechnet werden: Die vom Körper 1 abgegebene Wärme Q_1 ist gleich der vom Körper 2 aufgenommenen Wärme Q_2:
>
> $$Q_1 = Q_2$$

Aufgabe 80 — Sie mischen 1 kg Wasser der Temperatur 10 °C mit 2 kg Wasser der Temperatur 20 °C. Wie hoch ist die Temperatur des Gemischs?

Aufgabe 110 — Sie bestellen in einem Restaurant 2 dl warme Milch. Die 5 °C kalte Milch aus dem Kühlschrank wird mit 100 °C warmem Wasserdampf gemischt, bis das Milch-Wasser-Gemisch 65 °C hat. Mit wie viel Gramm Wasserdampf wird die Milch verdünnt? Verwenden Sie für die spezifische Wärmekapazität von Milch diejenige von Wasser.

Aufgabe 140 — Ein Stück Eisen der Masse 0.10 kg wird in einer Gasflamme erhitzt. Es wird dann zur Abkühlung in einen Behälter mit 0.40 kg 20 °C warmem Wasser gebracht. Nachher ist die Temperatur des Wassers und des Eisens 32 °C. Berechnen Sie die Temperatur, die das Stück Eisen (und somit etwa die Gasflamme) vor dem Mischen hatte. Annahme: Es verdampft kein Wasser.

12 Wie wird Wärme transportiert?

Schlüsselfragen dieses Abschnitts:

- Welche Wärmetransport-Mechanismen gibt es?
- Wie wird Wärme durch Leitung transportiert?
- Wie wird Wärme durch Strömungen transportiert?
- Wie wird Wärme durch Strahlung transportiert?

Wärmetransport

Soll ein Körper nicht auskühlen, so darf er keine Wärme mit seiner Umgebung austauschen. Dies erreicht die Frau in Abb. 12.1 mit einer Kleidung, die den Wärmeaustausch minimiert. Wärmeaustausch findet über so genannten *Wärmetransport* statt.

[Abb. 12.1] Inuit mit isolierender Kleidung

Oft ist es wichtig, Wärmeverluste gezielt zu reduzieren. Bild: Basemann / Keystone / DPA

Ein Verständnis, wie Wärme transportiert wird, ist auch bei anderen Fragestellungen hilfreich:

- Wie reduziert man im Winter die Wärmeverluste von Gebäuden?
- Wie verhindert man im Sommer, dass sich Gebäude stark aufheizen?
- Wieso können Tiere ihre Wärmeverluste mit Fettschichten, Federn und Behaarung reduzieren? Wieso rollen sich Tiere zusammen, um ihre Wärmeverluste zu reduzieren?
- Wieso ist es in Treibhäusern so warm?
- Wie kühlt man den Mikroprozessor in einem Computer?
- Wie kommt die Energie von der Sonne zu uns auf die Erde?
- Wie muss der Kurier Pizzas und Brathähnchen einpacken, damit sie möglichst lange heiss bleiben?

Erst wenn wir verstehen, wie Wärme transportiert wird, können wir den Wärmetransport gezielt beeinflussen. Nahe liegende Fragen zum Thema Wärmetransport sind deshalb: Wie wird die Wärme transportiert und wovon hängt die Wärmetransportrate ab?

12.1 Welche Wärmetransport-Mechanismen gibt es?

Wärmetransport bedeutet, dass innere Energie von einem Ort zum anderen Ort gelangt.

Beispiel 12.1 Wenn Sie einen Schürhaken ins Kaminfeuer halten, wird das Ende des Schürhakens, das Sie in der Hand halten, mit der Zeit heiss. Wärme wird durch den Schürhaken geleitet. Innere Energie gelangt durch Leitung vom Feuer zu Ihrer Hand.

Beispiel 12.2 Bestimmt haben Sie schon einmal zugeschaut, wie Wasser in einem Topf heiss wird. Lange bevor das Wasser zu kochen beginnt, kommt es im Wasser zu Umwälzungen, zu Strömungen. Diese Strömungen transportieren kontinuierlich warmes Wasser vom Topfboden nach oben. Wärme strömt mit dem Wasser von unten nach oben. Innere Energie gelangt durch Strömungen vom Topfboden in die Höhe.

Beispiel 12.3 Eine glühende Herdplatte gibt Wärme in Form von Strahlung an die Umgebung ab. Hand und Auge können die Strahlung bereits aus einiger Distanz wahrnehmen. Auch bei einer lauwarmen Herdplatte nehmen Sie diese Strahlung mit Ihrer Hand bereits aus einiger Distanz wahr. Die Herdplatte strahlt Wärme ab. Innere Energie gelangt durch Strahlung von der Herdplatte zu Ihrer Hand.

In den Beispielen lassen sich die drei Wärmetransport-Mechanismen erkennen:

- Wärme wird in Materie durch Leitung transportiert. Man spricht von Wärmeleitung. Bei der Wärmeleitung wird keine Materie bewegt.
- Wärme wird in Flüssigkeiten oder Gasen durch Strömungen transportiert. Man spricht von Wärmeströmung oder Konvektion. Die Wärme wird mit der Flüssigkeit oder mit dem Gas bewegt.
- Körper, die Strahlung aussenden, z. B. Infrarotstrahlung, geben Energie an die Umgebung ab. Wärme wird durch Strahlung transportiert. Man spricht von Wärmestrahlung. Es braucht keine Materie, um Wärme durch Strahlung zu transportieren.

Wärmetransportrate *Je nach Situation sind einzelne, meist aber alle Mechanismen am Werk. Gute Isolation bedeutet, dass der Wärmetransport durch Leitung, Strömung und Strahlung klein ist.* Die Grösse, die die Stärke des Wärmetransports beschreibt, ist die *Wärmetransportrate*. Die Wärmetransportrate gibt an, wie viel Wärme Q im Zeitintervall Δt von einem Ort zum anderen gelangt, entspricht also dem Verhältnis $Q / \Delta t$. $[Q / \Delta t]$ = W.

Beispiel 12.4 Die Thermosflasche reduziert Wärmetransport durch Leitung, Strömung und Strahlung.

[Abb. 12.2]   Querschnitt durch Thermosflasche

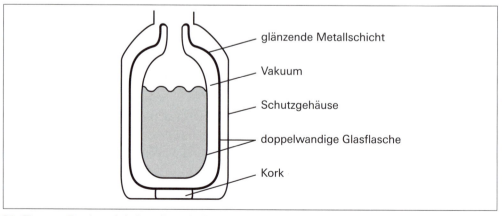

Die Thermosflasche minimiert die zwischen Innenraum und Umgebung ausgetauschte Wärme.

Wärme wird durch drei Mechanismen vom heissen Körper zum kalten Körper transportiert:

- Wärme wird in Materie durch Leitung transportiert.
- Wärme wird in Flüssigkeiten oder Gasen durch Strömung transportiert.
- Wärme wird mit der ausgesandten Strahlung transportiert.

Aufgabe 21   Was muss getan werden, damit ein Körper möglichst langsam abkühlt?

Aufgabe 51   A] Geben Sie ein Beispiel aus dem Alltag an, wo Sie vermuten, dass viel Wärme durch Wärmeleitung transportiert wird.

B] Geben Sie ein Beispiel aus dem Alltag an, wo Sie vermuten, dass viel Wärme durch Wärmeströmung transportiert wird.

C] Geben Sie ein Beispiel aus dem Alltag an, wo Sie vermuten, dass viel Wärme durch Wärmestrahlung transportiert wird.

12.2   Wie wird Wärme durch Leitung transportiert?

Beispiel 12.5   Wenn Sie einen Schürhaken ins Kaminfeuer halten, wird das Ende des Schürhakens, das Sie in der Hand halten, mit der Zeit heiss. Wärmeleitung transportiert innere Energie von einem Ende des Schürhakens zum anderen.

Wärmeleitung

Um die *Wärmeleitung* durch Körper zu verstehen, müssen wir auf das mikroskopische Bild der Temperatur zurückkommen: Die Atome eines Körpers bewegen sich aufgrund der Temperatur ständig. Je höher die Temperatur des Körpers, desto grösser die mittlere kinetische Energie der Atome. Die thermische, ungeordnete Bewegung der Atome sieht für die drei Aggregatzustände unterschiedlich aus:

- Atome in Festkörpern bewegen sich an Ort hin und her, da sie ständig mit den benachbarten Atomen kollidieren.
- Atome in Flüssigkeiten bewegen sich an Ort hin und her, da sie ständig mit den benachbarten Atomen kollidieren. Bei besonders heftigen Kollisionen werden sie aber von ihrem Platz weggestossen.
- Atome in Gasen bewegen sich geradlinig durch den Raum, bis sie mit einem anderen Atom oder der Gefässwand kollidieren.

Wie passt die Wärmeleitung in dieses Bild? Was passiert mikroskopisch, wenn die Wärme vom Feuer durch den Schürhaken zur Hand geleitet wird?

An jeder Stelle des Schürhakens gilt: Die Atome auf der heisseren Seite haben eine grössere mittlere kinetische Energie als die Atome auf der kühleren Seite. Bei jedem Stoss zwischen zwei Atomen des Schürhakens wird kinetische Energie vom energiereicheren auf das energieärmere Atom übertragen. *Durch viele Stösse wird so kinetische Energie sukzessive von der heisseren Seite zur kühleren Seite transportiert. Die Wärmeleitung ist in jedem Material und jedem Aggregatzustand möglich. Es wird Energie transportiert, ohne dass dadurch Material transportiert wird.* Dies ist schematisch in Abb. 12.3 dargestellt.

[Abb. 12.3]   Wärmeleitung durch einen Stab

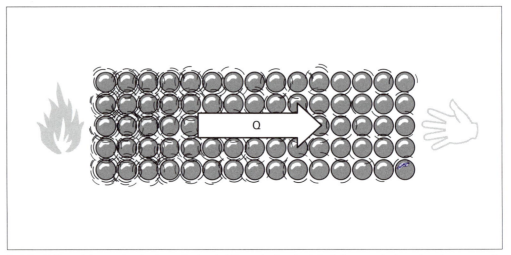

Bei der Wärmeleitung durch einen Stab wird Energie durch viele Stösse zwischen den Atomen sukzessive vom heisseren Ende ans kühlere Ende transportiert.

Welche Grössen bestimmen die Transportrate der Wärmeleitung z. B. durch den Schürhaken?

Die Wärmeleitung durch einen dünnen Schürhaken wird weniger schnell sein als diejenige durch einen dicken Schürhaken, denn es reichen im zweiten Fall gleichzeitig mehr Atome Energie weiter. Die Transportrate der Wärmeleitung ist proportional zur Querschnittsfläche A des Schürhakens.

Die beiden Stabenden des Schürhakens haben einen Temperaturunterschied ΔT, der Stab hat die Länge d. Je kürzer der Stab ist, umso unterschiedlicher ist die kinetische Energie von zwei benachbarten Atomen. Ein steiler Temperaturabfall $\Delta T / d$ bedeutet somit, dass benachbarte Atome eine sehr unterschiedliche kinetische Energie haben. Je grösser aber der Unterschied an kinetischer Energie zwischen zwei kollidierenden Atomen, umso mehr Energie kann das energiereichere Atom auf das energieärmere Atom übertragen. Die Transportrate der Wärmeleitung ist proportional zum Temperaturabfall $\Delta T / d$.

Wärmeleitfähigkeit

Die Transportrate der Wärmeleitung ist sicher proportional zur Energie, die bei einem Stoss von einem Atom zum nächsten Atom weitergereicht wird. Die übertragene Energie hängt davon ab, wie der Stoss genau abläuft, sozusagen wie hart der Stoss ist. Die beim Stoss übertragene Energie wird deshalb bei jedem Material etwas anders sein. Um die Wärmeleitung verschiedener Materialien zu beschreiben, benützt man die Grösse *Wärmeleitfähigkeit* λ. Die Wärmeleitfähigkeit gibt an, wie viel Wärme in 1 s durch einen Stab geleitet wird, der 1 m lang ist, einen Querschnitt von 1 m^2 hat und dessen Enden einen Temperaturunterschied von 1 K haben. Die Transportrate der Wärmeleitung im Schürhaken ist dann proportional zur Wärmeleitfähigkeit λ des Materials.

Die Wärmeleitfähigkeit λ ist für Baumaterialien von besonderem Interesse. Bei Gebäuden will man meist die Transportrate der Wärmeleitung klein halten, denn dadurch werden Wärmeverluste klein gehalten. In Tab. 12.1 sind die Wärmeleitfähigkeiten einiger häufig anzutreffender Materialien angegeben. Die Werte für die Wärmeleitfähigkeit sind nur für reine Stoffe wie Kupfer, Eisen und Wasser genau. Bei den Materialien wie Backstein, Holz oder Luft hängt der genaue Wert von der Zusammensetzung des Materials ab; der angegebene Wert ist ein typischer Wert. Da die Transportrate der Wärmeleitung proportional zur Wärmeleitfähigkeit λ ist, gibt Tab. 12.1 einen Eindruck, welche Materialien Wärme gut leiten und welche schlecht. Ein Vergleich der Werte in Tab. 12.1 zeigt: Metalle leiten die Wärme besonders gut. Dies entspricht unserer Erfahrung, dass sich Metall oft kalt anfühlt: Ein 20 °C warmer Eisenstuhl entzieht uns Körperwärme viel schneller als ein 20 °C warmer Holzstuhl.

[Tab. 12.1] Wärmeleitfähigkeit einiger Materialien

Stoff	Wärmeleitfähigkeit $\lambda \left[\dfrac{J \cdot m}{m^2 \cdot K \cdot s}\right]$
Kupfer	390
Eisen	80
Stahlbeton	2
Glas	0.7
Wasser	0.6
Backstein	0.8
Leichtbeton	0.2
Holz	0.2
Isolationsmaterialien	0.04
Luft mit normaler Luftfeuchtigkeit	0.03

Unsere Wärmeempfindung wird nicht nur durch die Temperatur bestimmt, sondern auch durch die Rate, durch die uns Wärme entzogen oder zugeführt wird. Unsere Haut lässt sich bei der Temperaturwahrnehmung deshalb oft durch unterschiedliche Wärmeleitfähigkeit täuschen.

Fassen wir alle Einflüsse zusammen, so ist die im Zeitintervall Δt transportierte Wärme Q:

Gleichung 12.1

$$\frac{Q}{\Delta t} = \boxed{\lambda} \cdot A \cdot \frac{\Delta T}{d}$$

↳ Wärmeleitfähigkeit

Gleichung 12.1 erlaubt es, die Transportrate der Wärmeleitung z. B. durch ein Gebäudefenster zu berechnen. Beim Schürhaken war d die Länge des Schürhakens und A seine Querschnittsfläche. Analog entspricht beim Fenster d der Scheibendicke und A der Scheibenfläche.

Wie lassen sich Wärmeverluste durch Wärmeleitung reduzieren, d. h. verlangsamen? Die Wärmeleitfähigkeit λ des Materials, die Fläche A und die Dicke d sind die beeinflussbaren Grössen, die bestimmen, wie gross die Transportrate der Wärmeleitung ist.

Beispiel 12.6 Wenn die Körpertemperatur und Umgebungstemperatur etwa konstant ist, bestimmt die Dicke d der Isolationsschicht der Jacke den Temperaturgradienten $\Delta T / d$. Eine doppelt so dicke Isolationsschicht bewirkt, dass die Wärmetransportrate halb so gross ist.

Beispiel 12.7 Eine Luftschicht ist eine sehr effektive Isolation, denn Luft hat eine sehr niedrige Wärmeleitfähigkeit λ. Deshalb sind Winterjacken mit den besonders «luftigen» Daunenfedern gefüllt: Daunenfedern schliessen sehr viel isolierende Luft zwischen sich ein.

Beispiel 12.8 Die Wärmeleitfähigkeit der Luft hängt von der Luftfeuchtigkeit ab. In der Sauna wird der Wärmetransport von der Heizung auf die Haut drastisch schneller, wenn die Luftfeuchtigkeit in der Sauna steigt, da dann die Wärmeleitfähigkeit λ der Luft zunimmt.

Beispiel 12.9 Handschuhe sollten eine möglichst kleine Oberfläche A haben, damit die Wärmeverluste minimiert werden. Deshalb sind Fausthandschuhe besser als Fingerhandschuhe. Auch dicke Handschuhe helfen natürlich, die Wärmeverluste zu reduzieren.

Beispiel 12.10 Die Wärmeleitfähigkeit des Vakuums ist null. Ohne Atome keine Stösse zwischen Atomen.

Bei der Wärmeleitung wird durch viele Stösse zwischen den Atomen des Körpers Energie sukzessive von heiss nach kalt transportiert.

Die Wärmetransportrate $Q/\Delta t$ der Wärmeleitung durch einen Stab ist proportional zur Wärmeleitfähigkeit λ, zum Stabquerschnitt A und zum Temperaturgradient $\Delta T/d$:

$$\frac{Q}{\Delta t} = \lambda \cdot A \cdot \frac{\Delta T}{d}$$

Durch Verwenden von Materialien mit kleiner Wärmeleitfähigkeit, wie z. B. Gase, und kleiner Oberfläche lässt sich die Transportrate der Wärmeleitung reduzieren.

Aufgabe 81 Heizkörper sollten eine möglichst grosse Oberfläche haben. Tiere rollen sich bei kaltem Wetter zusammen. Erklären Sie diese beiden Behauptungen mit dem mikroskopischen Bild der Wärmeleitung.

Aufgabe 111 Wieso sind bei der Thermosflasche die Wärmeverluste durch Wärmeleitung klein?

Aufgabe 141 Warum sind Isolationsmatten meistens sehr porös?

Aufgabe 22 A) Wie viel dicker muss eine Wand aus Backstein sein als eine aus Leichtbeton, damit sie beide den gleichen Isolationseffekt haben?

B) Betrachten Sie den Wärmeverlust durch ein einfach verglastes Fenster. Wie viel Wärme geht pro Sekunde durch eine 1 m² grosse, 4 mm dicke Fensterscheibe durch Wärmeleitung verloren, wenn die Zimmertemperatur 20 °C und die Aussentemperatur −2 °C beträgt?

12.3 Wie wird Wärme durch Strömungen transportiert?

Beispiel 12.11 Wasser wird in einem Topf erwärmt. Lange bevor das Wasser zu kochen beginnt, kommt es im Wasser zu Umwälzungen, zu Strömungen. Diese Strömungen haben zur Folge, dass wärmeres Wasser vom Topfboden nach oben aufsteigt, während das kühlere Wasser absinkt. Wärme wird mit dem Wasser von unten nach oben transportiert.

Beispiel 12.12 Wärmeströmungen kommen auch in den Leitungen einer Gebäudeheizung vor, wo warmes Wasser vom Boiler in die einzelnen Heizkörper gepumpt wird. Hier wird innere Energie vom Brenner zu den Heizkörpern der Zimmer gepumpt.

Wärmeströmungen In den beiden letzten Beispielen wird Wärme mit der Flüssigkeit von warm nach kalt transportiert. Wärme kann aber auch mit einem warmen Wind transportiert werden. Ob Flüssigkeit oder Gas, *Wärmeströmungen* haben immer etwas mit dem Transport von warmer Materie zu tun.

Selbstständige Wärmeströmung, erzwungene Wärmeströmung Im Kochtopf fängt der Transport von alleine an. In der Heizung wird der Transport mit einer Pumpe erzeugt. Man unterscheidet deshalb *selbstständige Wärmeströmungen* und *erzwungene Wärmeströmungen*. Ein weiteres Beispiel für eine erzwungene Wärmeströmung ist aus dem Warmwasserhahn fliessendes warmes Wasser. Auch hier wird Wärme durch eine erzwungene Strömung transportiert.

Auftriebskraft

«Wärme steigt von alleine auf». Der Grund für das selbstständige Aufsteigen ist die *Auftriebskraft*. Wir wollen uns im Folgenden nur noch mit selbstständigen Wärmeströmungen befassen. Selbstständige Wärmeströmung ist in vielen Alltagssituationen der dominierende Wärmetransport-Mechanismus.

Prinzip des Archimedes

Aus der Mechanik wissen Sie: Die Auftriebskraft ist durch das *Prinzip des Archimedes* bestimmt: Die auf den Körper wirkende Auftriebskraft ist gleich dem Gewicht der verdrängten Materie. Die Bewegung eines vollständig in eine Flüssigkeit oder ein Gas eingetauchten Körpers ist bestimmt durch die nach unten gerichtete Gewichtskraft F_G, die nach oben gerichtete Auftriebskraft F_A und die entgegengesetzt zur Bewegungsrichtung wirkende bremsende Reibungskraft F_R. Das Verhältnis von Auftriebskraft F_A zu Gewichtskraft F_G ist, wie Sie in der Mechanik gelernt haben, durch die Dichte ρ_K des Körpers und die Dichte ρ_F der Flüssigkeit respektive des Gases bestimmt:

$$F_A / F_G = \rho_F / \rho_K$$

Ohne Reibungskraft steigt der Körper auf, wenn $F_A > F_G$, d. h., wenn die Dichte der Flüssigkeit / des Gases etwas grösser ist als die Dichte des Körpers: $\rho_F > \rho_K$. Mit Reibungskraft steigt der Körper nur auf, wenn die Dichte der Flüssigkeit respektive des Gases sehr viel grösser ist als die Dichte des Körpers.

Beispiel 12.13

Ein Stück Holz wird in sehr zähem Honig nicht aufsteigen, da Holz und Honig eine ähnliche Dichte haben. Eine Luftblase wird in Honig aufsteigen, da die Dichte des Honigs viel grösser ist als die Dichte der Luft.

So viel zur Repetition der Auftriebskraft, die auf einen vollständig eingetauchten Körper wirkt. Wir wollen uns jetzt überlegen, wie eine Wärmeströmung aufgrund der Auftriebskraft entsteht. Dazu betrachten wir einen Topf Wasser, der auf einer heissen Herdplatte steht. Beim Aufheizen des Wassers ist die Temperatur des Wassers nicht überall gleich gross. Das Wasser wird am Topfboden schneller warm. Aufgrund der thermischen Ausdehnung ist die Dichte dieses wärmeren Wassers kleiner als die Dichte des darüber liegenden kühleren Wassers. Auf das wärmere Wasser am Topfboden wirkt deshalb die Auftriebskraft. Da die Reibungskraft klein ist, wird das wärmere Wasser aufsteigen. Gleichzeitig sinkt kühleres Wasser von oben ab. Es kommt zu einer Wasserströmung, bei der warmes Wasser aufsteigt und kühleres Wasser absinkt. Wenn überall in der Flüssigkeit respektive im Gas die gleiche Temperatur herrscht, ist die Dichte überall gleich gross und die Wärmeströmung kommt durch Reibung zum Stillstand.

Beispiel 12.14

In geheizten Zimmern kommt es zu Wärmeströmungen. Der Heizkörper erwärmt die Luft in der direkten Umgebung durch Wärmeleitung. Die Dichte der aufgeheizten Luft wird kleiner, weil sich das Gas ausdehnt. Die aufgeheizte Luft steigt auf, die kühle, dichtere Luft am anderen Ende des Zimmers sinkt ab. Es kommt in der Folge wie in Abb. 12.4 dargestellt zu einer Kreisströmung, die bewirkt, dass das ganze Zimmer, und nicht nur die direkte Umgebung des Heizkörpers, aufgeheizt wird.

[Abb. 12.4]   Wärmeströmung im Zimmer

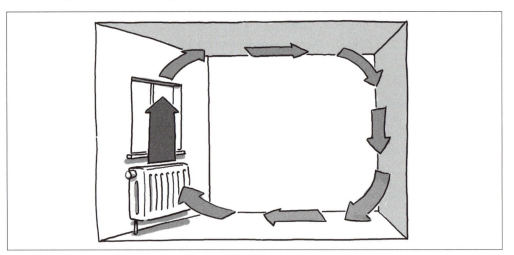

Die Wärmeströmung bewirkt, dass das ganze Zimmer aufgeheizt wird.

Das letzte Beispiel zeigt: Bei Wärmeströmungen kann das aufsteigende wärmere Material und das nachfliessende kältere Material zu einer Kreisströmung führen.

Beispiel   12.15   Aufwinde, die beim Gleitschirmfliegen genutzt werden, sind Wärmeströmungen die entstehen, wenn die Luft über einem warmen Boden aufgeheizt wird und wegen ihrer kleineren Dichte aufsteigt. Die dichtere Luft aus den kühleren Schichten sinkt gleichzeitig nach unten, was zu Abwinden führt. Da Auf- und Abwinde mit Wärme zu tun haben, spricht man auch von Thermik (Thermos = griechisch Wärme).

Beispiel   12.16   An einem Sommertag wird ein See und das umgebende Land von der Sonne beschienen. Im Gegensatz zum See wird das Land von der Sonne tagsüber stark erwärmt, da die spezifische Wärmekapazität des trockenen Bodens kleiner ist als die spezifische Wärmekapazität von Wasser. Die Luft über dem warmen Boden fängt an aufzusteigen, die kühlere Luft über dem See fliesst nach. Es kommt wie in Abb. 12.5 links dargestellt zu einer Wärmeströmung, die man als Seewind bezeichnet, da sie vom See kommt. Beim Segeln ist dieser Seewind wichtig. Nachts kühlt sich das Land stärker ab als der See. Es entsteht wie in Abb. 12.5 rechts dargestellt eine Wärmeströmung in umgekehrter Richtung, die man als Landwind bezeichnet, da sie vom Land kommt.

[Abb. 12.5]   Seewind und Landwind

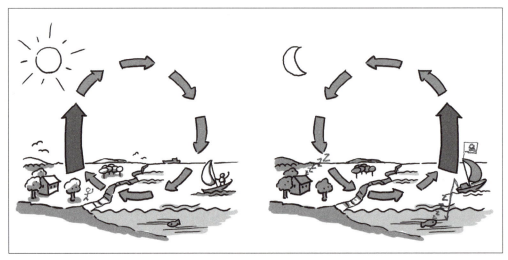

Der Seewind tagsüber und der Landwind nachts sind Wärmeströmungen.

Viskosität

Von welchen Materialeigenschaften hängt die Transportrate der Wärmeströmung ab? Die Reibungskraft wirkt bremsend auf jede Wärmeströmung. Die Reibungskraft hängt von der Zähigkeit des Materials ab. Der Fachbegriff für die Zähigkeit ist die *Viskosität*. Eine kleine Viskosität bedeutet eine kleine Reibungskraft. Wärme wird dann schnell durch Wärmeströmungen transportiert. Die Transportrate des Wärmetransports durch Strömungen hängt von der Grösse der Viskosität ab.

Beispiel 12.17 Eine Tomatensuppe hat eine viel grössere Viskosität als Bouillon. In der Bouillon kommt es deshalb zu schnelleren Wärmeströmungen als in der Tomatensuppe.

Beispiel 12.18 Wenn Sie eine dickflüssige Suppe kochen, müssen Sie ständig rühren. Grund: Suppen mit grosser Viskosität werden unten sehr heiss und brennen an, weil die Reibungskraft so gross ist, dass es nicht zu temperaturausgleichenden Wärmeströmungen kommt.

Ein weiterer Faktor, der die Transportrate der Wärmeströmung bestimmt, ist der Temperaturunterschied. Grund: Der Temperaturunterschied bestimmt den Dichteunterschied und damit das Verhältnis von Auftriebskraft zu Gewichtskraft.

Beispiel 12.19 Die Thermik ist besonders stark, wenn die Luft am Boden viel wärmer ist als die Luft in grösserer Höhe.

Wie lassen sich Wärmeverluste durch Wärmeströmungen verhindern? Es muss verhindert werden, dass es zu Strömungen kommen kann. Durch Aufstellen von festen Hindernissen wie z. B. Wänden werden Wärmeströmungen einfach blockiert.

Beispiel 12.20 Die Daunenfedern in der Winterjacke sorgen dafür, dass keine Warmluftströmungen in der Nähe der warmen Haut entstehen können.

Beispiel 12.21 Wenn Sie Gänsehaut bekommen, so richten sich gleichzeitig die Härchen auf Ihrer Haut auf. Die stehenden Härchen machen es einem kalten Wind schwerer, an der Haut vorbeizuströmen und Körperwärme abzutransportieren. Das Fell der Tiere macht das Gleiche etwas effizienter.

Beispiel 12.22 Wärmeströmungen sind Materieströmungen. Im Vakuum gibt es keine Wärmeströmungen.

Wärme wird mit der strömenden Materie von warm nach kalt transportiert. Wärmeströmungen entstehen entweder von alleine durch temperaturbedingte Dichteunterschiede oder werden durch Pumpen erzwungen.

Wärmeströmungen sind schneller, wenn das Material eine kleine Viskosität hat und wenn der Temperaturunterschied gross ist. Durch das Aufstellen von festen Hindernissen werden Wärmeströmungen blockiert. Wärmeströmungen sind Materieströmungen. Im Vakuum und in Festkörpern gibt es deshalb keine Wärmeströmungen.

Aufgabe 52 Wieso verbrennen Sie sich bei einer Kerzenflamme oberhalb der Flamme schon im Abstand von einigen Millimetern, hingegen seitlich davon erst im Abstand von einigen Zentimetern?

Aufgabe 82 Blendläden reduzieren die Wärmeleitung zwischen dem Zimmer und der Umgebung. Erklären Sie, wieso Blendläden auch Wärmeströmungen verhindern.

Aufgabe 112 Wie nutzen Vögel Wärmeströmungen aus?

Aufgabe 142 Wieso sind bei der Thermosflasche die Wärmeverluste durch Wärmeströmung klein?

12.4 Wie wird Wärme durch Strahlung transportiert?

Beispiel 12.23 Eine warme Herdplatte sendet Strahlung aus. Ihre Hand in der Nähe der Platte nimmt die Strahlung der Herdplatte auf. Die innere Energie Ihrer Hand nimmt zu, die der Herdplatte ab. Bilanz: Wärme wird durch Strahlung von der Herdplatte zur Hand transportiert.

Es gibt verschiedene Arten von Strahlung, wie zum Beispiel das sichtbare Licht oder die ultraviolette Strahlung. Ultraviolette Strahlung kann unser Auge nicht wahrnehmen, sie bräunt aber unsere Haut. Etwas weniger bekannt ist die infrarote Strahlung. Sie kann von unserem Auge ebenfalls nicht wahrgenommen werden, wird aber als Wärme wahrgenommen.

Emission, Absorption

Ultraviolette Strahlung, infrarote Strahlung, sichtbares Licht wie auch Röntgenstrahlung und Radiostrahlen besitzen Strahlungsenergie (Lichtenergie). Sendet ein Körper Strahlung aus, so nimmt seine innere Energie ab und er wird kälter. Man spricht statt von Aussenden von Strahlung auch von *Emission* und emittieren. Nimmt ein Körper Strahlung auf, so nimmt seine innere Energie zu und er wird wärmer. Man spricht statt von Aufnehmen von Strahlung auch von *Absorption* und absorbieren. Strahlung, die von einem Körper emittiert und von einem anderen Körper absorbiert wird, bedeutet Wärmetransport.

Wenn ein Körper Strahlung absorbiert oder emittiert, so sind es die Atome des Körpers, die die Strahlung aufnehmen oder abgeben. Atome und Moleküle können Röntgenstrahlung, ultraviolette Strahlung, sichtbares Licht wie auch infrarote Strahlung absorbieren. Speziell an der Absorption von infraroter Strahlung ist: Wenn Atome oder Moleküle infrarote Strahlung absorbieren, so werden sie dadurch sofort schneller. Die kinetische Energie der Atome wird durch die Absorption von infraroter Strahlung sofort grösser. Wenn die kinetische Energie der Atome sofort grösser wird, nimmt auch die Temperatur des Körpers sofort zu. Unsere Haut kann deshalb infrarote Strahlung über ihre Erwärmung sofort wahrnehmen. Infrarote Strahlung wird deshalb auch Wärmestrahlung genannt. Aber auch die anderen erwähnten Strahlungstypen verändern bei der Emission und Absorption die innere Energie und die Temperatur des Körpers, und bedeuten deshalb auch Wärmetransport.

Welche Grössen bestimmen die Transportrate, mit der Energie durch Strahlung transportiert wird?

Wenn nur die Oberfläche des Körpers Strahlung aussendet, so ist die Wärmetransportrate proportional zur Grösse der Oberfläche des Körpers.

Sichtbares Licht wie auch ultraviolette Strahlung, infrarote Strahlung, Röntgenstrahlung und Radiostrahlen sind alles Formen von Licht und breiten sich mit der Lichtgeschwindigkeit aus. Im Vakuum ist die Lichtgeschwindigkeit c_{vakuum} = 300 000 km/s. Mehr dazu erfahren Sie in der Optik, wo Strahlung eingehender besprochen wird. Strahlung kann sich im Vakuum besonders gut ausbreiten. Mit Strahlung kann deshalb im Gegensatz zu Leitung und Strömung Wärme durch ein Vakuum (wie im Weltraum) transportiert werden.

Strahlungstyp

Für die Transportrate des Wärmetransports durch Strahlung ist es entscheidend, welcher *Strahlungstyp* vom Körper ausgesendet wird, denn Röntgenstrahlung hat z. B. viel mehr Lichtenergie als Radiostrahlung; sichtbares Licht liegt dazwischen. Der Wärmetransport durch Strahlung hängt also von der Art der ausgesendeten Strahlung ab. Welche Strahlung von einem Körper emittiert wird, hängt wiederum von der Temperatur des Körpers ab. Ein Körper, der ein paar hundert Grad Celsius heiss ist, sendet z. B. hauptsächlich infrarote Strahlung aus. In Tab. 12.2 ist aufgelistet, welche Strahlung ein Körper mit einer gegebenen Temperatur am meisten aussendet.

[Tab. 12.2]   Der vom Körper der Temperatur T am meisten emittierte Strahlungstyp.

T [K]	Strahlungstyp	Energie
$10^6 - 10^8$	Röntgenstrahlung	Energiereiche Strahlung
$10^4 - 10^6$	Ultraviolette Strahlung	
$10^3 - 10^4$	Sichtbare Strahlung	
$10 - 10^3$	Infrarote Strahlung	
< 10	Radiostrahlung	Energiearme Strahlung

Da Gegenstände des Alltags meist Temperaturen im Bereich 10 K bis 10^3 K haben, ist im Alltag beim Wärmetransport durch Strahlung vor allem die infrarote Strahlung wichtig (Abb. 12.6).

[Abb. 12.6]   Infrarotbild eines Teekrugs und einer Teetasse

Die dunkelsten Stellen sind etwa 290 K warm, die hellsten etwa 350 K.
Bild: Tony McConnell / Science Photo Library

Ob ein Körper durch Strahlung wärmer wird, hängt davon ab, ob er die Strahlung überhaupt absorbiert. Wenn der Körper alle Strahlung absorbiert, die auf ihn trifft, so bedeutet das, dass der Körper schwarz ist. *Schwarze Körper absorbieren mehr Licht als weisse Kör-*

per. Wenn der Körper die Strahlung nicht absorbiert, sondern reflektiert oder durchlässt, so wird er auch nicht wärmer. Dies ist bei weissen, spiegelnden und durchsichtigen Körpern der Fall.

Treibhauseffekt

Ob ein Körper Strahlung absorbiert, reflektiert oder durchlässt, hängt auch vom Strahlungstyp ab, der auf den Körper trifft. Fensterglas lässt z.B. sichtbare Strahlung durch, reflektiert jedoch infrarote Strahlen. Dies führt zum so genannten *Treibhauseffekt*.

Beispiel 12.24 [Abb. 12.7] Wärmetransport im Treibhaus

Sichtbares Sonnenlicht wird vom Fensterglas durchgelassen und heizt den Boden auf. Die vom Boden ausgesandte infrarote Strahlung wird vom Fensterglas stark reflektiert und von der Luft absorbiert und wärmt das Innere des Treibhauses auf.

Der Treibhauseffekt ist in Abb. 12.7 schematisch dargestellt. Die sichtbare Strahlung der 5 700 °C warmen Sonne tritt durch die Treibhausfenster ein, wird vom Treibhausboden absorbiert und wärmt ihn auf. Der erwärmte Treibhausboden sendet vor allem infrarote Strahlung aus, die von den Treibhausfenstern reflektiert wird, und damit nicht aus dem Treibhaus entweichen kann. Diese infrarote Strahlung heizt deshalb das Treibhausinnere auf.

Beispiel 12.25 Wenn auf einen grünen Pullover weisses Licht fällt, absorbiert der Pullover rotes und blaues Licht, grünes aber nicht. Deshalb ist der Pullover grün. Wenn Sie an der Sonne sitzen, wird Ihnen in einem schwarzen Pullover, der alle sichtbare Strahlung schluckt, schneller heiss als in einem grünen Pullover.

Wie lässt sich Wärmetransport durch Strahlung reduzieren? Leicht beeinflussbar sind die Grösse und die Farbe der Oberfläche.

Beispiel 12.26 Wenn Sie beim Wandern einen weissen Hut anhaben, so wird Ihr Kopf durch die Sonne weniger aufgeheizt, da der Hut die sichtbare Strahlung der Sonne nicht absorbiert.

Beispiel 12.27 Wenn Sie ein heisses Brathähnchen in Aluminium-Folie einpacken, kann die infrarote Strahlung des Brathähnchens nicht entweichen, da sie von der Aluminium-Folie aufs Brathähnchen zurück reflektiert wird.

Beispiel 12.28 Wenn sich Tiere dicht nebeneinander legen, reduzieren sie damit die Körperoberfläche, durch die sie Wärmestrahlung an die Umgebung verlieren.

> Körper emittieren aufgrund ihrer Temperatur Strahlung, wodurch ihre innere Energie abnimmt. Die emittierte Strahlung kann von anderen Körpern absorbiert werden, wodurch ihre innere Energie zunimmt.
>
> Je heisser ein Körper ist, umso energiereicher ist die vom Körper emittierte Strahlung. Wie stark sich ein Körper durch Strahlung aufwärmt, hängt von der Effizienz der Absorption ab. Schwarze Körper absorbieren sichtbare Strahlung effizienter als weisse und glänzende Körper.

Aufgabe 23 Mit speziellen Filmen und Kameras kann infrarote Strahlung aufgenommen werden. Mit einer solchen Ausrüstung können Infrarot-Fotos von Gegenständen aufgenommen werden. Welche Stellen eines Körpers senden besonders viel Infrarotstrahlung aus und sind somit in den Bildern besonders hell?

Aufgabe 53 Wieso sind Kühlwagen aussen meistens weiss gestrichen?

Aufgabe 83 Wieso sind bei der Thermosflasche die Wärmeverluste durch Strahlung klein?

13 Was sind technische Anwendungen der Wärmelehre?

Schlüsselfragen dieses Abschnitts:

- Wie kann Wärme in Arbeit umgewandelt werden?
- Wie funktionieren Dampfmaschinen und Benzinmotoren?
- Wie funktionieren Kühlschränke und Wärmepumpen?

Der Bau der ersten Dampfmaschinen im 17. und 18. Jahrhundert ist der eigentliche Beginn der Industrialisierung. Maschinen, die von Motoren angetrieben werden, sind aus dem heutigen Alltag nicht mehr wegzudenken.

Wärme-Kraft-Maschine

In Dampfmaschinen und Motoren wird einem Gas in einem Zylinder Wärme zugeführt, wodurch das Gas expandiert und eine Kraft auf einen Kolben ausübt. Mit dieser Kraft können Dampfmaschinen und Benzinmotoren eine Antriebsarbeit verrichten. Dampfmaschinen und Benzinmotoren nennt man wegen der Eigenschaft, dass Wärme zur Erzeugung einer Kraft verwendet wird, auch *Wärme-Kraft-Maschinen*. Im Abschnitt 13.1 werden wir uns erst etwas genauer überlegen, wie Wärme in Arbeit umgewandelt wird. In Abschnitt 13.2 wollen wir uns mit der Arbeitsweise von Dampfmaschinen und Benzinmotoren beschäftigen. Im Abschnitt 13.3 gehen wir auf das Funktionsprinzip von Wärmepumpen und Kühlschränken ein. Hier wird Arbeit verwendet, um Wärme entgegen dem natürlichen Bestreben von kalt nach warm zu zwingen.

[Abb. 13.1] Das Herz eines Verbrennungsmotors

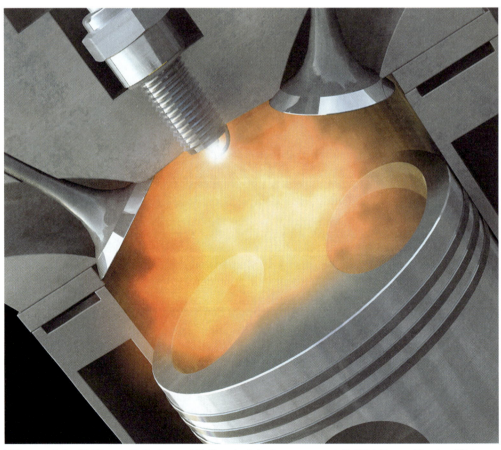

Wärme wird mithilfe von Zylinder und Kolben in Arbeit umgewandelt. Bild: Roger Harries / Science Photo Library

13.1 Wie kann Wärme in Arbeit umgewandelt werden?

Zylinder, Kolben

Wie kann Wärme in Arbeit umgewandelt werden? Um dieser Frage nachgehen zu können, betrachten wir die Anordnung in Abb. 13.2. In einem *Zylinder* wird Gas mit einem verschiebbaren *Kolben* eingeschlossen. Wenn dem Gas die Wärme Q zugeführt wird, so nimmt die Gastemperatur T zu. In der Folge gibt es einen Gasdruck p. Dieser Gasdruck p übt eine Kraft auf den Kolben aus, wodurch der Kolben aus dem Zylinder herausgedrückt wird: Es wird Expansionsarbeit W verrichtet. Ein Teil der Wärme Q wurde in die Expansionsarbeit W umgewandelt.

[Abb. 13.2]   Zylinder und Kolben

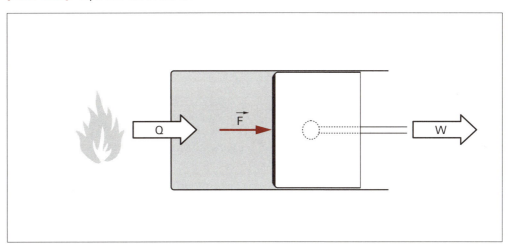

Bei der Erwärmung des Gases im Zylinder drückt das Gas den Kolben aus dem Zylinder heraus.

Wir wollen die Expansionsarbeit berechnen, die bei der Verschiebung des Kolbens verrichtet wird. Dazu nehmen wir vorläufig an, dass der Kolben mit Kolbenfläche A durch den konstanten Gasdruck p und folglich die konstante Kraft $F = p \cdot A$ verschoben wird. Die Kraft ist parallel zur Bewegung des Kolbens. Wenn der Kolben um die Strecke s verschoben wird, wird die Arbeit W verrichtet:

$$W = F \cdot s = p \cdot A \cdot s$$

Das Produkt aus Kolbenfläche A und Verschiebung s entspricht gerade der Volumenänderung ΔV des eingeschlossenen Gases:

$$\Delta V = V_2 - V_1 = A \cdot s$$

Hubraum

V_1 und V_2 sind die Volumen vor und nach der Verschiebung des Kolbens. Die Volumenänderung ΔV nennt man auch den *Hubraum* des Zylinders.

Bei konstantem Druck p beträgt die Kompressionsarbeit W respektive die Expansionsarbeit W:

Gleichung 13.1

$$W = -p \cdot \Delta V$$

Wird ein Gas komprimiert, so nimmt die innere Energie des Gases zu. Das Minuszeichen in Gleichung 13.1 sorgt dafür, dass die Kompressionsarbeit ($\Delta V < 0$) positiv wird und die Expansionsarbeit ($\Delta V > 0$) negativ.

Beispiel 13.1

Die Luft in einem Ballon wird von der Sonne erwärmt und dehnt sich um $\Delta V > 0$ aus. Im Ballon herrscht während der Expansion ein ungefähr konstanter Druck p. Die Luft im Ballon verrichtet somit die Expansionsarbeit $W = -p \cdot \Delta V$.

Bei konstantem Druck zeigt das p-V-Diagramm eine horizontale Gerade. Im p-V-Diagramm in Abb. 13.3 ist die Rechtecksfläche unter der Kurve gleich dem Produkt aus Druck p und Volumenänderung $\Delta V = V_2 - V_1$:

$$\text{Rechtecksfläche} = p \cdot \Delta V$$

Die Fläche unter der Kurve im p-V-Diagramm ist somit gleich dem Betrag der Expansionsarbeit respektive dem Betrag der Kompressionsarbeit.

[Abb. 13.3]   Druck-Volumen-Diagramm

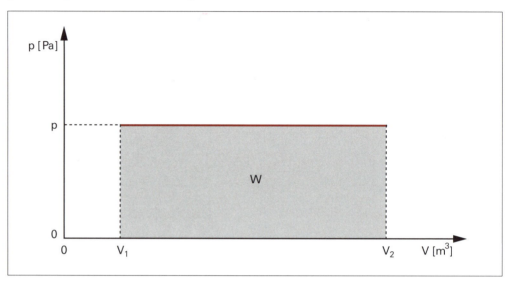

Der Betrag der Arbeit W entspricht der Rechtecksfläche unter der Kurve im p-V-Diagramm.

Man kann zeigen, dass auch bei variablem Druck p gilt: Die Fläche unter der Kurve im p-V-Diagramm ist gleich dem Betrag der Expansionsarbeit W respektive der Kompressionsarbeit W. Das p-V-Diagramm nennt man deshalb auch Arbeitsdiagramm.

Wenn dem Gas in einem Zylinder die Wärme Q zugeführt wird, so nimmt die Gastemperatur T zu. Das Gas dehnt sich aus und drückt den Kolben aus dem Zylinder heraus. Es wird die so genannte Expansionsarbeit W verrichtet. Allgemein formuliert: Wenn die Wärme Q eine Volumenänderung ΔV des Gases bewirkt, gilt: Wärme wird in Arbeit umgewandelt.

Vorzeichen der Arbeit: Wird ein Gas komprimiert, so nimmt die innere Energie des Gases zu: $W > 0$. Expandiert ein Gas, so nimmt die innere Energie des Gases ab: $W < 0$.

Bei konstantem Druck p beträgt die Kompressionsarbeit W respektive die Expansionsarbeit W:

$$W = -p \cdot (V_2 - V_1) = -p \cdot \Delta V$$

Allgemein gilt: Der Betrag der verrichteten Arbeit W ist gleich der Fläche unter der Kurve im p-V-Diagramm.

Aufgabe 113 Abbildung 13.4 zeigt das p-V-Diagramm einer Gaskompression, bei der das Gas gleichzeitig gekühlt wird. Bestimmen Sie die Kompressionsarbeit, die verrichtet werden muss, um es vom Volumen $V_1 = 8$ dm³ auf das Volumen $V_2 = 4$ dm³ zu komprimieren.

[Abb. 13.4] Das p-V-Diagramm einer Gaskompression

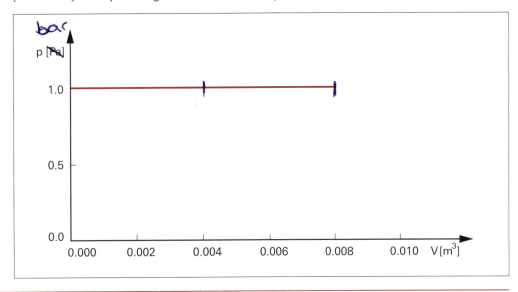

Aufgabe 143 Einem Gas wird die Wärme Q zugeführt. Dabei bleibt der Druck p im Gas konstant, das Volumen nimmt um ΔV zu.

A] Was lässt sich über die Expansionsarbeit sagen?

B] Was lässt sich über die Änderung der inneren Energie sagen?

13.2 Wie funktionieren Dampfmaschinen und Benzinmotoren?

Ein Gas will sich ausdehnen, wenn ihm Wärme zugeführt wird. Bei der Expansion verrichtet das Gas Arbeit, die für einen Antrieb verwendet werden kann. Dies ist die Grundlage für verschiedene Arten von Motoren wie z. B. Dampfmaschinen, Benzinmotoren und Dieselmotoren. Der Dampfmaschine wird die Wärme mit dem heissen Wasserdampf zugeführt. Dem Benzinmotor wird die Wärme durch Verbrennen von Benzindampf zugeführt. Dem Dieselmotor wird Wärme durch Verbrennen von Dieseldampf zugeführt. Wärme-Kraft-Maschinen unterscheiden sich neben der Art, wie Wärme zugeführt wird, auch in ihrer Arbeitsweise. Dies erkennt man an Zusätzen wie Zweitakt-Benzinmotor oder Viertakt-Benzinmotor. Wir betrachten zuerst die Arbeitsweise einer Zweitakt-Dampfmaschine. Danach werden wir die Arbeitsweise des in Autos weit verbreiteten Viertakt-Benzinmotors anschauen.

Die Zweitakt-Dampfmaschine

Zweitakt-Dampfmaschine

In *Zweitakt-Dampfmaschinen* wird Kohle oder Öl verbrannt. Die bei der Verbrennung abgegebene Wärme Q wird benutzt, um Wasser, das sich in einem geschlossenen Kessel befindet, zu verdampfen. Beim Verdampfen nimmt die Zahl der Moleküle (N) im Wasserdampf zu. Folglich nimmt auch der Gasdruck im Wasserdampf stark zu ($p = N \cdot k \cdot T / V$). Vom Kessel wird der Wasserdampf in den Zylinder eingelassen (Abb. 13.5). Durch Öffnen und Schliessen der Ventile wird der Wasserdampf abwechselnd links und rechts des Kolbens in den Zylinder eingelassen und aus dem Zylinder rausgelassen.

[Abb. 13.5] Schematischer Aufbau des Zylinders einer Zweitakt-Dampflokomotive

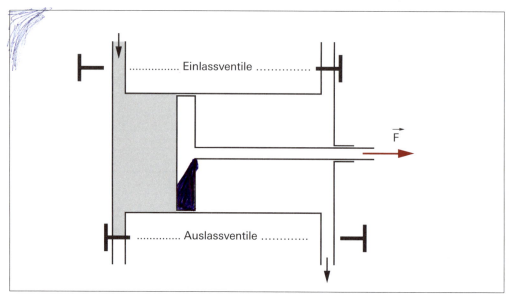

Der Dampf aus dem Kessel wird durch Öffnen und Schliessen der vier Ventile abwechselnd links und rechts des Kolbens in den Zylinder gelassen. Dadurch wird der Kolben abwechselnd nach rechts und nach links gedrückt.

Kreisprozess, Takt

Durch dieses Abwechseln wird ein *Kreisprozess* aus zwei Schritten, so genannten *Takten* in Gang gehalten:

1. Dampf tritt durch ein Einlassventil auf der linken Seite des Kolbens in den Zylinder und drückt den Kolben nach rechts. Der Dampf in der rechten Kammer wird dabei wegen des offenen Austrittsventils aus dem Zylinder geschoben.
2. Dampf tritt durch ein Einlassventil auf der rechten Seite des Kolbens in den Zylinder und drückt den Kolben nach links. Der Dampf in der linken Kammer wird dabei wegen des offenen Austrittsventils aus dem Zylinder geschoben.

Ein Kreisprozess ist ein Prozess, der sich nach einer Anzahl Schritten wiederholt. Der Kreisprozess bei dieser Zweitakt-Dampflokomotive besteht aus zwei Schritten: Kolben nach rechts schieben, Kolben nach links schieben. Das wechselseitige Einlassen von Dampf hat den Vorteil, dass während beider Schritte des Kreisprozesses Expansionsarbeit verrichtet wird. Die Räder der Dampflokomotive werden ständig angetrieben.

Wenn das Einlassventil geöffnet wird, tritt Wasserdampf mit hohem Druck in den Zylinder. Dies hat das Geräusch «Tschi» zur Folge. Beim Öffen des Auslassventils tritt der Dampf, der die Expansionsarbeit hinter sich hat und einen niedrigen Druck hat, aus dem Zylinder durch den Schornstein aus. Dies erzeugt das Geräusch «Pfu». Damit der Kolben möglichst ohne harte Stösse angetrieben wird, werden die beiden Einlass- und Auslassventile nicht exakt gleichzeitig betätigt. Deshalb kommt zuerst das «Tschi» und dann das «Pfu». Eine fahrende Lokomotive macht dann eben «Tschi-Pfu-Tschi-Pfu-Tschi-Pfu-...».

Was lässt sich über den Wirkungsgrad einer Dampfmaschine sagen? In Abb. 13.6 ist die durchs Einlassventil zugeführte Wärme Q_1, die durchs Auslassventil abgeführte Wärme Q_2 und die Expansionsarbeit W in einem Energie-Diagramm dargestellt. Das Energie-Diagramm in Abb. 13.6 zeigt den Wirkungsgrad η auf grafische Weise.

[Abb. 13.6] Wärme und Arbeit bei der Dampfmaschine

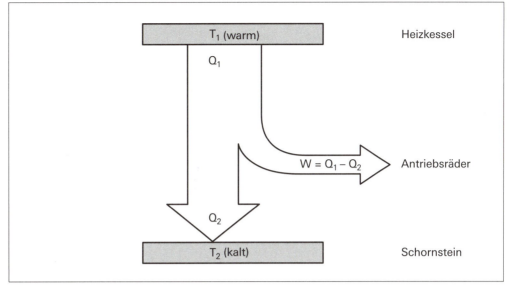

Das Arbeitsprinzip jeder Wärme-Kraft-Maschine: Wärme gelangt vom wärmeren Ort zum kälteren Ort, wobei Arbeit verrichtet wird.

Nur ein Teil der zugeführten Verdampfungswärme Q_1 wird in die gewünschte Expansionsarbeit W umgewandelt. Der 1. Hauptsatz der Wärmelehre besagt:

$$W = Q_1 - Q_2$$

Der Wirkungsgrad der Dampfmaschine ist:

$$\eta = \frac{W}{Q_1} = \frac{Q_1 - Q_2}{Q_1} < 1$$

2. Hauptsatz der Wärmelehre

Gleichung 13.2

Gemäss dem so genannten *2. Hauptsatz der Wärmelehre* ist der maximal mögliche Wirkungsgrad η_{max} einer Wärme-Kraft-Maschine:

$$\eta_{max} = 1 - \frac{T_2}{T_1}$$

T_1 ist die Temperatur des erwärmten Gases vor der Arbeit, T_2 diejenige nachher. Auf den Beweis der Gleichung 13.2 wollen wir nicht eingehen. Gemäss Gleichung 13.2 ist ein Wirkungsgrad von 1, d. h. ein 100%iges Umwandeln der zugeführten Wärme Q_1 in die Arbeit W nur dann möglich, wenn die Temperatur des abgeführten Gases 0 K ist. Dies ist in der Praxis nie der Fall. Für den Wirkungsgrad einer Wärme-Kraft-Maschine gilt in der Praxis also:

$$\eta_{max} < 1$$

Dass der maximal mögliche Wirkungsgrad η_{max} einer Wärme-Kraft-Maschine immer kleiner als 1 (100 %) ist, ist nicht eine Folge der unausgereiften Technik. Diese Grenze ist naturgegeben. Bei der Konstruktion von Wärme-Kraft-Maschinen geht es darum, mit dem realen Wirkungsgrad η möglichst nahe an die Grenze η_{max} heranzukommen.

Wir wollen als Nächstes ausrechnen, was der maximal mögliche Wirkungsgrad einer Dampfmaschine ist.

Beispiel 13.2

Dem Zylinder einer Dampflokomotive wird Wasserdampf mit der Temperatur $T_1 = 373$ K (100 °C) zugeführt. Die Temperatur des nach der Arbeit an die Umgebung abgegebenen

Wasserdampfs beträgt $T_2 = 333$ K (60 °). Der maximal mögliche Wirkungsgrad dieser Dampfmaschine ist gemäss dem 2. Hauptsatz der Wärmelehre:

$$\eta_{max} = 1 - T_2 / T_1 = 1 - 333\text{ K} / 373\text{ K} = 0.1$$

Der maximal mögliche Wirkungsgrad beträgt 10 %. 90 % der zugeführten Wärme wird nicht in Antriebsarbeit umgewandelt. Aus technischen Gründen wird der maximal mögliche Wirkungsgrad η_{max} in der Praxis nicht erreicht.

Wann ist der maximal mögliche Wirkungsgrad η_{max} einer Wärme-Kraft-Maschine, z. B. einer Dampfmaschine, gross?

- Gemäss Gleichung 13.2 muss die Temperatur T_1 des zugeführten Gases möglichst gross sein.
- Gemäss Gleichung 13.2 muss die Temperatur T_2 des abgeführten Gases möglichst klein sein. Die Temperatur T_2 des abgeführten Gases ist grösser als die Umgebungstemperatur, z. B. $T_2 = 293$ K (20 °C).

Schlussfolgerung aus den beiden Punkten: Das Gas, das der Wärme-Kraft-Maschine zugeführt wird, muss möglichst heiss sein und die Umgebungstemperatur muss möglichst kalt sein, damit der Wirkungsgrad η_{max} möglichst gross ist. Berechnen wir nochmal den maximal möglichen Wirkungsgrad η_{max} einer Dampflokomotive, diesmal mit optimierten Temperaturen.

Beispiel 13.3 Dem Zylinder einer Dampflokomotive wird extrem heisser Wasserdampf mit der Temperatur $T_1 = 800$ K (ca. 500 °C) zugeführt. Die Temperatur des nach der Expansionsarbeit an die Umgebung abgegebenen Wasserdampfs ist gleich der Umgebungstemperatur $T_2 = 293$ K (20 °). Der maximal mögliche Wirkungsgrad dieser optimierten Dampfmaschine ist gemäss dem 2. Hauptsatz der Wärmelehre:

$$\eta_{max} = 1 - T_2 / T_1 = 1 - 293\text{ K} / 800\text{ K} = 0.6$$

Der maximal mögliche Wirkungsgrad dieser optimierten Dampflokomotive ist immerhin $\eta_{max} = 60\ \%$.

Die Dampflokomotive im letzten Beispiel gibt 40 % der zugeführten Wärme an die Umgebung ab. Das heisst, eigentlich würden noch 40 % der Energie für weitere Arbeiten zur Verfügung stehen. Wieso wird die Energie der Abgase der Dampflokomotive nicht für eine andere Arbeit verwendet? Antwort: Die Abgase der Dampfmaschine haben eine Temperatur von 293 K (20 °). Wenn wir diese Abgase einer anderen Wärme-Kraft-Maschine zuführen, so ist der Wirkungsgrad η_{max} dieser zweiten Wärme-Kraft-Maschine:

$$\eta_{max} = 1 - T_2 / T_1 = 1 - 293\text{ K} / 293\text{ K} = 0$$

Energieentwertung Die kühlen Abgase haben zwar noch enorm viel innere Energie. Doch diese Energie kann in einer Wärme-Kraft-Maschine nicht in Antriebsarbeit umgewandelt werden, da der Wirkungsgrad dieser Wärme-Kraft-Maschine 0 % ist. Man spricht deshalb von *Energieentwertung*: Auch ein kühles Gas hat noch viel innere Energie, sie kann aber wegen des 2. Hauptsatzes der Wärmelehre nicht für Arbeit genutzt werden.

Beispiel 13.4 Wenig heisser Dampf ist wertvoller als viel kalter Dampf, da der heisse Dampf mehr Arbeit verrichten kann.

Der Viertakt-Benzinmotor

Viertakt-Benzinmotor

Viertakt-Benzinmotoren haben im Inneren mehrere Zylinder, von denen jeder mit einem verschiebbaren Kolben luftdicht abgeschlossen ist. Ein solcher Zylinder mit Kolben ist in Abb. 13.7 zusammen mit einigen wichtigen Begriffen dargestellt.

[Abb. 13.7] Querschnitt durch einen Zylinder eines Viertakt-Motors

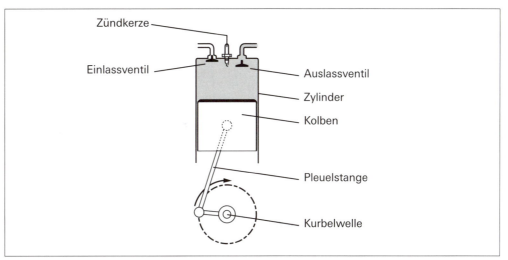

Die wichtigen Teile des Automotors.

Durch das Einlassventil kann der vom «Vergaser» kommende Benzindampf in den Zylinder eintreten. Die Zündkerze bringt den Benzindampf mit einem elektrischen Funken zur Explosion. Durch das Auslassventil wird der verbrannte Benzindampf, d. h. die Abgase aus dem Zylinder in den Auspuff ausgestossen.

Was passiert im Zylinder eines laufenden Viertakt-Benzinmotors? Die Abläufe lassen sich in vier Schritte (= Takte) einteilen (siehe Abb. 13.8):

1. Das Einlassventil ist offen, das Auslassventil ist zu. Der Kolben wird aus dem Zylinder herausgezogen, wodurch Benzindampf vom Vergaser in den Zylinder eintreten kann. Der vom Vergaser kommende Benzindampf hat Umgebungsdruck, d. h. etwa 1 bar. Wir nennen diesen Schritt «Füllen». Da der Benzindampf nicht komprimiert oder expandiert wird, wird beim Füllen keine Arbeit verrichtet.
2. Das Einlassventil ist zu, das Auslassventil ist zu. Der Kolben wird in den Zylinder hineingedrückt, wodurch der Benzindampf von 1 bar auf etwa 10 bar komprimiert wird. Wir nennen diesen Schritt «Kompression». Für die Kompression muss die Arbeit $W_{Kompression}$ am Benzindampf verrichtet werden.
3. Das Einlassventil ist zu, das Auslassventil ist zu. Der Benzindampf wird zuerst mit der Zündkerze zum explosionsartigen Verbrennen gebracht. Dabei wird die Wärme $Q_{Benzindampf}$ an das Gas im Zylinder abgegeben, wodurch seine Temperatur auf etwa 2 000 °C steigt. Wegen der plötzlichen Temperaturzunahme nimmt der Druck schlagartig von 10 bar auf etwa 30 bar zu. Die unter Druck stehenden heissen Gase können nur expandieren, indem sie den Kolben herausdrücken. Wir nennen diesen Schritt «Expansion». Bei der Expansion verrichten die heissen Gase die Arbeit $W_{Expansion}$ am Kolben. Während des Schritts «Expansion» kann der Kolben indirekt über das Getriebe die Arbeit $W_{Expansion}$ an der Antriebsachse des Autos verrichten.
4. Das Einlassventil ist zu, das Auslassventil ist offen. Der Kolben wird in den Zylinder hineingeschoben, wodurch die Abgase aus dem Zylinder in den Auspuff geschoben werden. Wir nennen diesen Schritt «Leeren». Da die mehrere hundert Grad Celsius heissen Abgase beim Leeren nicht komprimiert werden, wird dabei keine Arbeit verrichtet. Beim Leeren wird aber mit den 800 °C heissen Gasen, den Abgasen, die Wärme Q_{Abgase} an die Umgebung abgegeben.

Übrigens: Beim Viertakt-Dieselmotor wird die Luft im Schritt «Kompression» so stark komprimiert und dadurch erhitzt, dass es zur Selbstzündung des dann eingespritzten Dieselgases kommt. Dieselmotoren brauchen deshalb keine Zündkerze.

Nach dem Schritt «Leeren» sind Zylinder und Kolben wieder für den Schritt «Füllen» bereit. Nach dem 4. Schritt folgt also wieder der 1. Schritt. In Abb. 13.8 sind die vier Schritte: Füllen, Kompression, Expansion und Leeren schematisch dargestellt.

[Abb. 13.8]   Die vier Schritte des Viertakt-Motors

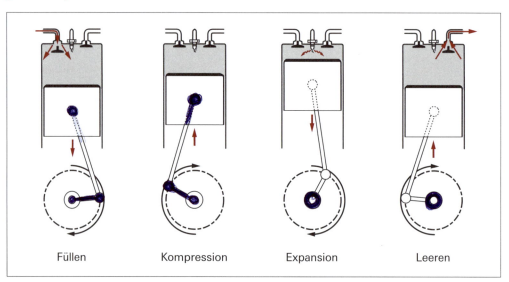

Die vier Schritte des Viertakt-Motors: Füllen, Kompression, Expansion und Leeren.

Die eben beschriebenen vier Schritte (Takte) bilden einen Kreisprozess: Füllen, Kompression, Expansion, Leeren, Füllen, Kompression, Expansion, Leeren, usw.

Wichtig: Nur während des Schritts «Expansion» kann der Kolben Arbeit an der Antriebsachse des Autos verrichten. Damit die Räder des Autos ständig angetrieben werden, hat es deshalb mindestens vier Zylinder in einem Automotor, von denen jeder gerade einen anderen Schritt macht. Dadurch befindet sich ein Zylinder immer gerade im Schritt «Expansion». Neben dem Antrieb des Autos liefert der Kolben im Schritt «Expansion» auch die Arbeit, die für den Kolben im Schritt «Kompression» benötigt wird.

Spezifischer Heizwert

Die bei der Verbrennung des Benzindampfs abgegebene Wärme $Q_{Benzindampf}$ kann man übrigens aus dem so genannten *spezifischen Heizwert* H des Brennstoffs berechnen. Der spezifische Heizwert H gibt an, wie viel Wärme 1 kg vollständig verbrannter Brennstoff abgibt. Wenn die Masse m verbrannt wird, so gibt ein Brennstoff mit spezifischem Heizwert H die Wärme Q ab:

Gleichung 13.3

$$Q = H \cdot m$$

$$[H] = J / kg$$

Der spezifische Heizwert von Benzin ist $H = 4.4 \cdot 10^7$ J / kg. Der spezifische Heizwert vieler alltäglicher fossiler Brennstoffe liegt im Bereich $H = 10^7$ J / kg bis 10^8 J / kg.

Als Nächstes wollen wir uns überlegen, wie viel Arbeit während eines Durchgangs des Kreisprozesses vom Viertakt-Benzinmotor verrichtet wird. Dazu betrachten wir Druck und Volumen während der beiden Schritte bei denen Arbeit verrichtet wird, d. h. während der «Kompression» und der «Expansion». Druck und Volumen während der beiden Arbeits-Schritte des Kreisprozesses sind im p-V-Diagramm in Abb. 13.9 dargestellt. Ein solches Diagramm lässt sich für jeden Motor relativ leicht erstellen, denn man muss dazu nur den Druck p im Zylinder und das momentane Zylindervolumen V messen.

[Abb. 13.9] *p-V*-Diagramm des Viertakt-Prozesses

Das Druck-Volumen-Diagramm des Gases während der beiden Arbeitsschritte: Kompression (2) und Expansion (Zünden: 3a, Expansion: 3b).

Den Betrag der positiven Kompressionsarbeit $W_{Kompression}$ und den Betrag der negativen Expansionsarbeit $W_{Expansion}$ können wir an der Fläche unter dem Kurventeil 2 und an der Fläche unter dem Kurventeil 3b in Abb. 13.9 ablesen. Der Betrag der Kompressionsarbeit $W_{Kompression}$ ist sehr viel kleiner als der Betrag der Expansionsarbeit $W_{Expansion}$, da bei der Kompression der Benzindampf viel kälter und der Gasdruck somit viel kleiner ist als bei der Expansion der heissen Gase. Die Antriebsarbeit $W = W_{Expansion} + W_{Kompression}$, die an der Antriebsachse des Autos verrichtet wird, entspricht der Differenz zwischen der Fläche unter dem Kurventeil 3b und der Fläche dem Kurventeil 2. Dies ist gerade die Fläche zwischen dem Kurventeil 2 und dem Kurventeil 3b. Man kann mithilfe des *p-V*-Diagramms eines Motors den Wirkungsgrad bestimmen. Die zugeführte Wärme $Q_{Benzindampf}$ berechnet man aus der verbrannten Benzinmenge und dem spezifischen Heizwert H von Benzin. Der Wirkungsgrad ist:

$$\eta = \frac{W}{Q_{Benzindampf}}$$

Auch ein Benzinmotor hat gemäss dem 2. Hauptsatz der Wärmelehre einen maximal möglichen Wirkungsgrad η_{max} gemäss Gleichung 13.2. Dieser legt fest, wie viel Wärme maximal in Expansionsarbeit umgewandelt werden kann.

Beispiel 13.5 Die Temperatur der Gase vor der Expansionsarbeit ist $T_1 = 2273$ K (2 000 °C). Die Temperatur der Gase nach der Expansionsarbeit ist $T_1 = 1073$ K (800 °C). Der maximal mögliche Wirkungsgrad η_{max} dieses Automotors ist somit gemäss dem 2. Hauptsatz der Wärmelehre:

$$\eta_{max} = 1 - T_2 / T_1 = 1 - 1073 \text{ K} / 2273 \text{ K} = 0.53$$

Bei diesem Automotor ist $\eta_{max} = 53\%$. Aus technischen Gründen wird er in der Praxis nicht erreicht. Der in der Praxis erreichte Wirkungsgrad eines modernen Benzinmotors ist etwa $\eta = 0.25$. Das heisst, etwa 25 % der Energie des Benzins werden für den Antrieb des Autos verwendet. Dieselmotoren funktionieren bei einer höheren Temperatur T_1 und haben deshalb einen etwas besseren Wirkungsgrad.

Wärme-Kraft-Maschinen wandeln über einen Kreisprozess die zugeführte Wärme Q_1 in die Arbeit W um. Beispiele für Wärme-Kraft-Maschinen sind die Dampfmaschine und der Benzinmotor.

Eine Zweitakt-Dampfmaschine wandelt über den Kreisprozess «Kolben nach links schieben, Kolben nach rechts schieben» Wärme in Arbeit um.

Ein Viertakt-Benzinmotor wandelt über den Kreisprozess: Füllen, Kompression, Expansion, Leeren, Wärme in Arbeit um.

Gemäss dem 2. Hauptsatz der Wärmelehre ist der maximal mögliche Wirkungsgrad η_{max} einer Wärme-Kraft-Maschine:

$$\eta_{max} = 1 - T_2 / T_1$$

T_1 ist die Temperatur des erwärmten Gases vor der Arbeit, T_2 diejenige nachher. Das Gas, das der Wärme-Kraft-Maschine zugeführt wird, muss möglichst heiss sein und das abgeführte Gas (Abgas) möglichst kalt, um einen möglichst grossen Wirkungsgrad η_{max} zu haben, d.h. um eine möglichst effiziente Wärme-Kraft-Maschine zu haben. Da immer Abwärme entsteht, gilt $\eta_{max} < 1$.

Aufgabe 24

Der Tankinhalt eines Autos ist 60 Liter.

A] Wie viel Wärme entsteht, wenn die 60 Liter Benzin verbrannt werden? Die Dichte von Benzin ist 0.80 g / cm^3.

B] Berechnen Sie die Arbeit, die der Motor an den Antriebsrädern verrichten kann, wenn der Wirkungsgrad 25 % ist.

C] Wie weit können Sie damit auf einer horizontalen Strecke fahren, wenn die Widerstandskraft (Rollreibung, Luftwiderstand) 500 N ist?

Aufgabe 54

A] Beschreiben Sie mit eigenen Worten die vier Takte des 4-Takt-Benzinmotors.

B] Wie oft bewegt sich der Kolben eines 4-Takt-Benzinmotors während eines Durchlaufs des Kreisprozesses nach oben?

Aufgabe 84

Beschreiben Sie die beiden Schritte des Kreisprozesses der Dampflokomotive mit eigenen Worten.

Aufgabe 114

Berechnen Sie den maximal möglichen Wirkungsgrad eines Motors, wenn die Temperatur des Gases im Zylinder nach der Verbrennung des Treibstoffs 1 500 K beträgt und die Temperatur der Abgase 500 K.

13.3 Wie funktionieren Wärmepumpen?

Kühlschrank, Wärmepumpe

Wärme geht von alleine vom wärmeren zum kälteren Ort. Es gibt aber technische Einrichtungen, bei denen Wärme vom kälteren Ort zum wärmeren Ort gezwungen wird: *Kühlschränke* und *Wärmepumpen*.

Beispiel 13.6

Sie stellen den Kühlschrank in der Küche tiefer ein, wodurch das Innere des ursprünglich 7 °C warmen Kühlschranks auf 5 °C abkühlt. Dabei wird Wärme vom 7 °C warmen Inneren des Kühlschranks an die 20 °C warme Küche abgegeben.

Sie stellen die Wärmepumpe eines Hauses höher ein, wodurch das ursprünglich 18 °C warme Haus auf 20 °C aufgewärmt wird. Dabei wird Wärme vom 6 °C warmen Erdreich an das 18 °C warme Haus abgegeben.

Ziel des Kühlschranks ist es, Wärme loszuwerden. Ziel der Wärmepumpe ist es, Wärme zu bekommen. In ihrer Funktionsweise sind Kühlschrank und Wärmepumpe aber gleich: Wärme geht vom kälteren Ort (dem kalten Innenraum des Kühlschranks respektive dem kalten Erdreich) zum wärmeren Ort (der warmen Küche respektive dem warmen Haus). Ein Kühlschrank ist in dem Sinn das gleiche wie eine Wärmepumpe. Die aus dem Inneren des Kühlschranks abgeführte Wärme spüren Sie übrigens an der Rückseite deutlich.

Wichtig ist hier zu erkennen, dass Kühlschrank und Wärmepumpe nicht im Widerspruch zum Energieerhaltungssatz stehen. Körper mit einer Temperatur grösser als 0 K haben innere Energie aufgrund der thermischen Bewegung der Atome. Deshalb kann grundsätzlich jeder Körper mit $T > 0$ K Wärme abgeben. Ob ein Körper von alleine Wärme abgibt, hängt nur von der Temperatur der Umgebung ab. Wärme geht von alleine vom wärmeren zum kälteren Ort. Wie kann man aber Wärme vom kälteren zum wärmeren Ort zwingen? Antwort: Wärme kann durch Arbeit vom kälteren Ort zum wärmeren Ort gezwungen werden. Wie dies konkret gemacht wird, schauen wir uns als Nächstes an.

Kühlschränke respektive Wärmepumpen transportieren die Wärme vom kälteren Ort A (z. B. $\vartheta_1 = 5$ °C) zum wärmeren Ort B (z. B. $\vartheta_2 = 20$ °C). Als Transportmittel wird ein so genanntes Kühlmittel (z. B. Propan) verwendet. Propan hat bei einem Druck von 1 bar eine Siedetemperatur von $\vartheta_s = -40$ °C.

Der Kreisprozess beim Kühlschrank respektive bei der Wärmepumpe besteht aus vier Schritten: Verdampfen, Komprimieren, Kondensieren und Expandieren.

1. Wenn flüssiges Propan mit dem $\vartheta_1 = 5$ °C warmen Ort A in Kontakt kommt, verdampft das Propan und nimmt die Wärme Q_2 vom Ort A auf.
2. Das gasförmige Propan wird anschliessend zum Ort B gepumpt. Dort wird das gasförmige Propan von einem elektrisch angetriebenen Kompressor komprimiert, wodurch Druck und Temperatur steigen. Das Kühlmittel hat nach der Kompression eine Temperatur von ungefähr 60 °C.
3. Beim Durchströmen von Kühlrippen gibt das Kühlmittel jetzt Wärme an den Ort B ab (beim Kühlschrank an die Küche, bei der Wärmepumpe ans Haus). Wenn das Kühlmittel abkühlt, erreicht es irgendwann die Kondensationstemperatur ϑ_s des Propans. Propan hat z. B. bei einem Druck von etwa 9 bar eine Kondensationstemperatur von $\vartheta_s = 20$ °C. Wird beim Abkühlen diese Kondensationstemperatur unterschritten, kommt es zur Kondensation des Propangases. Beim Kondensieren wird jetzt die Kondensationswärme an den Ort B abgegeben. Insgesamt wird die Wärme Q_1 an die Umgebung B abgegeben.
4. Das wieder flüssige Propan kann anschliessend über ein Expansionsventil wieder zum Ort A gepumpt werden. Bei der Expansion hinter dem Expansionsventil sinkt die Temperatur stark, da Expansionsarbeit verrichtet wird.

Da der Druck nach dem Schritt Expandieren wieder 1 bar ist und somit die Siedetemperatur $\vartheta_s = -40\,°C$ ist, kann das nach der Expansionsarbeit $-25\,°C$ warme Propan wieder verdampfen. Der Kreisprozess kann von neuem beginnen.

Bilanz des Kreisprozesses Verdampfen, Komprimieren, Kondensieren und Expandieren: Wenn dem Kompressor Energie für die Kompressionsarbeit W zugeführt wird, kann erzwungen werden, dass Wärme vom kühleren Ort A zum wärmeren Ort B transportiert wird. Der Wärmetransport von kalt nach warm ist für Kühlschrank und Wärmepumpe in Abb. 13.10 schematisch dargestellt.

[Abb. 13.10] Funktionsprinzip von Kühlschrank und Wärmepumpe

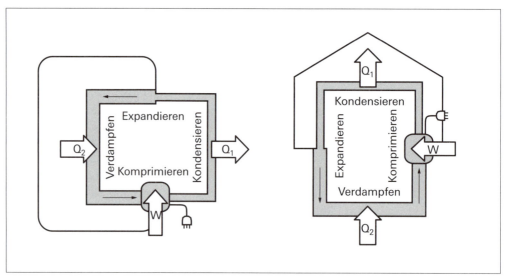

Wärme und Arbeit beim Kühlschrank (links) und bei der Wärmepumpe eines Hauses (rechts).

In Abb. 13.11 sind die Wärmen Q_1 und Q_2 sowie die Arbeit W in einem Energie-Diagramm dargestellt. Das Energie-Diagramm zeigt den Wirkungsgrad η auf grafische Weise.

[Abb. 13.11] Wärme und Arbeit bei Kühlschrank und Wärmepumpe

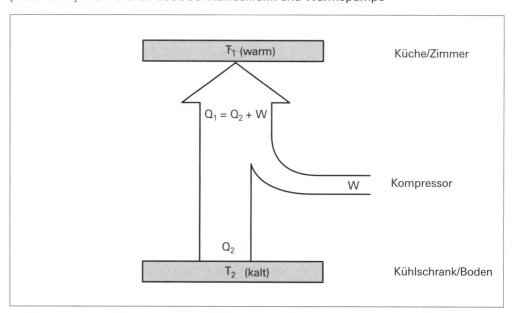

In Kühlschrank und Wärmepumpe wird Wärme vom kühleren Ort zum wärmeren Ort gepumpt.

Beim Kühlschrank besteht der Nutzen in der Wärme Q_2. Der Wirkungsgrad η des Kühlschranks ist somit: $\eta = Q_2 / W$. Bei der Wärmepumpe besteht der Nutzen in der Wärme Q_1. Der Wirkungsgrad η der Wärmepumpe ist somit: $\eta = Q_1 / W$. Bei der Wärmepumpe ist der Wirkungsgrad grösser als 1:

$$\eta = \frac{Q_1}{W} = \frac{W + Q_2}{W} = 1 + \frac{Q_2}{W} > 1$$

Dies ist kein Widerspruch zum Energieerhaltungssatz, da es sich bei der Wärmepumpe um ein offenes System handelt.

Die Wärmepumpe ist geeignet, um den Heizölverbrauch zu reduzieren. Wärme wird bei Wärmepumpen dort entnommen, wo sie in grossen Mengen gratis vorhanden ist: im Boden, in der Luft oder im Grundwasser. Bezahlt werden muss nur die hineingesteckte Kompressionsarbeit W. Der Wirkungsgrad von Wärmepumpen ist etwa $\eta = 3.5$. Für die Arbeit $W = 1$ J; die man in eine Wärmepumpe steckt, erhält man die Wärme $Q_1 = 3.5$ J, d. h. die Wärme $Q_2 = 2.5$ J hat man gratis von der Umgebung erhalten.

> Jeder Körper hat innere Energie aufgrund der thermischen Bewegung seiner Atome und aufgrund der zwischen den Atomen wirkenden Anziehungskraft. Wärmepumpen und Kühlschränke können diese innere Energie von kalt nach warm transportieren. Um Wärme von kalt nach warm zu transportieren, muss aber Kompressionsarbeit verrichtet werden. Dem Kompressor in Wärmepumpen und Kühlschränken muss dazu ständig elektrische Energie zugeführt werden.

Aufgabe 144 An einem sehr heissen Sommertag könnte man auf die Idee kommen, den Kühlschrank als Klimaanlage zu benutzen. Kann man einen Raum kühlen, indem man die Türen und Fenster schliesst und den Kühlschrank offen lässt? Begründen Sie Ihre Antwort.

Aufgabe 25 Eine Siedlung von 50 Wohnungen wird mit einer Wärmepumpe geheizt. Der Wärmepumpe müssen dazu pro Jahr 200 MWh elektrische Energie zugeführt werden. Der jährliche Wärmebedarf der Wohnungen beträgt 700 MWh. Wie gross ist der Wirkungsgrad der Wärmepumpe? Wie ist dieser Wirkungsgrad zu verstehen?

Exkurs: Die Entwicklung der Dampfmaschine

James Watt (1736–1819) verhalf der Dampfmaschine zum Durchbruch.
Bild: George Bernard / Science Photo Library

Ende des 17. Jahrhunderts waren Bergwerke an einem Punkt angelangt, wo sie dringend gute und wirkungsvolle Pumpen nötig hatten, um das eindringende Wasser aus den Schächten der Bergwerke zu pumpen. Da für das Verrichten der Pumparbeit teure Pferde eingesetzt wurden, war das Pumpen des Wassers eine kostspielige Angelegenheit. Viele Erfinder verstanden es gut, den Grubenbesitzern den Mund wässrig zu machen und Geld für irgendwelche dann nie realisierte Projekte einzuheimsen.

Thomas Savery (1650–1715) hatte in diesem Umfeld einen schweren Stand, als er 1702 eine Schrift herausgab, in der er die Arbeitsweise seiner Dampfmaschine beschrieb, die Pumparbeit verrichten sollte. Trotz der enthusiastischen Voraussagen erwies sich Saverys Dampfmaschine in der Praxis auch als nicht brauchbar für Pumparbeiten in Minen. Auch der Schmied und Eisenhändler Thomas Newcomen (1663–1729) kannte die hohen Kosten für das Auspumpen von Wasser in Minenschächten durch Pferde. Newcomen ging eine Partnerschaft mit Thomas Savery ein. Mithilfe dieser Verbindung und Saverys Patente schuf Newcomen 1712 die wirtschaftlich arbeitende Newcomen-Savery Dampfmaschine. Wasser wurde in der Dampfmaschine verdampft. Der in einem Zylinder mit Kolben expandierende Wasserdampf konnte den Arm einer Wasserpumpe hochdrücken und so Wasser hochpumpen. Nach dem Hochdrücken wurde der Wasserdampf durch Einspritzen von kaltem Wasser zum Kondensieren gebracht und der Druck nahm ab, sodass der Arm der Pumpe sich senkte und für die nächste Pumpbewegung bereit war.

Der Mechaniker James Watt (1736–1819) sollte 1755 ein Schulmodell der Newcomen–Savery Dampfmaschine reparieren. Das Prinzip dieser Newcomen-Savery Dampfmaschine faszinierte Watt so sehr, dass er begann, sie zu verbessern. Er untersuchte dazu experimentell den Zusammenhang zwischen Druck und Temperatur von Wasserdampf. Darauf basierend konstruierte er eine Dampfmaschine, in der Wasserdampf nach der Expansionsarbeit in einer separaten Kammer, dem so genannten Kondensator zur Kondensation gebracht wurde. Durch den Kondensator erhöhte sich der Wirkungsgrad der Dampfmaschine stark. 1768 ging Watt eine Geschäftsverbindung mit dem Erfinder John Roebuck ein, der Watts Forschung finanzierte. 1769 wurden Watts Patentgesuche für Verbesserungen der Newcomen-Savery Dampfmaschine angenommen. 1772 ging John Roebuck Bankrott. Dafür wurde 1775 der Unternehmer Matthew Boulton, Besitzer der Soho Engineering Works, Watts neuer Geschäftspartner. Watt und Boulton begannen mit der Produktion von Dampfmaschinen. Watt überwachte die Produktion und Installation der Dampfmaschinen. Er fuhr zudem mit seiner Forschung fort und erhielt weitere Patente für andere wichtige Erfindungen, wie die Drehkolbendampfmaschine, die Räder antreiben konnte, die Zweitakt-Dampfmaschine, die ständig Antriebsarbeit verrichten konnte, den Fliehkraftregulator, der die Geschwindigkeit der Maschine automatisch regelte und für ein Dampfdruckmessgerät. Im 19. Jahrhundert zog sich Watt aus der Firma zurück und widmete sich ganz seiner Forschungsarbeit. James Watt leistete mit all seinen Erfindungen einen bedeutenden Beitrag zur Weiterentwicklung der Dampfmaschine, sodass die Dampfmaschine schnell die unterschiedlichsten Maschinen antreiben konnte. James Watt läutete so mit seinen Dampfmaschinen die industrielle Revolution ein.

Teil E Strahlenoptik und ihre Grenzen

Einstieg und Lernziele

Einstieg

Es heisst in der Bibel, dass Gott am ersten Tag der Schöpfung das Licht erschaffen hat. Licht fasziniert den Menschen seit jeher. Durch Licht gibt es Farbe. Licht ist blitzschnell und doch nicht überall. Die Abwesenheit von Licht verursacht Dunkelheit. Wir können Licht zwar sehen, aber nicht anfassen. Licht haftet deshalb etwas Unzugängliches an. Wir wollen uns nun mit dem Verhalten und dem Wesen dieses faszinierenden «Stoffs» befassen. Ein Verständnis von Verhalten und Wesen des Lichts erlaubt es uns, optische Instrumente zu bauen, mit denen wir z. B. Entferntes in die Nähe holen können, oder mit Licht Informationen zu übertragen.

Schlüsselfragen im Zusammenhang mit Licht sind:

- Wie breitet sich Licht aus?
- Was passiert, wenn Licht auf einen Körper trifft?
- Was sind die Abbildungseigenschaften von Sammellinsen?
- Wo versagt die Strahlenoptik?

Lernziele

Nach der Bearbeitung des Abschnitts «Wie breitet sich Licht aus?» können Sie

- das Lichtstrahlen-Modell erklären.
- das Licht einer punktförmigen Lichtquelle mit Lichtstrahlen beschreiben.
- das Licht einer ausgedehnten Lichtquelle mit Lichtstrahlen beschreiben.
- das Licht einer weit entfernten Lichtquelle mit Lichtstrahlen beschreiben.

Nach der Bearbeitung des Abschnitts «Was passiert, wenn Licht auf einen Körper trifft?» können Sie

- berechnen, wie Licht reflektiert wird.
- berechnen, wie Licht gebrochen wird.
- erklären, wie Licht durch Dispersion in Farben aufgefächert wird.

Nach der Bearbeitung des Abschnitts «Was sind die Abbildungseigenschaften von Sammellinsen?» können Sie

- anhand der Lochkamera erklären, wie ein Bild entsteht.
- die Position und die Grösse des Bilds, das eine Sammellinse erzeugt, konstruieren und berechnen.
- Aufbau und optische Eigenschaften des gesunden, des weitsichtigen und des kurzsichtigen Auges beschreiben.
- Aufbau und optische Eigenschaften von Lupe und Mikroskop beschreiben.

Nach der Bearbeitung des Abschnitts «Wo versagt die Strahlenoptik?» können Sie

- den Fotoeffekt beschreiben und mit dem Lichtteilchen-Modell erklären.
- Beugung und die Farben von Seifenblasen beschreiben und mit dem Lichtwellen-Modell erklären.
- den Begriff «Teilchen-Welle-Dualismus» erklären und den Zusammenhang zwischen Lichtteilchen- und Lichtwellen-Modell mit einer Gleichung angeben.

14 Wie breitet sich Licht aus?

Schlüsselfragen dieses Abschnitts:

- Mit welchem Modell lässt sich die Ausbreitung des Lichts beschreiben?
- Wie breitet sich das Licht einer punktförmigen Lichtquelle aus?
- Wie breitet sich das Licht einer ausgedehnten Lichtquelle aus?
- Wie wird die Lichtausbreitung einer weit entfernten Lichtquelle beschrieben?

Sie beobachten ein Gewitter. Es blitzt und donnert. Lichtblitz und Donner gehören zusammen, doch den Donner hören Sie erst einige Zeit nachdem Sie den Blitz gesehen haben. Je weiter Sie vom Gewitter entfernt sind, umso grösser ist die Zeitdifferenz zwischen dem Lichtblitz und dem Donner. Diese Beobachtung wird damit erklärt, dass der Schall eine gewisse Zeit braucht, um vom Ort des Gewitters zu Ihnen zu gelangen. Das Licht ist offenbar sehr viel schneller als der Schall. Gemäss unseren täglichen Erfahrungen mit Licht muss die Ausbreitungsgeschwindigkeit von Licht extrem gross sein. Wie man die Lichtgeschwindigkeit messen kann, lernen Sie in Abschnitt 14.1.

Neben der Frage nach der Ausbreitungsgeschwindigkeit des Lichts stellt sich auch die Frage nach der Ausbreitungsrichtung. Wenn Sie an einem dunstigen Tag im Wald spazieren gehen und die Sonne zwischen den Blättern durchscheint, so können Sie eine Situation wie in Abb. 14.1 sehen. Das Bild zeigt, dass sich das Licht der Sonne geradlinig ausbreitet. Die Beschreibung der Ausbreitung des Lichts mithilfe des «Lichtstrahlen-Modells» ist das zentrale Thema des Abschnitts 14.

[Abb. 14.1]   Licht im Wald

Die Ausbreitungsrichtung des Lichts wird mit Lichtstrahlen beschrieben. Bild: Wepfer / Keystone

14.1 Mit welchem Modell lässt sich die Ausbreitung des Lichts beschreiben?

Was erzählen uns Beobachtungen über den *Weg*, den das Licht nimmt, und über die *Geschwindigkeit* des Lichts?

Der Weg des Lichts

Beispiel 14.1 — Wenn Sie mit der Taschenlampe einen Gegenstand beleuchten wollen, müssen Sie die Lampe auf den Gegenstand richten, denn Licht breitet sich entlang einer geraden Linie aus.

Beispiel 14.2 — Sonnenschirme funktionieren, weil Licht eben nicht krumm durch die Gegend kurvt.

Lichtstrahlen, Lichtstrahlen-Modell

Die Beispiele zeigen, dass sich das Licht entlang einer geraden Linie bewegt, bis es auf ein Hindernis trifft. Wir sagen: *Licht breitet sich geradlinig aus*. Wir verwenden deshalb das Modell des *Lichtstrahls*. Man spricht vom Lichtstrahlen-Modell. *Lichtstrahlen sind aber nicht Licht*. Lichtstrahlen beschreiben nur den Weg des Lichts. Lichtstrahlen sagen nichts über die Intensität, Farbe oder Geschwindigkeit des Lichts aus.

Lichtkegel

Eine Taschenlampe macht einen *Lichtkegel*. Auch wenn Licht durch Löcher im Blätterdach des Waldes fällt, sehen Sie Lichtkegel (Abb. 14.1). Die einen Lichtkegel sind etwas weiter als die anderen, da das Licht durch ein grösseres Loch im Blätterdach des Waldes kommt. Auch diese Lichtkegel lassen sich mit Lichtstrahlen beschreiben.

Die Geschwindigkeit des Lichts

Beispiel 14.3 — Wenn Sie eine Lampe anknipsen, ist sofort das ganze Zimmer hell. Sie haben noch nie beobachtet, wie das Zimmer allmählich mit Licht gefüllt wird.

Das Beispiel zeigt: Licht breitet sich mit unvorstellbar grosser Geschwindigkeit aus: eben mit Lichtgeschwindigkeit. Historisch wurde die Lichtgeschwindigkeit z. B. von Armand-Hippolyte-Louis Fizeau (1819–1896) mit dem Versuchsaufbau in Abb. 14.2 gemessen:

[Abb. 14.2]   Fizeaus Versuchsanordnung zur Messung der Lichtgeschwindigkeit

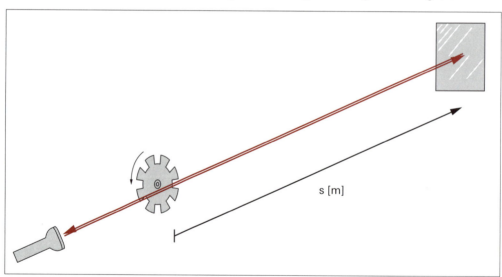

Lichtgeschwindigkeit gleich zurückgelegter Weg dividiert durch die benötigte Zeit.

In Abb. 14.2 fällt das Licht einer Lampe durch die Lücke eines Zahnrads auf einen weit entfernten Spiegel, von wo es zum Zahnrad zurückgeworfen wird. Dreht sich das Zahnrad langsam, so gelangt das Licht durch die gleiche Zahnradlücke wieder zurück zur Lampe. Dreht sich das Zahnrad dagegen schneller, so kann sich ein Zahn vor das zurückgeworfene Licht schieben. Im Experiment von Fizeau war dies bei 12.6 Umdrehungen pro Sekunde der Fall. Daraus berechnete Fizeau eine Lichtgeschwindigkeit von $3.13 \cdot 10^8$ m/s. Die Lichtgeschwindigkeit ist in der Tat sehr gross. Sie können übrigens die Rechnung von Fizeau am Schluss dieses Abschnitts selber nachvollziehen.

Lichtgeschwin-
digkeit, Vakuum

Heute kann man die Lichtgeschwindigkeit mit anderen Versuchsanordnungen genauer bestimmen. Für Licht, das sich im *Vakuum* ausbreitet, findet man die *Lichtgeschwindigkeit*:

Gleichung 14.1

$$c_{Vakuum} = 2.9979246 \cdot 10^8 \text{ m/s}$$

Dies ist ziemlich genau 300 000 km/s. Im Folgenden genügt es, einen gerundeten Wert für die Lichtgeschwindigkeit c_{Vakuum} zu verwenden:

Gleichung 14.2

$$c_{Vakuum} = 3.0 \cdot 10^8 \text{ m/s}$$

Beispiel 14.4

Wenn Sie dieses Buch lesen und es im Abstand von 30 cm vor Ihren Augen halten, so braucht das Licht die Zeit $\Delta t = \Delta s / c = 10^{-9}$ s, um vom Buch zu den Augen zu gelangen.

Wenn sich das Licht nicht im Vakuum ausbreitet, ist es langsamer. Im Wasser ist die Lichtgeschwindigkeit z. B. «nur» etwa $c_{Wasser} = 2.3 \cdot 10^8$ m/s. In der Luft ist die Verlangsamung des Lichts sehr klein und wir vernachlässigen sie. Die Geschwindigkeit des Lichts in Luft ist dann $c_{Luft} = 3.0 \cdot 10^8$ m/s.

Bei sehr grossen Distanzen, wie sie im Weltall auftreten, braucht das Licht Jahre, um von einem Ort zum anderen zu gelangen.

Beispiel 14.5

Wenn der rötliche Stern «Antares» explodiert, so wird er plötzlich viel heller. Wie lange dauert es, bis wir auf der Erde das Licht dieser Explosion sehen? Die Distanz zwischen uns und Antares ist $s = 5 \cdot 10^{15}$ km. Bis das Licht der Explosion bei uns ankommt, dauert es:

$$\Delta t = \frac{\Delta s}{c} = \frac{5 \cdot 10^{18} \text{ m}}{3 \cdot 10^8 \frac{\text{m}}{\text{s}}} = 1.7 \cdot 10^{10} \text{ s} \approx 540 \text{ a}$$

Lichtjahre

Es dauert 540 Jahre, bis wir merken, dass etwas mit Antares passiert ist. Man sagt auch: Antares ist 540 *Lichtjahre* von uns entfernt. Das Lichtjahr ist eine Distanz. Das Lichtjahr gibt die Distanz an, die das Licht in einem Jahr zurücklegt. Wir sehen Antares heute so, wie er vor 540 Lichtjahren ausgesehen hat, schauen 540 Jahre in die Vergangenheit zurück.

Beispiel 14.6

Unsere Galaxie, die Milchstrasse, hat einen Radius von etwa 50 000 Lichtjahren. Das Licht eines Sterns im Zentrum der Milchstrasse braucht 50 000 Jahre, um an der Rand der Milchstrasse zu gelangen.

Das Licht breitet sich geradlinig aus, bis es auf ein Hindernis stösst. Der Weg des Lichts wird mit dem Lichtstrahlen-Modell beschrieben. Mit Lichtstrahlen lässt sich so z. B. der Lichtkegel einer Lampe beschreiben. Im Vakuum breitet sich das Licht mit Lichtgeschwindigkeit $c_{Vakuum} = 3.0 \cdot 10^8$ m/s aus.

Aufgabe 55

Was ist der Unterschied zwischen Lichtstrahlen und Licht?

Aufgabe 85

A] Wie lange dauert es, bis das Licht einer Strassenlampe in 6 m Höhe den Boden erreicht?

B] Wie lange braucht das Licht, um von der Sonne zu uns zu kommen? Die Distanz zwischen Erde und Sonne beträgt $1.5 \cdot 10^8$ km.

Aufgabe 115

Berechnen Sie die Lichtgeschwindigkeit aus dem Versuch von Fizeau. Das von Fizeau verwendete Zahnrad hatte 720 Zähne. Bei 12.6 Umdrehungen pro Sekunde traf das Licht auf den nächsten Zahn. Der Abstand zwischen dem Zahnrad und dem Spiegel war s = 8 633 m. Gehen Sie wie folgt vor:

A] Berechnen Sie die Zeit Δt_1, die vergeht, bis das Zahnrad eine Umdrehung gemacht hat.

B] Berechnen Sie die Zeit Δt_2, die vergeht, bis sich ein Zahn zur gegenwärtigen Position der nächsten Lücke verschoben hat. (Das Zahnrad hat 720 Zähne und 720 Lücken.)

C] Berechnen Sie die Lichtgeschwindigkeit.

14.2 Wie breitet sich das Licht einer punktförmigen Lichtquelle aus?

Lichtquelle

Wir können einen Gegenstand sehen, wenn er Licht aussendet. Einen solchen Gegenstand nennen wir *Lichtquelle*. Alle anderen Gegenstände sehen wir, wenn sie Licht zurückwerfen (reflektieren).

Beispiel 14.7

Eine eingeschaltete Lampe oder eine glühende Herdplatte sind Lichtquellen. Der Tisch in Ihrem Zimmer leuchtet dagegen nicht selber, er reflektiert das Licht einer Lampe oder der Sonne. Ohne die Hilfe einer Lichtquelle können Sie den Tisch nicht sehen.

Beispiel 14.8

Die Sonne ist ein selbst leuchtender Körper, also eine Lichtquelle. Der Mond ist hingegen keine Lichtquelle. Er wird von der Sonne beleuchtet und reflektiert ihr Licht. Wir sehen nur die von der Sonne angestrahlte Seite des Mondes, was zu den Mondphasen führt.

Punktförmige Lichtquelle

Für manche Überlegungen stellen wir uns die Lichtquelle mit Vorteil als punktförmig vor. Stellen Sie sich zur Veranschaulichung unter einer *punktförmigen Lichtquelle* z. B. den Funken eines Feuers vor. Abb. 14.3 stellt die Lichtausbreitung einer punktförmigen Lichtquelle mit Lichtstrahlen dar.

[Abb. 14.3] Lichtstrahlen einer punktförmigen Lichtquelle

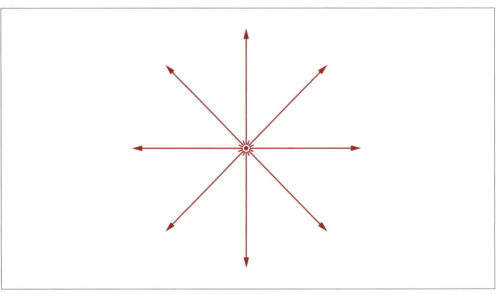

Lichtstrahlen einer punktförmigen Lichtquelle gehen radial in alle Richtungen.

Divergieren, Radial

Lichtstrahlen einer punktförmigen Lichtquelle gehen von der Lichtquelle aus *radial* in alle Richtungen. Die Lichtstrahlen laufen dabei auseinander. Man sagt auch: Die Lichtstrahlen *divergieren* (lateinisch auseinander laufen).

Die Helligkeit einer Lichtquelle nimmt erfahrungsgemäss ab, wenn man sich von ihr entfernt. Wie schnell nimmt die Helligkeit ab? Stellen Sie sich vor, dass eine punktförmige Lichtquelle in der Mitte eines kugelförmigen Lampions platziert ist. Wenn der Lampion einen Radius r hat, so ist die Kugeloberfläche:

$$A = 4 \cdot \pi \cdot r^2$$

Diese Gleichung zeigt: Wenn man einen Lampion mit doppelt so grossem Radius nimmt, so verteilt sich das Licht auf eine $2^2 = 4$-mal so grosse Oberfläche A. Der Lampion mit doppeltem Radius leuchtet folglich nur noch 1/4 so hell. Allgemein gilt für die Helligkeit im Abstand d von einer punktförmigen Lichtquelle:

Gleichung 14.3

$$\text{Helligkeit} \sim \frac{1}{d^2}$$

In Worten: Die Helligkeit einer punktförmigen Lichtquelle nimmt quadratisch mit dem Abstand von der Lichtquelle ab. Gleichung 14.3 gilt nicht nur für punktförmige Lichtquellen, sondern für alle Lichtquellen mit divergierenden Lichtstrahlen, das sind fast alle Lichtquellen des Alltags. Wenn wir wissen, wie hell eine (punktförmige) Lichtquelle wirklich ist, so können wir aus der Helligkeit, die wir sehen, den Abstand zur (punktförmigen) Lichtquelle berechnen.

Beispiel 14.9

Wie hell ein Stern von der Erde aus erscheint, hängt ab von seiner tatsächlichen Helligkeit und dem Abstand zum Stern. Die Helligkeit des Sterns, die wir auf der Erde wahrnehmen, nennt man auch scheinbare Helligkeit. Manchmal können wir die tatsächliche Helligkeit eines Sterns aufgrund seiner physikalischen Eigenschaften berechnen. Wir können dann seine Entfernung berechnen, indem wir berücksichtigen, dass die scheinbare Helligkeit quadratisch mit dem Abstand abnimmt:

$$\text{scheinbare Helligkeit} = \frac{\text{tatsächliche Helligkeit}}{d^2}$$

Beispiel 14.10

Im Jahr 1997 hat man von der Erde aus gesehen, wie der Stern mit dem Namen «SN 1997ff» in einer «Supernova-Explosion» explodiert ist. Man weiss, wie gross die tatsächliche Helligkeit einer solchen Supernova-Explosion etwa ist. Mit der scheinbaren Helligkeit der Supernova konnte man berechnen, dass sich der Stern SN 1997ff in einer Distanz von 11 Milliarden Lichtjahren von uns befand. Der Stern ist nicht 1997, sondern schon vor 11 Milliarden Jahren explodiert. Wir schauen hier 11 Milliarden Jahre in die Vergangenheit.

Schattenraum, Schatten

Bringt man einen undurchsichtigen Gegenstand in die Nähe einer punktförmigen Lichtquelle, so verhindert der Gegenstand die Ausbreitung des Lichts in die entsprechende Richtung. Der Gegenstand erzeugt «hinter sich» einen *Schattenraum*. Ist hinter dem Gegenstand eine Wand, so sehen wir auf der Wand einen *Schatten* des Gegenstands. *Den Schattenraum und den Schatten können wir mit Lichtstrahlen konstruieren, die gerade noch knapp am Gegenstand vorbeikommen.* Dies ist in Abb. 14.4 gemacht.

[Abb. 14.4]   Schattenkonstruktion im Grundriss

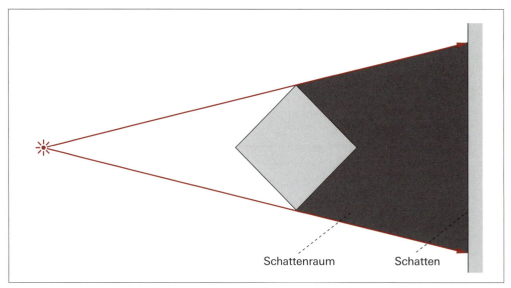

Der Schattenraum wird mit Lichtstrahlen konstruiert, die knapp am Gegenstand vorbeikommen.

Die Strahlen in Abb. 14.4 zeigen: Der Hell-Dunkel-Wechsel ist abrupt. Wir sagen: Der Schatten ist scharf. Ausblick: Bei ausgedehnten Lichtquellen gibt es keinen abrupten Hell-Dunkel-Wechsel. Es gibt halbdunkle Stellen, so genannte Halbschattenräume, die von einem Teil der Lichtquelle beleuchtet werden.

Selbstleuchtende Körper nennt man Lichtquellen. Alle anderen Gegenstände reflektieren nur Licht, das auf sie fällt.

Von einer punktförmigen Lichtquelle gehen Lichtstrahlen radial in alle Richtungen. Die Helligkeit einer punktförmigen Lichtquelle nimmt quadratisch mit dem Abstand von ihr ab.

Schattenraum und Schatten eines Gegenstands können mit Lichtstrahlen konstruiert werden, die knapp neben dem Gegenstand passieren. Bei punktförmigen Lichtquellen ist der Hell-Dunkel-Wechsel abrupt. Es entsteht ein scharfer Schattenraum und Schatten.

Aufgabe 145   Welche der folgenden Gegenstände sind Lichtquellen? Taschenlampe, glitzernder Kristall, Kerzenflamme, Wolke, Fixstern, Planet, Spiegel.

Aufgabe 26   In Abb. 14.5 sind eine punktförmige Lichtquelle, ein Schrank und eine Wand eingezeichnet. Konstruieren Sie den Schattenraum.

[Abb. 14.5] Punktförmige Lichtquelle und Schrank im Grundriss

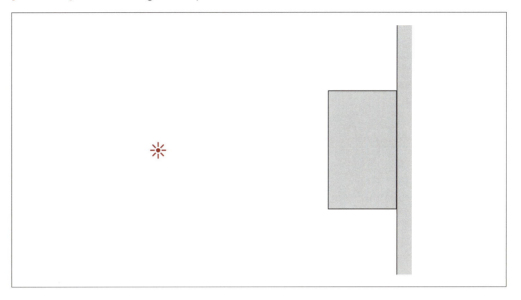

14.3 Wie breitet sich das Licht einer ausgedehnten Lichtquelle aus?

Ausgedehnte Lichtquelle

Die punktförmige Lichtquelle ist ein Modell. Jede reale Lichtquelle hat eine gewisse Grösse, wir sprechen von *ausgedehnten Lichtquellen*. *Wir können uns jedoch eine ausgedehnte Lichtquelle als Summe vieler Punktquellen vorstellen.* Das Fernsehbild ist z. B. eine ausgedehnte Lichtquelle, die sogar tatsächlich aus vielen Lichtpunkten zusammengesetzt ist. Sie können diese Punkte sehen, wenn Sie das Fernsehbild für einmal aus wenigen Zentimetern Abstand anschauen. Die Lichtausbreitung einer punktförmigen Lichtquelle haben Sie im Abschnitt 14.2 kennen gelernt. Die Eigenschaften einer ausgedehnten Lichtquelle können wir jetzt aus den einfachen Eigenschaften von punktförmigen Lichtquellen ableiten.

Halbschattenraum, Halbschatten, unscharfer Schatten, Kernschattenraum, Kernschatten

Sie haben gesehen, dass die Schattenräume bei punktförmigen Lichtquellen abrupte Hell-Dunkel-Wechsel produzieren. Bei ausgedehnten Lichtquellen gibt es Bereiche, die halbdunkel sind, da sie von einem Teil der Lichtquelle beleuchtet werden. Diese Bereiche nennt man *Halbschattenräume*. Auf einer Wand kommt es wegen dieser Halbschattenräume zu einem *Halbschatten*. Halbschatten geben den Eindruck von *unscharfen Schatten*. Räume, die kein Licht von der Lichtquelle erhalten, sind *Kernschattenräume*. Kernschatten-räume führen auf einer Wand zu *Kernschatten*.

Beispiel 14.11

Die Begriffe Kernschatten und Halbschatten treffen Sie z. B. an, wenn Mondfinsternisse beschrieben werden. Die Sonne ist eine ausgedehnte Lichtquelle. Hinter der Erde und dem Mond gibt es Halbschattenräume und Kernschattenräume (Abb. 14.6).

Wenn der Mond sich in den Erdschatten bewegt, so gerät er erst teilweise, dann ganz in den Halbschattenraum. Später ist ein Teil des Monds noch im Halbschattenraum, der andere Teil schon im Kernschattenraum. Wenn der Mond ganz im Kernschattenraum der Erde ist, sieht man eine totale Mondfinsternis.

[Abb. 14.6] Mondfinsternis

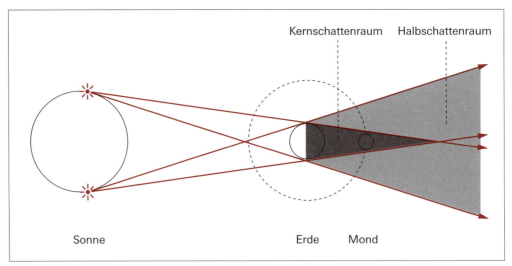

Bei einer totalen Mondfinsternis ist der Mond vollständig im Kernschattenraum der Erde.

Die Eigenschaften ausgedehnter Lichtquellen kann man herleiten, indem man sich diese als Summe vieler punktförmiger Lichtquellen vorstellt. Der Schattenraum besteht bei einer ausgedehnten Lichtquelle aus Halbschattenraum und Kernschattenraum. Halbschattenräume werden nur von einem Teil der Lichtquelle beleuchtet. Ein Halbschatten wird als unscharfer Schatten wahrgenommen.

Aufgabe 56

In Abb. 14.7 sind eine kugelförmige Lampe und ein Schrank eingezeichnet.

A] Zeichnen Sie in Abb. 14.7 die Räume ein, die teilweise und gar nicht beleuchtet werden.

B] Wie nennt man die Räume, die teilweise respektive gar nicht beleuchtet werden?

[Abb. 14.7] Kugelförmige Lichtquelle und Schrank im Grundriss

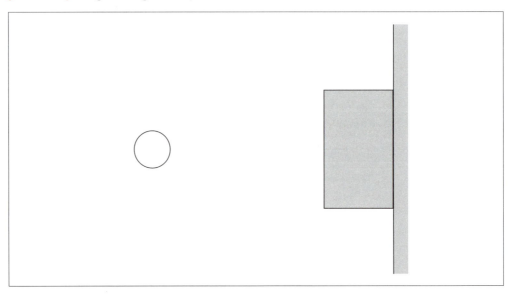

Aufgabe 86

Erklären Sie in Worten den Verlauf einer totalen Mondfinsternis.

14.4 Wie wird die Lichtausbreitung einer weit entfernten Lichtquelle beschrieben?

Paralleles Licht

Was bedeutet es, wenn sich eine Lichtquelle in grosser Distanz von uns befindet? Je weiter etwas von uns entfernt ist, umso kleiner erscheint es uns. Ein eindrückliches Beispiel dafür sind die Sterne, die typischerweise einen Durchmesser von 10^9 m haben, die aber von der Erde aus gesehen nur noch Punkte am Himmel sind. Sterne werden trotz ihrer enormen Grösse von der Erde aus als punktförmige Lichtquellen wahrgenommen. Anhand von Abb. 14.8 erkennen Sie: Die Lichtstrahlen einer punktförmigen Lichtquelle, die auf einen vergleichsweise kleinen Gegenstand fallen, haben alle eine ähnliche Richtung. Vergleichsweise klein heisst hier: Der Abstand zwischen Lichtquelle und Gegenstand ist viel grösser als der Gegenstand. Die Lichtstrahlen, die auf den Gegenstand in Abb. 14.8 fallen, sind praktisch parallel, man spricht von parallelem Licht. Lichtstrahlen einer punktförmigen Lichtquelle sind also «lokal» parallel, obwohl sie «global» auseinander laufen (divergieren).

[Abb. 14.8]   Licht einer punktförmigen Lichtquelle fällt auf einen kleinen Gegenstand

Die Lichtstrahlen, die von einer punktförmigen Lichtquelle auf einen vergleichsweise kleinen Gegenstand fallen, sind fast parallel.

Wenn wir die Sonne am Himmel betrachten, so sehen wir eine ausgedehnte Sonnenscheibe. Trotz ihrer Grösse von etwa $1.5 \cdot 10^9$ m ist die Sonnenscheibe, verglichen mit dem ganzen Himmel, relativ klein. Die Lichtstrahlen der Sonne, die auf einen kleinen Gegenstand fallen, haben deshalb alle eine ähnliche Richtung (Abb. 14.9). Klein heisst hier: Der Abstand zwischen Sonne und Gegenstand ist viel grösser als der Gegenstand. Man sagt: Das Sonnenlicht, das auf den Gegenstand fällt, ist praktisch paralleles Licht. Oder etwas allgemeiner formuliert: *Die Lichtstrahlen von weit entfernten Lichtquellen wie der Sonne, die auf einen relativ kleinen Gegenstand fallen, sind praktisch parallel.*

[Abb. 14.9]   Sonnenlicht fällt auf einen relativ kleinen Gegenstand

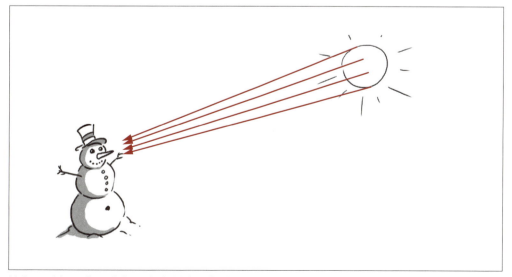

Lichtstrahlen, die auf das relativ kleine Gesicht des Schneemanns fallen, sind praktisch parallel.

Wenn Sie nochmal das Sonnenlicht in Abb. 14.1 betrachten, so sehen sie dort scheinbar kein paralleles Licht. Der Grund ist die perspektivische Verzerrung. Auch parallele Gleise laufen wegen dieses Perspektiven-Effekts in der Ferne scheinbar zusammen.

Wenn wir Lichtstrahlen für das Sonnenlicht einzeichnen, so können wir meistens zur Vereinfachung parallele Lichtstrahlen zeichnen. Eine im Zusammenhang mit Schatten wichtige Eigenschaft von parallelem Licht: Paralleles Licht macht keine Halbschattenräume.

Beispiel 14.12 Wenn das Sonnenlicht durch ein Fenster in ein sonst unbeleuchtetes Zimmer scheint, kommt es zu (fast) scharfen Schattenräumen und Schatten (Abb. 14.10). Grund: Die Lichtstrahlen der Sonne, die durch das relativ kleine Fenster treten, sind (fast) parallel.

[Abb. 14.10] Sonnenlicht scheint durch ein Fenster

Der durch (fast) paralleles Sonnenlicht beleuchtete Teil des Teppichs hört abrupt auf, da (fast) paralleles Licht keine Halbschatten macht.

Die genaue Richtung der Lichtstrahlen müssen wir aber z. B. dann berücksichtigen, wenn uns die Halbschattenräume interessieren.

> Die Lichtstrahlen, die von weit entfernten Lichtquellen auf einen relativ kleinen Gegenstand fallen, sind praktisch parallel. Bei parallelem Licht entstehen keine Halbschattenräume und keine Halbschatten.

Aufgabe 116 Ein Kirchturm steht auf horizontalem Boden und wirft einen Schatten von 25 m Länge. Um die Turmhöhe zu bestimmen, stecken Sie neben dem Turm einen 1.0 m hohen Stab vertikal in den Boden. Die Schattenlänge des Stabs ist 1.2 m. Wie hoch ist der Turm?

Aufgabe 146 A] Beschreiben Sie ein Phänomen, bei dem Lichtstrahlen der Sonne als parallel angenommen werden dürfen.

B] Beschreiben Sie ein Phänomen, bei dem Lichtstrahlen der Sonne nicht als parallel angenommen werden dürfen.

15 Was passiert, wenn Licht auf einen Körper trifft?

Schlüsselfragen dieses Abschnitts:

- Wie wird Licht von einem Körper zurückgeworfen?
- Wie wird Licht durch einen Körper durchgelassen?
- Wieso wird weisses Licht manchmal in farbiges Licht aufgefächert?

Reflexion, Brechung, Absorption

In Abbildung 15.1 sehen Sie den gleichen Fisch zweimal, aber beide Male nicht dort, wo er wirklich ist. Der Grund: Lichtstrahlen werden beim Übergang vom Wasser in die Luft abgelenkt, man spricht von der *Brechung* der Lichtstrahlen. Brechung ist nur eines der Phänomene, die im Abschnitt 15 besprochen werden. Im Abschnitt 15.1 untersuchen wir ganz allgemein, was mit Lichtstrahlen passiert, wenn sie auf einen Körper treffen. Es können dabei drei Phänomene auftreten. Das Licht kann vom Hindernis zurückgeworfen werden, man spricht von Spiegelung oder Reflexion. Das Licht kann vom Körper verschluckt werden, man spricht von Absorption. Wenn der Körper durchsichtig ist, so kann das Licht auch durch den Körper hindurchtreten. Dies ist z. B. bei Wasser und Luft der Fall. Dabei kommt es zur Brechung.

[Abb. 15.1] Fisch in Aquarium

Brechung der Lichtstrahlen beim Übergang vom Wasser in die Luft führt dazu, dass man den Fisch nicht dort sieht, wo er in Wirklichkeit ist. Bild: Thomas Dumm

Trifft Licht auf einen transparenten Körper, so treten in der Regel gleichzeitig Reflexion, Brechung und Absorption auf. Das heisst: Ein Teil des Lichts wird zurückgeworfen, ein Teil des Lichts dringt in den Körper ein und wird gebrochen. Von diesem eindringenden Teil wird wiederum ein Teil verschluckt. Absorption haben Sie in der Wärmelehre im Zusammenhang mit Wärmetransport kennen gelernt. In der Strahlenoptik interessieren wir uns nur für die Prozesse, bei denen das Licht weiter kommt: Reflexion und Brechung. Wir wollen uns überlegen, welche Gesetzmässigkeiten für die Ausbreitungsrichtung des Lichts bei Reflexion und Brechung gelten. Das Brechungsgesetz bildet dann die Grundlage für das Verständnis von Sammellinsen, die im Abschnitt 16 besprochen werden.

15.1 Wie wird Licht von einem Körper zurückgeworfen?

Wenn Licht auf einen Körper trifft, so wird ein Teil davon zurückgeworfen, d. h. reflektiert. Wir sprechen von der Reflexion des Lichts. Wir betrachten die Reflexion erst an glatten und dann an rauen Oberflächen.

Reflexion an einer glatten Oberfläche

Einfallender Lichtstrahl, reflektierter Lichtstrahl

In Abb. 15.2 fällt paralleles Sonnenlicht auf eine glatte Oberfläche. Der Weg, den das Licht zurücklegt, ist mit Lichtstrahlen dargestellt. Ankommende Lichtstrahlen nennt man in der Optik *einfallende Lichtstrahlen*. Reflektierte Lichtstrahlen nennt man auch ausfallende Lichtstrahlen. Um die Richtung des einfallenden und des reflektierten Lichtstrahls beschreiben zu können, definieren wir zwei Winkel:

Einfallswinkel, Ausfallswinkel

- Den Winkel zwischen dem einfallenden Lichtstrahl und der Flächennormalen nennen wir den Einfallswinkel α_1.
- Den Winkel zwischen dem reflektierten Lichtstrahl und der Flächennormalen nennen wir den Ausfallswinkel α_2.

Einfallswinkel und Ausfallswinkel sind beide zwischen 0° und 90°.

[Abb. 15.2]   Reflexion an einer extrem glatten Oberfläche

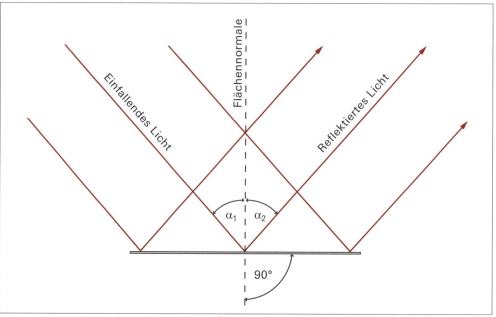

Einfallswinkel α_1 und Ausfallswinkel α_2 beschreiben die Richtung des einfallenden und des reflektierten Lichtstrahls.

Reflexionsgesetz

Messungen von α_1 und α_2 führen auf das Reflexionsgesetz: Der Einfallswinkel α_1 ist immer gleich gross wie der Ausfallswinkel α_2:

Gleichung 15.1

$$\alpha_1 = \alpha_2$$

Zudem liegen der einfallende Strahl, die Flächennormale und der reflektierte Strahl in einer Ebene. In Abb. 15.2 ist dies die Ebene des Papiers. Das Reflexionsgesetz unterscheidet nicht zwischen «vorwärts» und «rückwärts»: Erst wenn man die Pfeilspitze des Lichtstrahls sieht, kann man sagen, an welchem Ende des Lichtstrahls die Lichtquelle steht.

Beispiel 15.1 Bei Spiegeln wird das Licht an einer dünnen glatten Metallschicht auf der Rückseite einer Glasplatte reflektiert. Dabei gilt Einfallswinkel gleich Ausfallswinkel.

Regelmässige Reflexion

Treffen wie vorher in Abb. 15.2 parallele Lichtstrahlen der Sonne auf eine glatte Oberfläche, so haben alle einfallenden Lichtstrahlen denselben Einfallswinkel α_1 und gemäss Reflexionsgesetz auch denselben Ausfallswinkel α_2. Das reflektierte Licht ist wieder paralleles Licht. Man nennt deshalb die Reflexion an glatten Oberflächen *regelmässige Reflexion*.

Wie lässt sich mit dem Reflexionsgesetz die Entstehung eines Spiegelbilds erklären? In Abb. 15.3 sind ein Bleistift, die Wasseroberfläche und das Auge eines Beobachters dargestellt. Lichtstrahlen geben den Weg des Lichts an, das vom Bleistift ausgeht und von der Wasseroberfläche reflektiert wird und ins Auge gelangt.

[Abb. 15.3]   Reflexion von Lichtstrahlen an einer glatten Oberfläche

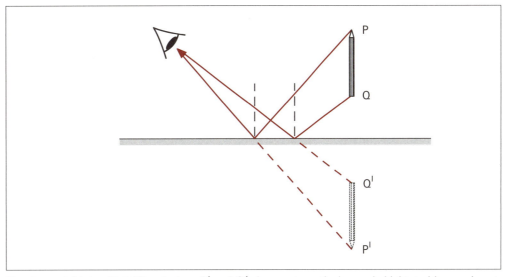

Das Auge sieht den Bleistift zwischen P' und Q', da es automatisch gerade Lichtstrahlen annimmt.

Das Auge kann nicht unterscheiden zwischen dem Licht vom Bleistift zwischen P und Q und dem Licht von einem Bleistift zwischen P' und Q'. Das Auge sieht den Bleistift zwischen P' und Q', da es automatisch gerade Lichtstrahlen annimmt. Folge: Das Auge sieht einen spiegelverkehrten Bleistift unter der Wasseroberfläche.

Beispiel 15.2 Wenn Sie vor dem Spiegel stehen, sehen Sie sich hinter dem Spiegel stehen. Dort sind natürlich in Wirklichkeit die Backsteine der Mauer.

Reflexion an einer rauen Oberfläche

Das Reflexionsgesetz in Gleichung 15.1 gilt für jede Reflexion, auch für die an einer rauen Oberfläche. Unter dem Mikroskop entpuppt sich eine raue Oberfläche, wie z. B. die von Papier, als unregelmässige Berg- und Tal-Landschaft. Fällt paralleles Licht auf eine raue Oberfläche, so wird das Licht in alle Richtungen reflektiert. Dies ist in Abb. 15.4 schematisch dargestellt.

[Abb. 15.4]   Reflexion von Lichtstrahlen an einer rauen Oberfläche

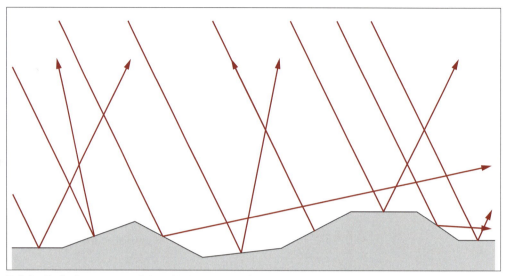

Bei der Reflexion von parallelem Licht an rauer Oberfläche gilt für jeden Lichtstrahl $\alpha_1 = \alpha_2$.

Unregelmässige Reflexion, diffuse Reflexion

Bei jedem Lichtstrahl ist der Ausfallswinkel gleich dem Einfallswinkel. Da die raue Oberfläche unterschiedliche Orientierungen hat, zeigen die reflektierten Lichtstrahlen in unterschiedliche Richtungen; es kommt zu *unregelmässiger* oder *diffuser Reflexion*.

Wenn Licht auf einen Gegenstand mit rauer Oberfläche trifft, so wird es unregelmässig reflektiert. So unspektakulär dies klingen mag, erst bei unregelmässiger Reflexion können Sie Gegenstände sehen, die nicht selber leuchten.

Beispiel 15.3

Sie richten nachts eine Taschenlampe auf einen Spiegel. Das fast parallele Licht der Taschenlampe wird regelmässig reflektiert und ist nur von speziellen Orten aus sichtbar (Abb 15.5, links).

Sie richten nachts eine Taschenlampe auf eine Hauswand. Das Licht der Taschenlampe wird von der Hauswand unregelmässig reflektiert und ist von überall her sichtbar (Abb 15.5, rechts).

[Abb. 15.5]   Regelmässige und unregelmässige Reflexion

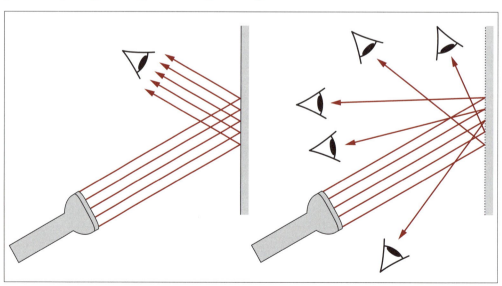

Bei regelmässiger Reflexion sehen wir nur von einer bestimmten Richtung aus reflektiertes Licht, bei unregelmässiger Reflexion sehen wir von überall her reflektiertes Licht.

Beispiel 15.4 Bei ganz sauber geputzten Fensterscheiben gibt es kaum unregelmässige Reflexion des auftreffenden Lichts. Deshalb sind saubere Scheiben nur von bestimmten Blickwinkeln zu sehen. Sind die Scheiben jedoch staubbedeckt, wird mehr Licht unregelmässig reflektiert. Resultat: Sie sehen die Scheibe (eigentlich den Staub) von überall her.

Den Winkel zwischen dem einfallenden Lichtstrahl und der Flächennormalen nennen wir Einfallswinkel α_1. Den Winkel zwischen dem reflektierten Lichtstrahl und der Flächennormalen nennen wir Ausfallswinkel α_2.

Reflexionsgesetz: Für Licht, das an einer Oberfläche reflektiert wird, gilt: Der Ausfallswinkel des reflektierten Lichtstrahls ist gleich gross wie der Einfallswinkel des einfallenden Lichtstrahls:

$$\alpha_1 = \alpha_2$$

Zudem liegen einfallender Lichtstrahl, Flächennormale und reflektierter Lichtstrahl in einer Ebene.

An glatten Oberflächen werden parallele Lichtstrahlen alle in die gleiche Richtung reflektiert. Es kommt dann zur Spiegelung. Bei unebenen Oberflächen werden die Lichtstrahlen in alle Richtungen reflektiert. Nur bei unregelmässiger (diffuser) Reflexion können wir nicht leuchtende Oberflächen von überall her sehen.

Aufgabe 27 Die Scheinwerfer eines Autos machen nachts die Strasse gut sichtbar, wenn die Strasse trocken ist, jedoch nicht, wenn sie nass ist. Ausserdem blendet das Licht entgegenkommender Autos bei nasser Strasse viel mehr als bei trockener. Können Sie sich diese beiden Phänomene erklären?

Aufgabe 57 In einem Kino verläuft das Licht vom Filmprojektor über die Köpfe der Zuschauer hinweg auf die Leinwand. Hier wird es reflektiert, sodass man es von allen Plätzen gut sehen kann.

A] Um was für eine Art Reflexion handelt es sich hier?

B] Worauf sollte man bei der Materialwahl achten, wenn man eine Leinwand fabriziert?

Aufgabe 87 A] Auf welcher Höhe muss die untere Kante eines Spiegels sein, damit eine Person gerade noch ihre Füsse im Spiegel sehen kann?

B] Auf welcher Höhe muss die obere Kante eines Spiegels sein, damit eine Person gerade noch ihre Augen im Spiegel sehen kann?

Aufgabe 117 Wenn abends eine Lampe im Zimmer brennt, so sieht man in der Fensterscheibe oft zwei Spiegelbilder der Lampe. Wieso kommt es zu zwei Spiegelbildern der Lampe?

15.2 Wie wird Licht durch einen Körper durchgelassen?

Licht dringt in durchsichtige Körper ein und kommt auf der anderen Seite wieder heraus. Welchen Weg nimmt das Licht beim Durchqueren des durchsichtigen Körpers? Dass das Licht nicht immer einfach gerade durch den Körper hindurchtritt, sehen Sie am folgenden Experiment.

Beispiel 15.5 Wenn Sie einen Strohhalm ins gefüllte Wasserglas stellen, scheint der Strohhalm geknickt. Eine optische Täuschung. Der scheinbare Knick ist an der Wasseroberfläche. Mit dem Licht vom eingetauchten Strohhalmteil passiert etwas anderes als mit dem Licht vom herausragenden Strohhalmteil.

Brechung von Lichtstrahlen

Um beschreiben zu können, wie sich das Licht bei der Transmission ausbreitet, beschreiben wir den Weg des Lichts wieder mit Lichtstrahlen. Das Experiment mit dem Strohhalm kann wie folgt erklärt werden: *Lichtstrahlen werden geknickt, wenn sie von einem durchsichtigen Material in ein anderes übergehen*. Das Knicken bezeichnet man in der Optik als Brechung.

Um die Brechung des Lichtstrahls mit einer Gleichung beschreiben zu können, definieren wir zwei Winkel: den Einfallswinkel α_1 zwischen dem eintreffenden Lichtstrahl und der Flächennormalen und den Ausfallswinkel α_2 zwischen dem gebrochenen Lichtstrahl und der Flächennormalen. Beide Winkel sind in Abb. 15.6 eingezeichnet.

[Abb. 15.6]   Brechung eines Lichtstrahls beim Übergang von Luft in Wasser

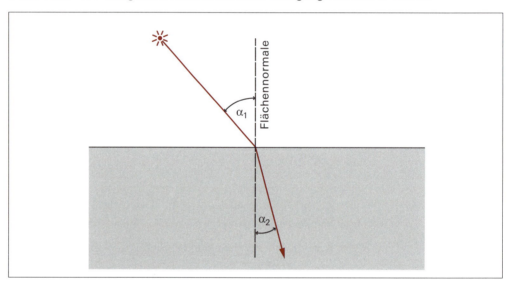

Einfallswinkel α_1 und Ausfallswinkel α_2 beschreiben die Richtung des einfallenden und des gebrochenen Lichtstrahls.

Brechungsgesetz   Messungen von α_1 und α_2 führten Willebrord Snellius (1591–1626) im Jahre 1621 auf das *Brechungsgesetz*:

Gleichung 15.2

$$n_1 \cdot \sin(\alpha_1) = n_2 \cdot \sin(\alpha_2)$$

Zudem liegen einfallender Strahl, die Flächennormale und der gebrochene Strahl in einer Ebene.

Brechzahl, optische Dichte   Die Grössen n_1 und n_2 im Brechungsgesetz sind Materialkonstanten und heissen absolute Brechzahlen. Sie müssen für jedes Material experimentell bestimmt werden. Die Materialkonstante n_1 ist die absolute *Brechzahl* des Materials, durch das der Lichtstrahl einfällt. Die Materialkonstante n_2 ist die absolute Brechzahl des Materials mit dem gebrochenen Lichtstrahl. In Tab. 15.1 sind die absoluten Brechzahlen einiger durchsichtiger Materialien angegeben. Statt des Begriffs Brechzahl wird manchmal auch der Begriff *optische Dichte* verwendet. Wir verwenden statt der genauen Bezeichnung absolute Brechzahl die Kurzform: Brechzahl.

[Tab. 15.1] Brechzahl einiger durchsichtiger Materialien

Material	Brechzahl n
Vakuum	1
Luft	1.0003
Wasser	1.33
Glas	1.5 bis 1.9
Diamant	2.4

Die Brechzahl bestimmt nicht nur, wie die Lichtstrahlen von einem Material gebrochen werden, sondern auch den Wert der Lichtgeschwindigkeit in diesem Material:

$$c = c_{Vakuum} / n$$

Im Alltag treffen wir häufig auf Situationen, in denen Licht von der Luft in ein anderes Material gelangt. Für die meisten Zwecke ist der Wert $n = 1$ für die Brechzahl von Luft ausreichend exakt. Glas hat je nach Glasart eine Brechzahl zwischen 1.5 und 1.9. Wenn wir nichts Genaueres über das verwendete Glas wissen, nehmen wir den Wert für normales Fensterglas $n = 1.5$.

Gelangt Licht von der Luft ins Glas, so ist $n_1 = 1.0$ und $n_2 = 1.5$. Das Brechungsgesetz lautet in diesem Fall:

$$1.0 \cdot \sin(\alpha_1) = 1.5 \cdot \sin(\alpha_2)$$

Für den Ausfallswinkel gilt:

$$\alpha_2 = \arcsin\left(\frac{1.0 \cdot \sin(\alpha_1)}{1.5}\right)$$

Was bedeutet das für den Ausfallswinkel α_2? Wir machen ein paar Zahlenbeispiele. Der Einfallswinkel α_1 ist immer zwischen 0° und 90°:

[Tab. 15.2] Brechung beim Übergang von Luft in Glas

Einfallswinkel α_1	Ausfallswinkel α_2
0°	0°
20°	13°
40°	25°
60°	35°
80°	41°

Hingebrochen

Tab. 15.2 zeigt, dass beim Übergang von Luft in Glas der Ausfallswinkel α_2 kleiner ist als der Einfallswinkel α_1. Man sagt: Der Lichtstrahl wird zur Flächennormalen *hingebrochen*. Dies ist immer der Fall, wenn $n_1 < n_2$, also z. B. auch wenn Licht von der Luft ins Wasser tritt. Tab. 15.2 zeigt auch, dass bei senkrechtem Einfall ($\alpha_1 = 0°$) der Lichtstrahl nicht gebrochen wird ($\alpha_1 = \alpha_2$).

Tritt Licht vom Glas an die Luft, so ist $n_1 = 1.5$ und $n_2 = 1.0$. Das Brechungsgesetz lautet in diesem Fall:

$$1.5 \cdot \sin(\alpha_1) = 1.0 \cdot \sin(\alpha_2)$$

Für den Ausfallswinkel gilt:

$$\alpha_2 = \arcsin\left(\frac{1.5 \cdot \sin(\alpha_1)}{1.0}\right)$$

Was bedeutet das für den Ausfallswinkel α_2? Wir machen wieder ein paar Zahlenbeispiele. Der Einfallswinkel α_1 ist immer zwischen 0° und 90°:

[Tab. 15.3]   Brechung beim Übergang von Glas in Luft

Einfallswinkel α_1	Ausfallswinkel α_2
0°	0°
20°	31°
40°	75°

Weggebrochen   Tab. 15.3 zeigt, dass beim Übergang von Glas in Luft der Ausfallswinkel α_2 grösser ist als der Einfallswinkel α_1. Man sagt: Der Lichtstrahl wird von der Senkrechten *weggebrochen*. Dies ist immer der Fall, wenn $n_1 > n_2$, also z. B. auch wenn Licht vom Wasser in die Luft tritt. Tab. 15.3 zeigt auch, dass bei senkrechtem Einfall (α_1 = 0°) der Lichtstrahl nicht gebrochen wird ($\alpha_1 = \alpha_2$).

Beispiel 15.6   Wie entsteht der Eindruck, dass ein im Wasser stehender Strohhalm geknickt ist? In Abb 15.7 sind zwei Lichtstrahlen eingezeichnet, die vom unteren Ende des Strohhalms ins Auge gelangen, wobei sie an der Wasseroberfläche weggebrochen werden. Das Auge «weiss» nichts von der Brechung der Lichtstrahlen und nimmt an, dass sie gerade sind. Deshalb nimmt man das Halmende weiter oben wahr, als es wirklich ist. Da nur Lichtstrahlen aus dem Wasser gebrochen werden, kommt es zum Eindruck eines geknickten Strohhalms.

[Abb. 15.7]   Strohhalm im Wasserglas

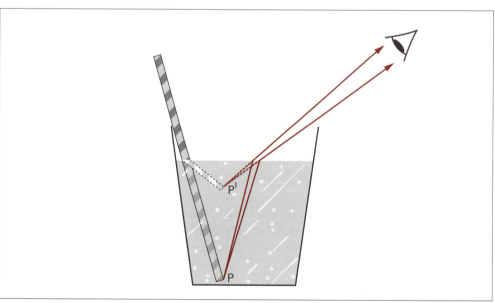

Die Lichtstrahlen werden an der Wasser-Luft-Grenze weggebrochen.

Beispiel 15.7   Licht, das durch eine Glasplatte wie z. B. eine Fensterscheibe scheint, wird zwei Mal gebrochen: Beim Eintritt in die Glasplatte kommt es zu einem Luft-Glas-Übergang und beim Austritt kommt es zu einem Glas-Luft-Übergang.

[Abb. 15.8] Lichtstrahlen beim Durchtritt durch eine Glasplatte

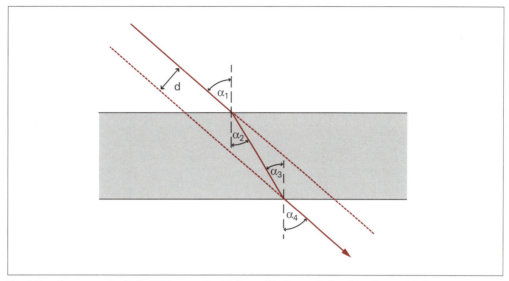

Zwei Brechungen, doch die Richtung des Lichtstrahls ist nach der Glasplatte gleich wie vorher.

Vergleicht man den Lichtstrahl vor der Platte mit dem nachher, so stellt man fest, dass der Lichtstrahl durch die Glasplatte nur parallel verschoben wird. Das kann man einsehen, indem man das Brechungsgesetz für die beiden Brechungen aufstellt:

$$n_{Luft} \cdot \sin(\alpha_1) = n_{Glas} \cdot \sin(\alpha_2)$$

$$n_{Glas} \cdot \sin(\alpha_3) = n_{Luft} \cdot \sin(\alpha_4)$$

Da die beiden Grenzflächen einer Glasplatte parallel zueinader sind, ist der Austrittswinkel α_2 der ersten Brechung gleich gross wie der Eintrittswinkel α_3 bei der zweiten Brechung:

$$\alpha_2 = \alpha_3$$

Dies heisst aber, dass der Austrittswinkel α_4 bei der zweiten Brechung gleich gross ist wie der Eintrittswinkel α_1 bei der ersten Brechung, denn:

$$n_{Luft} \cdot \sin(\alpha_1) = n_{Glas} \cdot \sin(\alpha_2) = n_{Glas} \cdot \sin(\alpha_3) = n_{Luft} \cdot \sin(\alpha_4)$$

Abb. 15.8 lässt erahnen, dass die Stärke der Verschiebung d von der Dicke der Glasplatte abhängt. Fensterscheiben sind so dünn, dass man die Verschiebung selten wahrnimmt. Bei dicken Glastischen sieht man die Verschiebung aber z. B., wenn man über die Kante der Glasplatte auf den Boden schaut. Das, was man durch die Glasplatte sieht, passt nicht genau mit dem zusammen, was man direkt sieht, es ist verschoben.

Da das Brechungsgesetz nicht zwischen «vorwärts» und «rückwärts» unterscheidet, kann man nicht sagen, an welchem Ende des Lichtstrahls die Lichtquelle steht, d. h., in Abb. 15.8 könnte die Pfeilspitze auch in die umgekehrte Richtung zeigen.

Totalreflexion von Lichtstrahlen

Wir betrachten das Licht einer Lampe unter Wasser, das sich im Wasser ausbreitet und dabei auch an die Wasseroberfläche gelangt. Ein Teil des Lichts wird dort reflektiert, ein Teil des Lichts gelangt vom Wasser in die Luft und wird dabei weggebrochen (Abb 15.9).

[Abb. 15.9] Lichtstrahlen einer Lampe, die sich unter Wasser befindet

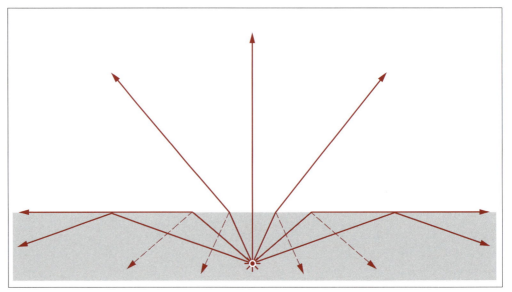

Beim Übergang vom Wasser in die Luft werden die Lichtstrahlen weggebrochen. Neben der Brechung findet auch Reflexion statt.

Kritischer Einfallswinkel, Grenzwinkel

In Situationen mit $n_1 > n_2$, wie z. B. beim Wasser-Luft-Übergang in Abb. 15.9, ist der Ausfallswinkel immer grösser als der Einfallswinkel. Damit das Licht überhaupt aus dem Wasser austreten kann, muss α_2 kleiner als 90° sein. Beim kritischen Einfallswinkel ist der Ausfallswinkel des gebrochenen Lichtstrahls α_2 gerade gleich 90°. Der gebrochene Lichtstrahl läuft dann direkt entlang der Wasser-Luft-Grenze. Den kritischen Einfallswinkel nennt man manchmal auch Grenzwinkel. Den kritischen Einfallswinkel α_1 kann man mithilfe des Brechungsgesetzes berechnen:

$$n_1 \cdot \sin(\alpha_1) = n_2 \cdot \sin(90°) = n_2$$

$$\sin \alpha_1 = n_2 / n_1$$

Gleichung 15.3

$$\alpha_1 = \arcsin(n_2 / n_1)$$

Der kritische Winkel $\alpha_1 = \arcsin(n_2 / n_1)$ ist nur durch die Brechzahlen der beiden Körper bestimmt. Der kritische Winkel beträgt für den Übergang vom Wasser in die Luft:

$$\alpha_1 = \arcsin(1 / 1.33) = 49°$$

Totalreflexion

Im Wasser laufendes Licht, das im kritischen Winkel an die Wasseroberfläche gelangt, wird nach der Brechung entlang der Wasser-Luft-Grenzfläche laufen. Ist der Einfallswinkel grösser als der kritische Winkel, kann der Strahl das Wasser nicht mehr verlassen. Die Brechung des Lichtstrahls ist ausgeschlossen, stattdessen wird der Lichtstrahl *reflektiert*, wie in Abb. 15.9 dargestellt. Man nennt diese Erscheinung *Totalreflexion*. Der Begriff Totalreflexion besagt, dass alles Licht an der Grenzschicht reflektiert wird. *Totalreflexion kann nur bei $n_1 > n_2$ auftreten*. Für einen Lichtstrahl, der so flach einfällt, dass er total reflektiert wird, gilt wieder das Reflexionsgesetz: $\alpha_1 = \alpha_2$.

Beispiel 15.8

Totalreflexion wird genutzt, um Licht in Glasfasern leiten zu können. Wenn das Licht sehr steil in eine Glasfaser eintritt, so kommt es, wenn es wieder aus der Glasfaser austreten möchte, zur Totalreflexion. Das Licht bleibt in der Faser, auch wenn diese gekrümmt ist. Die Glasfaser bildet für das Licht einen «Schlauch», in dem es auch um Kurven transportiert werden kann. Das geht nur, weil die Totalreflexion wirklich perfekt ist (daher der Name). Gewöhnliche Reflexion wirft nur einen Teil des Lichts zurück, während der andere Teil die Glasfaser verlässt.

[Abb. 15.10] Lichtstrahlen in einer Glasfaser

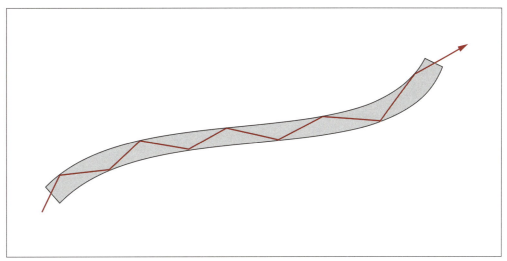

Eine Glasfaser kann bei Totalreflexion eine Art Schlauch für das Licht sein.

Beispiel 15.9 Mit Licht kann man Informationen übertragen. Deshalb werden Glasfasern auch für Internet- und Telefonleitungen verwendet. Die Informationsübertragung mit Lichtblitzen funktioniert wie «Morsen». Lichtblitze werden durch Totalreflexion in Glasfasern z. B. von einem Computer zum nächsten Computer geleitet.

Beispiel 15.10 Diamanten sind schön, weil sie funkeln. Der Schliff und die grosse Brechzahl $n = 2.4$ des Diamanten sorgen dafür, dass wegen Totalreflexion kaum Licht durch die Unterseite des Diamanten verloren geht, sondern den Diamanten wieder in Einfallsrichtung verlässt. Die Brechzahl $n = 2.4$ bewirkt, dass es beim Diamant-Luft-Übergang auch schon bei kleinen Einfallswinkeln ($\alpha_1 > 25°$) zu Totalreflexion kommt.

[Abb. 15.11] Diamant

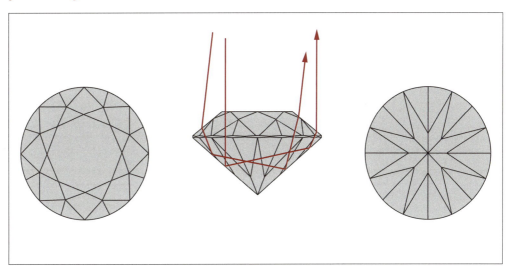

Der Schliff und die grosse Brechzahl des Diamanten sorgen dafür, dass fast alles eindringende Licht den Diamanten wieder in Einfallsrichtung verlässt.

Beispiel 15.11 Bei starker Sonneneinstrahlung kann es sein, dass auf dem Boden eine einige Zentimeter dicke, heisse Luftschicht entsteht, deren Brechzahl $n_{Warmluft}$ kleiner ist als diejenige der kalten, darüber liegenden Luft $n_{Kaltluft}$. Licht, das mit einem grossen Einfallswinkel aus der kalten Luftschicht kommt, kann an der Kalt-Warm-Grenze total reflektiert werden. Man spricht von Luftspiegelungen. Sie haben sicher schon beobachtet, dass an heissen Tagen in der Ferne auf der Asphaltstrasse Wasserpfützen zu liegen scheinen. In Wirklichkeit sehen Sie das an der Kalt-Warm-Grenze totalreflektierte Sonnenlicht. Das totalreflektierte Sonnenlicht interpretieren wir als eine Spiegelung an einer Wasserpfütze. Bedingung, dass es zu dieser Totalreflexion kommen kann: Ihre Augen befinden sich oberhalb der Kalt-Warm-Grenze und der Einfallswinkel ist grösser als der kritische Winkel (Abb. 15.12).

[Abb. 15.12] Luftspiegelung durch Totalreflexion

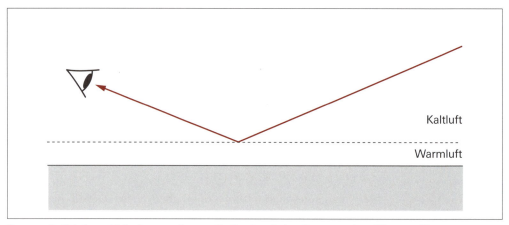

Das totalreflektierte Licht interpretieren wir als eine Spiegelung an einer Wasserpfütze.

Lichtstrahlen werden beim Übergang vom Körper 1 (Brechzahl n_1) in den Körper 2 (Brechzahl n_2) gebrochen. Der Einfallswinkel α_1 ist mit dem Ausfallswinkel α_2 durch das Brechungsgesetz verknüpft:

$$n_1 \cdot \sin(\alpha_1) = n_2 \cdot \sin(\alpha_2)$$

Der einfallende Lichtstrahl, die Flächennormale und der gebrochene Strahl liegen in einer Ebene.

Ist n_1 kleiner als n_2, wie z. B. beim Luft-Glas-Übergang, so wird der Lichtstrahl zur Flächennormalen hingebrochen. Ist n_1 grösser als n_2, wie z. B. beim Glas-Luft-Übergang, so wird der Lichtstrahl von der Flächennormalen weggebrochen.

Beim kritischen Einfallswinkel α_1 läuft der gebrochene Lichtstrahl entlang der Grenzfläche ($\alpha_2 = 90°$). Dies ist nur möglich, wenn n_1 grösser ist als n_2. Wenn der Einfallswinkel α_1 grösser ist als der kritische Einfallswinkel, kommt es zu Totalreflexion. Bei der Totalreflexion gilt das Reflexionsgesetz.

Aufgabe 147

A] Wie ändert sich die Richtung eines Lichtstrahls beim Durchtritt durch eine Glasplatte?

B] Der Einfallswinkel, mit dem paralleles Licht in eine Glasplatte eintritt, beträgt 30°. Unter welchem Winkel läuft das Licht in der Glasplatte ($n_{Glas} = 1.5$)?

Aufgabe 28

Wenn ein Fischreiher geradewegs nach dem Fisch im Wasser schnappt, so wird er den Fisch verfehlen.

A] Wieso wird der Fischreiher den Fisch verfehlen?

B] Wird der Fischreiher zu hoch oder zu niedrig nach dem Fisch schappen?

Aufgabe 58 A] Unter welchen Umständen kommt es zu scheinbaren Pfützen auf Teerstrassen?

B] Wieso funkelt ein Diamant so stark?

Aufgabe 88 Wie gross muss der Einfallswinkel des Lichts beim Diamant-Luft-Übergang mindestens sein, damit es zu Totalreflexion kommt?

15.3 Wie wird weisses Licht in farbiges Licht aufgefächert?

Prisma, Farbzerlegung, Dispersion

Scheint Sonnenlicht durch einen durchsichtigen Körper, so wird das Licht zwei Mal gebrochen, zuerst beim Eintritt, dann nochmal beim Austritt. Wenn Sonnenlicht wie in Abb. 15.13 durch ein *Prisma* scheint, tritt ein Lichtfächer aus rotem, orangem, gelbem, grünem, blauem und violettem Licht aus dem Prisma. Man spricht von der *Farbzerlegung* oder *Dispersion* des Lichts. Farbzerlegung war bereits im Altertum bekannt, doch wurde sie erst von Isaac Newton (1642–1727) anfangs des 18. Jahrhunderts erforscht.

[Abb. 15.13] Lichtauffächerung im Prisma

Weisses Licht wird im Prisma aufgefächert. Bild: David Parker / Science Photo Library

Woher kommt das farbige Licht? Newtons Antwort, die auf verschiedenen Experimenten mit Prismen basiert, lautet: Weisses Licht ist eine Mischung aus rotem, orangem, gelbem, grünem, blauem und violettem Licht. Anders formuliert: Wenn rotes, oranges, gelbes, grünes, blaues und violettes Licht im richtigen Verhältnis auf die Netzhaut unserer Augen trifft, so sehen wir weisses Licht. Man kann dies auch nachvollziehen, wenn man rotes, oranges, gelbes, grünes, blaues und violettes Licht im richtigen Verhältnis zusammenbringt: Das Auge sieht dann weisses Licht.

Wie kommt die Dispersion des weissen Lichts zustande? Weisses Licht, wie z. B. das Sonnenlicht, ist eine Mischung aus den genannten Farben. Diese Farben werden im Prisma durch die Brechung aufgefächert, da die verschiedenen Farben unterschiedlich stark gebrochen werden. Die Brechzahl n eines Materials ist also für Licht unterschiedlicher

Farbe nicht gleich gross. Abb 15.13 zeigt: *Die Brechung ist für violettes Licht stärker als für rotes Licht. Dies bedeutet, dass die Brechzahl für violettes Licht grösser ist als die Brechzahl für rotes Licht.* In Tab. 15.4 ist die Brechzahl von Flintglas und Wasser für verschieden farbiges Licht angegeben.

[Tab. 15.4] Brechzahl für verschieden farbiges Licht

Material	$n_{Violett}$	n_{Blau}	$n_{Grün}$	n_{Gelb}	n_{Orange}	n_{Rot}
Flintglas	1.79	1.78	1.77	1.76	1.75	1.74
Wasser	1.340	1.338	1.336	1.334	1.332	1.330

Die Brechzahl von Luft ist für die verschiedenen Regenbogenfarben fast gleich. Wir verwenden deshalb als Brechzahl für Luft für alle Farben den Wert $n = 1.003$.

Wenn Sonnenlicht mit einem Einfallswinkel $\alpha_1 = 45°$ ins Wasser scheint, so lautet das Brechungsgesetz für die verschiedenen Anteile des Lichts:

$$1.003 \cdot \sin(45°) = 1.340 \cdot \sin(\alpha_{2,\,Violett}); \text{ somit ist } \alpha_{2,\,Violett} = 31.85°$$

$$1.003 \cdot \sin(45°) = 1.338 \cdot \sin(\alpha_{2,\,Blau}); \text{ somit ist } \alpha_{2,\,Blau} = 31.90°$$

$$1.003 \cdot \sin(45°) = 1.336 \cdot \sin(\alpha_{2,\,Grün}); \text{ somit ist } \alpha_{2,\,Grün} = 31.96°$$

$$1.003 \cdot \sin(45°) = 1.334 \cdot \sin(\alpha_{2,\,Gelb}); \text{ somit ist } \alpha_{2,\,Gelb} = 32.01°$$

$$1.003 \cdot \sin(45°) = 1.332 \cdot \sin(\alpha_{2,\,Orange}); \text{ somit ist } \alpha_{2,\,Orange} = 32.06°$$

$$1.003 \cdot \sin(45°) = 1.330 \cdot \sin(\alpha_{2,\,Rot}); \text{ somit ist } \alpha_{2,\,Rot} = 32.12°$$

Das Zahlenbeispiel zeigt: Die Auffächerung ist nach einer Brechung nicht sehr stark. Der Winkel zwischen dem gebrochenen violetten Licht und dem gebrochenen roten Licht beträgt nur 32.12° − 31.85° = 0.27°. Wenn Licht durch das Prisma in Abb. 15.13 tritt, so kommt es zwei Mal zur Brechung. Beim Eintritt des Lichts ins Prisma wird weisses Licht durch Dispersion in einen kleinen regenbogenfarbenen Lichtkegel aufgefächert. Dadurch, dass die Eintrittsfläche nicht parallel zur Austrittsfläche ist, wird beim Austritt aus dem Prisma das aufgefächerte Licht durch die Dispersion noch weiter aufgefächert. Die Auffächerung ist deshalb beim Prisma viel stärker als bei einer vergleichbar dicken Glasplatte.

Die Dispersion von Licht ist machmal erwünscht, manchmal unerwünscht oder führt einfach zu schönen Licht-Erscheinungen. Wir wollen uns einige Beispiele anschauen, wo Dispersion erwünscht (Prisma), unerwünscht (Kameraobjektiv) oder einfach schön (Regenbogen) ist.

Beispiel 15.12 Wenn man feststellen will, wie viel violettes, blaues, grünes, gelbes, oranges und rotes Licht eine Lichtquelle aussendet, so schickt man ihr Licht durch ein Prisma und misst die Helligkeit jeder einzelnen Farbe. Man nennt diese Messung *Spektroskopie*. So kann man z. B. herausfinden, in welchem Verhältnis rotes, oranges, gelbes, grünes, blaues und violettes Licht in Sonnenlicht vorkommt.

Prismen werden in der Astrophysik z. B. verwendet, um die Temperatur eines Sterns zu bestimmen. Heisse Sterne senden mehr blaues und weniger rotes Licht aus als kühle Sterne. Die Farbzerlegung des Sternenlichts ermöglicht es deshalb, etwas über die Temperatur des Sterns auszusagen.

Beispiel 15.13 Wenn Licht durch ein Fotoobjektiv mit nur einer Linse tritt, so kommt es zur Dispersion. Wenn Sie mit solch einem Objektiv ein Bild einer weissen Rose machen, so hat die Dispersion zur Folge, dass auf dem Foto leicht gegeneinander verschobene farbige Rosen zu sehen sind. Bei besseren Objektiven, wie sie in der Fotografie heute selbstverständlich sind, wird durch die Kombination mehrerer Linsen dafür gesorgt, dass die verschieden farbigen Bilder der weissen Rose wieder zusammengeführt werden, sodass sie genau aufeinander fallen. Das Foto zeigt dann, wie gewünscht, eine weisse Rose.

Beispiel 15.14 Regenbogen entstehen durch die Dispersion des weissen Sonnenlichts in den Regentropfen. Wir wollen das Zustandekommen des Regenbogens anschauen. Wieso kommt es neben dem Hauptregenbogen noch zu einem schwächeren Nebenregenbogen?

[Abb. 15.14] Hauptregenbogen und Nebenregenbogen

Bei günstiger Witterung ist neben dem Hauptregenbogen noch der schwächere Nebenregenbogen sichtbar. Bild: Thomas Dumm

Um das Zustandekommen des Regenbogens zu erklären, nehmen wir an, dass der Regen aus vielen kugelförmigen Wassertröpfchen besteht. Bei der Brechung des weissen Sonnenlichts in einem Wassertröpfchen wird das Licht in die Regenbogenfarben aufgefächert.

In Abb. 15.15 sind 4 parallele Lichtstrahlen der Sonne durch 4 verschiedene Kugeln eingezeichnet. Die 4 Lichtstrahlen haben gemeinsam, dass sie von den Kugeln so gebrochen und reflektiert werden, dass sie im Auge des Beobachters enden:

- Der blaue Lichtstrahl d wird beim Eintritt in die Kugel e stark gebrochen, ein Mal an der Kugelrückseite reflektiert, beim Austritt durch die Kugelvorderseite nochmal stark gebrochen und fällt ins Auge. Ein roter Lichtstrahl würde schwächer gebrochen und das Auge nicht treffen.
- Der rote Lichtstrahl D wird beim Eintritt in die Kugel E leicht gebrochen, ein Mal an der Kugelrückseite reflektiert, beim Austritt durch die Kugelvorderseite nochmal leicht gebrochen und fällt ins Auge. Ein blauer Lichtstrahl würde stärker gebrochen und das Auge nicht treffen.
- Der rote Lichtstrahl a wird beim Eintritt in die Kugel b leicht gebrochen, zwei Mal an der Kugelrückseite reflektiert, beim Austritt aus der Kugel nochmal leicht gebrochen und fällt ins Auge. Ein blauer Lichtstrahl würde stärker gebrochen und das Auge nicht treffen.
- Der blaue Lichtstrahl A wird beim Eintritt in die Kugel B stark gebrochen, zwei Mal an der Kugelrückseite reflektiert, beim Austritt durch die Kugelvorderseite nochmal stark gebrochen und fällt ins Auge. Ein roter Lichtstrahl würde schwächer gebrochen und das Auge nicht treffen.

[Abb. 15.15] Klassische Illustration zur Entstehung des Regenbogens

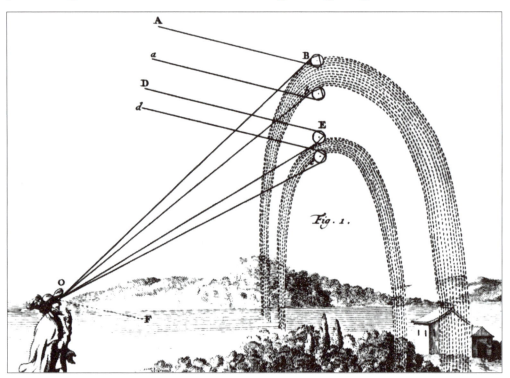

Dispersion erklärt das Zustandekommen der beiden Regenbogen. Bild: Science Photo Library

Was sagt diese Erklärung über die Eigenschaften von beiden Regenbogen aus? Der Hauptregenbogen entsteht durch einfache Reflexion an der Rückseite des Tropfens, der Nebenregenbogen durch zweifache Reflexion an der Rückseite des Tropfens. Bei jeder Reflexion an der Tropfenrückseite verlässt auch ein Teil des Lichts den Regentropfen durch die Tropfenrückseite. Der Hauptregenbogen ist deshalb viel intensiver als der Nebenregenbogen. Zudem ändert bei jeder Reflexion die Farbreihenfolge. Beim Hauptregenbogen ist Rot aussen und Blau innen, gerade umgekehrt als beim Nebenregenbogen.

Nur diejenigen Lichtstrahlen führen zum Hauptregenbogen, bei denen der Winkel zwischen Sonne, Regentropfen und Beobachter etwa 41° (blau) und 42° (rot) beträgt. Nur bei diesen Winkeln werden parallele Lichtstrahlen, die ein Mal an der Rückseite reflektiert werden, beim Austritt wieder parallel sein. Je mehr der Winkel von 41° respektive 42° abweicht, umso stärker divergieren die austretenden Lichtstrahlen. Bei divergierendem Licht nimmt aber die Intensität des Lichts so schnell mit dem Abstand vom Regentropfen ab, dass es vom Beobachter nicht mehr wahrgenommen wird. Analoges gilt für den Nebenregenbogen.

Regenbogen scheinen flache Bänder zu sein. Dieser Eindruck täuscht. Zeichnen Sie einen weiteren Regentropfen in Abb. 15.15 ein, für den der Winkel zwischen Sonne, Regentropfen und Auge etwa 41° ist. Sie werden feststellen, dass solche Regentropfen unterschiedliche Distanzen vom Auge haben können. Man kann also keine eindeutige Distanz zum Regenbogen berechnen. Regenbogen sind nicht flach. Woher kommt der Eindruck eines flachen Regenbogens? Der *scheinbare* Abstand zwischen den Regentropfen in der Nähe ist zu gross, um einen starken Regenbogen zu erzeugen. Der *scheinbare* Abstand zwischen den Regentropfen in der Ferne ist zwar klein, und es entsteht dort ein deutlicher Regenbogen. Dieser Regenbogen wird aber durch nähere Regentropfen und Dunst so stark verdeckt, dass er nicht bis zum Beobachter kommt. Regenbogen scheinen deshalb immer ein paar hundert Meter bis ein paar Kilometer entfernt zu sein. Wenn Sie auf einen Regenbogen zulaufen, um ihn besser zu sehen, entfernt sich der Regenbogen entsprechend.

Weisses Licht ist eine Mischung aus violettem, blauem, grünem, gelbem, orangem und rotem Licht. Fällt violettes, blaues, grünes, gelbes, oranges und rotes Licht im richtigen Verhältnis in unser Auge, so nimmt unser Auge und Gehirn dies als weisses Licht wahr.

Die Brechzahl eines Materials ist für Licht verschiedener Farbe leicht verschieden. Violettes Licht wird stärker gebrochen als blaues, blaues Licht stärker als grünes usw. Deshalb wird weisses Licht bei der Brechung in einen regenbogenfarbenen Lichtfächer aufgefächert. Man spricht von Dispersion.

Aufgabe 118

A] Zeichnen Sie ein, wie ursprünglich weisses Licht durch das Glasprisma durchgeht.

B] Beschreiben Sie in Worten, was Sie im ersten Teil der Aufgabe gezeichnet haben.

[Abb. 15.16] Strahlengang durch ein Prisma

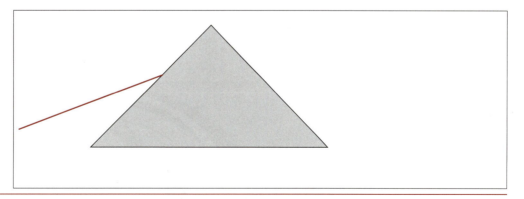

Aufgabe 148

Welche Wirkung hat Dispersion auf weisses Licht?

Aufgabe 29

A] Wie ist die Reihenfolge der Farben beim Hauptregenbogen?

B] Warum ist beim Nebenregenbogen die Reihenfolge der Farben umgekehrt als beim Hauptregenbogen?

16 Welches sind die Abbildungseigenschaften von Sammellinsen?

Schlüsselfragen dieses Abschnitts:

- Wie entsteht ein Bild?
- Welches sind die Eigenschaften einer Sammellinse?
- Wie funktioniert das Auge?
- Wie funktionieren Lupe und Mikroskop?

Linse, Sammellinse, Streulinse, konvexe Linse, konkave Linse

Indem wir den Weg von Lichtstrahlen durch Linsen hindurch verfolgen, wollen wir im Abschnitt 16 die Wirkung von *Linsen* untersuchen. Linsen sind speziell geformte transparente Körper. Meist sind Linsen aus Glas oder Kunststoff hergestellt. Linsen werden im Auge und in optischen Geräten wie z. B. Lupen, Brillen, Fotoapparaten, Mikroskopen oder Teleskopen verwendet, um Gegenstände abbilden zu können, d. h. um ein Bild zu erzeugen. Linsen lassen sich gemäss ihren Abbildungseigenschaften in Sammellinsen und Streulinsen einteilen. Man spricht bei Sammellinsen auch von konvexen Linsen und bei Streulinsen von konkaven Linsen. Im Abschnitt 16 werden wir uns nur die Wirkung von Sammellinsen anschauen. Streulinsen werden nur kurz im Zusammenhang mit Kurzsichtigkeit erwähnt. Bei Sammellinsen interessiert uns, in welchem Abstand von der Linse das Bild entsteht und wie gross dieses Bild ist. Sie werden dazu eine zeichnerische Methode und eine Gleichung kennen lernen.

Linsensystem

In Instrumenten wie Fotoapparaten, Mikroskopen und Teleskopen werden verschiedene Linsen zu *Linsensystemen* kombiniert. Durch die Kombination von Sammellinsen erreicht man z. B. beim Mikroskop eine bis zu 2 000fache Vergrösserung. Wenn Sie die Wirkung von Sammellinsen verstehen, können Sie auch die Funktionsweise von vielen optischen Instrumenten nachvollziehen.

[Abb. 16.1] Wassertropfen in Form einer Sammellinse

Der Wassertropfen wirkt wie eine Sammellinse und bildet die Gänseblume im Hintergrund ab. Da der Wassertropfen nicht genau die Form einer Sammellinse hat, kommt es zu einem verzerrten Bild. Bild: Oscar Burriell / Science Photo Library

16.1 Wie entsteht ein Bild?

Lochkamera, Bildschirm

Um zu verstehen, wie es überhaupt zu einem Bild eines Gegenstands kommt, wollen wir uns als Erstes mit Lochkameras beschäftigen. Eine Lochkamera ist wohl die einfachste Kamera, die man sich vorstellen kann. Man nimmt eine Kartonschachtel, sticht ein kleines Loch in eine Seite der Schachtel und ersetzt die gegenüberliegende Seite der Schachtel durch dünnes Papier. Das dünne Papier bildet einen Bildschirm. Auf dem Bildschirm kann man ein leicht unscharfes, auf dem Kopf stehendes Bild der Gegenstände vor der Lochkamera sehen. Wie kommt es auch ohne Linse zu diesem Bild?

Gegenstandspunkt, Bildpunkt

Wir können die Entstehung des Bilds auf dem Bildschirm der Lochkamera mithilfe von Lichtstrahlen erklären. Von jedem Punkt des abgebildeten Gegenstands gehen Lichtstrahlen radial in alle möglichen Richtungen. Ein Teil dieser Lichtstrahlen wird geradlinig durch das Loch der Lochkamera treten und auf den Schirm treffen. Betrachten Sie den *Gegenstandspunkt P* in Abb. 16.2. Vom Gegenstandspunkt P gehen Lichtstrahlen in alle möglichen Richtungen. Jeder Lichtstrahl, der durch das Loch auf den Bildschirm gelangt, macht einen *Bildpunkt P'*.

[Abb. 16.2]   Querschnitt durch eine Lochkamera

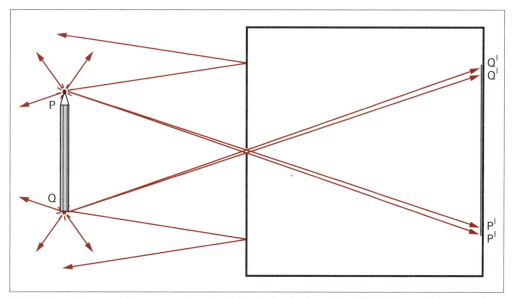

Wo Lichtstrahlen vom Gegenstandspunkt P durch das Loch auf den Bildschirm treffen, entstehen Bildpunkte P'.

Unscharfes Bild, Bildfleck

Abbildung 16.2 zeigt, wo der Gegenstandspunkt P Bildpunkte P' auf dem Bildschirm machen kann. Der Gegenstandspunkt P erzeugt auf dem Bildschirm einen *Bildfleck*. *Ein Bildfleck ist ein unscharfes Bild eines Punktes.* Dies erklärt, wieso das Bild einer Lochkamera leicht unscharf ist: *Jeder Gegenstandspunkt wird in einen Bildfleck statt in einen Bildpunkt abgebildet.*

Wenn Sie selber Abbildungen wie Abb. 16.2 zeichnen, so erkennen Sie: Je grösser das Loch ist, umso grösser ist der Lichtfleck. *Je grösser das Loch, umso unschärfer ist das Bild des Punktes P.* Wir sollten dafür sorgen, dass das Loch der Lochkamera möglichst klein ist, damit der Bildfleck fast zu einem Bildpunkt wird. Das schärfere Bild ist leider nicht mehr so hell, weil weniger Licht durch das kleine Loch gelangt. In der Praxis ist ein Lochdurchmesser von etwa 0.3 mm ein guter Kompromiss zwischen Schärfe und Helligkeit.

Scharfes Bild

Aus dem leicht unscharfen Bild der Lochkamera lernen wir: Damit ein Bildpunkt entsteht, müssen diejenigen Lichtstrahlen eines Gegenstandspunkts, die den Bildschirm treffen, den Bildschirm in einem Punkt treffen. *Werden alle Gegenstandspunkte nach ihrem Ausgangspunkt sortiert in Bildpunkte abgebildet, so entsteht ein scharfes Bild des Gegenstands.*

Beispiel 16.1

Nautiliden gehören zu den Tintenfischen. Die Augen von Nautiliden besitzen im Gegensatz zu anderen Tintenfischen keine Linse. Die Augen von Nautiliden sind so genannte Lochaugen (Grubenaugen): Das Licht fällt durch ein Loch auf die Netzhaut. Lochaugen sind mit einer Lochkamera vergleichbar. Sie erzeugen ein unscharfes Abbild der Umgebung. Lochaugen dienen den Nautiliden wegen der Unschärfe vor allem der Wahrnehmung von Helligkeitsunterschieden und dem Erkennen von Bewegungen.

Abbildungseigenschaften einer Lochkamera

Abbildungseigenschaften der Lochkamera, die Sie an der Abb. 16.3 ablesen können:

- Das Bild einer Lochkamera ist um 180° gedreht.
- Je weiter der Bildschirm vom Loch entfernt ist, umso grösser ist das Bild.
- Je weiter der Gegenstand vom Loch entfernt ist, umso kleiner ist das Bild.

[Abb. 16.3]   Querschnitt durch eine Lochkamera

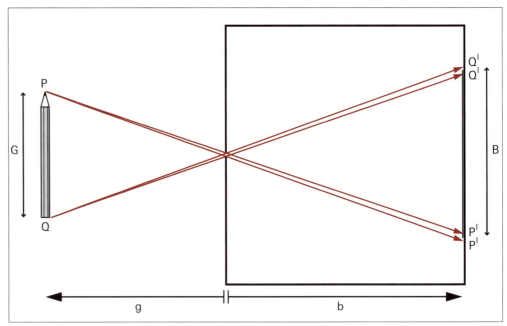

Das Bild einer Lochkamera ist um 180° gedreht (steht auf dem Kopf).

Abbildungsmassstab

Wir bezeichnen mit G die Gegenstandsgrösse, mit B die Bildgrösse, mit g die Gegenstandsweite und mit b die Bildweite (Abb. 16.3). Der *Abbildungsmassstab v* ist definiert als das Verhältnis von Bildgrösse B zu Gegenstandsgrösse G:

Gleichung 16.1

$$v = \frac{B}{G}$$

Der Abbildungsmassstab v ist ein Oberbegriff für Vergrösserungsfaktor respektive Verkleinerungsfaktor. Ist das Bild grösser als der Gegenstand, so ist $v > 1$. Ist das Bild kleiner als der Gegenstand, so ist $v < 1$.

Wenn man den Strahlensatz der Geometrie auf Abb. 16.3 anwendet, findet man, dass für den Abbildungsmassstab v der Lochkamera gilt:

Gleichung 16.2

$$v = \frac{B}{G} = \frac{b}{g}$$

Beispiel 16.2

Sie machen mit einer Lochkamera ein Bild eines 10 m hohen Hauses. Die Gegenstandsweite beträgt 20 m, die Bildweite beträgt 0.2 m. Der Abbildungsmassstab ist:

$$v = \frac{b}{g} = \frac{0.2\,\text{m}}{20\,\text{m}} = 0.01 = \frac{1}{100}$$

Die Grösse des Bilds ist:

$$B = v \cdot G = 0.01 \cdot 10 \text{ m} = 0.1 \text{ m}$$

Auf dem Schirm der Lochkamera ist ein 10 cm grosses, leicht unscharfes Haus zu sehen.

Damit ein Bildpunkt entsteht, müssen diejenigen Lichtstrahlen eines Gegenstandspunkts, die den Bildschirm treffen, ihn in einem Punkt treffen. Werden alle Gegenstandspunkte nach ihrem Ausgangspunkt sortiert in Bildpunkte abgebildet, so entsteht ein scharfes Bild des Gegenstands.

Das Abbildungsverhältnis v einer Abbildung ist definiert als das Verhältnis von Bildgrösse B zu Gegenstandsgrösse G:

$$v = \frac{B}{G}$$

Abbildungseigenschaften einer Lochkamera: Das Bild einer Lochkamera ist um 180° gedreht. Je weiter der Bildschirm vom Loch entfernt ist, desto grösser wird das Bild. Je weiter der Gegenstand vom Loch entfernt ist, desto kleiner ist das Bild. Bei einer Gegenstandsweite g und Bildweite b ist das Abbildungsverhältnis v der Lochkamera:

$$v = \frac{B}{G} = \frac{b}{g}$$

Aufgabe 59

A] Konstruieren Sie das Bild einer Kerze, die sich vor einer Lochkamera befindet, und überzeugen Sie sich so davon, dass das Bild auf dem Kopf steht.

B] Der Abstand zwischen Bildschirm und Loch der Lochkamera wird vergrössert. Was lässt sich über die Schärfe des Bilds der Kerze sagen?

C] Der Abstand zwischen Kerze und Loch der Lochkamera wird vergrössert. Was lässt sich über die Grösse des Bilds der Kerze sagen?

D] Was passiert mit dem Bild der Kerze, wenn das Loch der Lochkamera vergrössert wird?

E] Erklären Sie mit eigenen Worten, wieso das Loch einer Lochkamera möglichst klein sein muss, damit das Bild möglichst scharf wird.

16.2 Welches sind die Eigenschaften von Sammellinsen?

Brennpunkt

Sie haben vielleicht schon einmal versucht, mit Sonnenlicht, das durch eine Lupe fällt, ein Feuer anzuzünden. Die Lupe sammelt das parallele Sonnenlicht und vereinigt es in einem Punkt, der sinnigerweise *Brennpunkt* genannt wird. Die parallelen Lichtstrahlen des Sonnenlichts werden beim Eintritt in die Lupe sowie beim Austritt aus der Lupe gebrochen und kreuzen sich im Brennpunkt (siehe Abb. 16.4). Der Brennpunkt wird in den Abbildungen mit dem Buchstaben F (Fokus) markiert.

Sammellinse

Da die Linse der Lupe die einfallenden Lichtstrahlen in einem Punkt sammelt, nennt man eine solche Linse eine Sammellinse. Alle *Sammellinsen* haben gemeinsam, dass die Mitte der Linse dicker ist als der Rand der Linse. Dies im Gegensatz zu Streulinsen, die in der Mitte dünner sind.

Optische Achse

Je nachdem, von welcher Seite das parallele Licht durch die Sammellinse einer Lupe scheint, treffen sich die Lichtstrahlen im linken oder rechten Brennpunkt der Sammellinse. Die beiden Brennpunkte einer Sammellinse liegen immer auf der *optischen Achse* der Linse und sind gleich weit entfernt von der Linsenmitte. Die *optische Achse* ist die Gerade, die durch die Linsenmitte geht und dort rechtwinklig auf der Linsenoberfläche steht (siehe Abb. 16.4). Jeder Lichtstrahl, der durch die Sammellinse tritt, wird zwei Mal gebrochen: einmal, wenn er in die Linse eintritt, und einmal, wenn er wieder aus der Linse austritt. Nur der achsenparallele Lichtstrahl, der durch die Linsenmitte läuft, wird gemäss Brechungsgesetz nicht gebrochen, da sein Einfallswinkel $\alpha_1 = 0°$ ist. *Die Sammellinse bricht Lichtstrahlen, die parallel zur optischen Achse sind so, dass sie sich im Brennpunkt der Sammellinse kreuzen.*

Auch unter sich parallele Lichtstrahlen, die aber schief auf die Sammellinse auftreffen (d. h. nicht parallel zur optischen Achse verlaufen), kreuzen sich in einem Punkt, der gleich weit von der Linse entfernt ist wie der Brennpunkt (siehe Abb. 16.4).

[Abb. 16.4]   Brechung von parallelen Lichtstrahlen durch eine Sammellinse

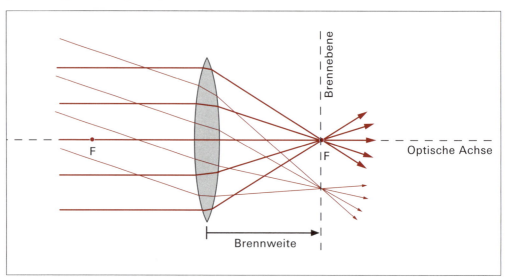

Die Sammellinse bricht Lichtstrahlen, die parallel zur optischen Achse sind so, dass sie sich im Brennpunkt der Sammellinse kreuzen. Parallele Lichtstrahlen, die schief auf die Sammellinse auftreffen, kreuzen sich in einem Punkt, der gleich weit von der Linse entfernt ist wie der Brennpunkt.

Brennweite, Brennebene

Der Abstand zwischen der Linsenmitte und dem Brennpunkt ist die so genannte *Brennweite f* der Linse. Parallelstrahlen, die schief in die Linse eintreten, kreuzen sich in einem Punkt in der so genannten Brennebene. Die Brennweite f ist die charakteristische Grösse einer Linse. Sie legt fest, wie eine Linse wirkt. Im Brechungsgesetz kommen Eintrittswinkel α_1, Austrittswinkel α_2 und die Brechzahlen n_1 und n_2 vor. Es erstaunt deshalb nicht, dass die Brennweite f bestimmt ist durch die Form der Sammellinse und das Material, aus dem sie gemacht ist.

Beispiel 16.3

Wenn Sie in einem Fotogeschäft ein Kameraobjektiv kaufen wollen, wird man Sie nach der gewünschten Objektiv-Brennweite fragen. Ein *Normalobjektiv* hat eine Brennweite $f = 50$ mm, ein *Weitwinkelobjektiv* eine Brennweite $f < 50$ mm und ein *Teleobjektiv* eine Brennweite $f > 50$ mm. Bei *Zoom-Objektiven* kann die Brennweite innerhalb eines gewissen Bereichs eingestellt werden, z. B. f = 28 mm bis 70 mm.

Die Konstruktion des Bilds mit Parallelstrahl und Mittelpunktstrahl

Wie erzeugt eine Sammellinse, z. B. in einem Fotoapparat, ein scharfes Bild eines Gegenstands? Wo entsteht das Bild und wie gross ist es? Damit ein Bildpunkt entsteht, müssen diejenigen Lichtstrahlen eines Gegenstandspunkts, die den Bildschirm treffen, ihn in einem Punkt treffen. *Eine perfekte Sammellinse ist so geformt, dass die vom Gegenstandspunkt P ausgehenden Lichtstrahlen durch zweifache Brechung hinter der Sammellinse im Bildpunkt P' vereinigt werden.* Wenn wir wissen wollen, wo das Bild entsteht und wie gross es ist, müssen wir wissen, welchen Weg das Licht eines Gegenstandspunkts durch die Sammellinse nimmt.

Parallelstrahl, Brennpunktstrahl

Lichtstrahlen, die parallel zur optischen Achse sind, heissen *Parallelstrahlen*. *Sammellinsen sind so geformt, dass Parallelstrahlen durch die Sammellinse so gebrochen werden, dass sie durch den Brennpunkt F der Linse gehen. Parallelstrahlen werden in Sammellinsen zu so genannten* Brennpunktstrahlen.

Neben dem Parallelstrahl des Gegenstandspunkts P brauchen wir nun noch einen zweiten Lichtstrahl, bei dem wir wissen, wie er durch die Linse verläuft; dann wissen wir, wo der Bildpunkt P' eines Gegenstandspunkts P entsteht: dort, wo sich die beiden Lichtstrahlen kreuzen.

Mittelpunktstrahl

Diesen Zweck erfüllen die *Mittelpunktstrahlen*. Damit sind Strahlen gemeint, die durch die Linsenmitte gehen. In der Mitte der Sammellinse sind Eintrittsfläche und Austrittsfläche fast parallel zueinander. Mittelpunktstrahlen werden deshalb, wie bei einer Glasplatte, *nicht abgelenkt*, sondern nur etwas parallel verschoben (siehe Abschnitt 15.2). Wenn die Sammellinse dünn ist, so ist die auftretende Parallelverschiebung des Lichtstrahls vernachlässigbar klein. *Mittelpunktstrahlen durchlaufen dünne Sammellinsen geradlinig.*

Bei dünnen Linsen lässt sich mit Mittelpunktstrahl und Parallelstrahl der Bildpunkt P' eines Gegenstandspunkts P konstruieren: *Der Bildpunkt ist dort, wo sich Mittelpunktstrahl und Brennpunktstrahl kreuzen.* Diese Konstruktionsmethode funktioniert bei allen Linsen, solange sie dünn sind.

[Abb. 16.5] Abbildung mit einer Sammellinse

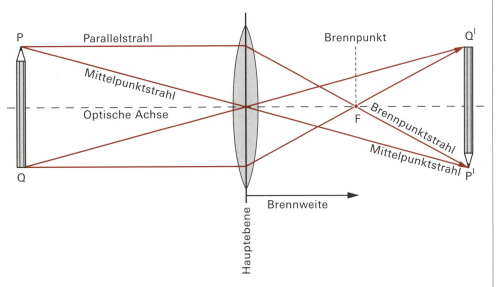

Das Bild des Bleistifts wird konstruiert, indem für die Gegenstandspunkte P und Q die Bildpunkte P' und Q' konstruiert werden.

Hauptebene der Linse

Bei dieser geometrischen Bildkonstruktion brauchen wir nicht zu wissen, dass die Lichtstrahlen zwei Mal gebrochen werden, also zwei Mal ihre Richtung ändern. Wir vereinfachen die Darstellung, indem wir die Linse auf die Hauptebene der Linse reduzieren. Die Hauptebene der Linse in Abb. 16.5 ist mit einem vertikalen Strich eingezeichnet. *In dieser Darstel-*

lung der Linse ändern Lichtstrahlen ihre Richtung nur in der Hauptebene der Linse. Für die beiden speziellen Lichtstrahlen bedeutet die Reduktion der Linse auf ihre Hauptebene:

- Der Parallelstrahl wird in der Hauptebene zu einem Brennpunktstrahl.
- Der Mittelpunktstrahl geht nach der Hauptebene unverändert weiter.

Ein Bleistift befindet sich, wie in Abb. 16.5 dargestellt, vor einer dünnen Sammellinse mit Brennweite f. Wir wollen die Bildpunkte der beiden Enden P und Q konstruieren. Von der Spitze P aus zeichnen wir einen Parallelstrahl und einen Mittelpunktstrahl ein. Dort, wo sich der Mittelpunktstrahl und der zum Brennpunktstrahl gewordene Parallelstrahl schneiden, ist das Bild P' der Spitze. Analog verfahren wir mit dem Ende Q.

Bildebene

Die beiden Bildpunkte P' und Q' sind, wie in Abb. 16.5 erkennbar, gleich weit von der Linse entfernt. Wenn wir weitere Bildpunkte des Bleistifts konstruieren, liegen alle Bildpunkte in der gleichen Ebene. Diese Ebene nennt man die *Bildebene*. *Die Bildebene ist die Ebene, in der das Bild des Gegenstands entsteht*. Wir erhalten das vollständige Bild des Bleistifts, indem wir den Bleistift zwischen den beiden Bildpunkten P' und Q' einzeichnen.

Die Bildebene ist wichtig für die Fotografie. Der Film muss in der Bildebene platziert werden, um ein scharfes Bild zu erzeugen. Ein falscher Abstand gibt ein unscharfes Foto.

Wenn der Gegenstand grösser ist als der Durchmesser der Linse, so läuft der Parallelstrahl eines Gegenstandspunkts eventuell an der Linse vorbei. Es scheint dann so, als könne man die Konstruktionsmethode mit Mittelpunktstrahl und Parallelstrahl nicht anwenden. Der Ort und die Grösse des Bilds hängen aber nicht von der Grösse der Linse ab. Deshalb können wir bei der Konstruktion des Bilds immer so tun, als sei die Linse grösser als der Gegenstand. Wir verlängern einfach den Strich, der die Hauptebene der Linse darstellt, so weit wie nötig.

Gegenstandsweite, Bildweite

Als Nächstes wollen wir wissen, welchen Einfluss die *Gegenstandsweite g* auf die *Bildweite b* hat. Dazu sind in Abb. 16.6 mit Parallelstrahlen und Mittelpunktstrahlen die Bilder von Bleistiften mit verschiedenen Gegenstandsweiten konstruiert worden.

[Abb. 16.6] Abbildung mit einer dünnen Sammellinse

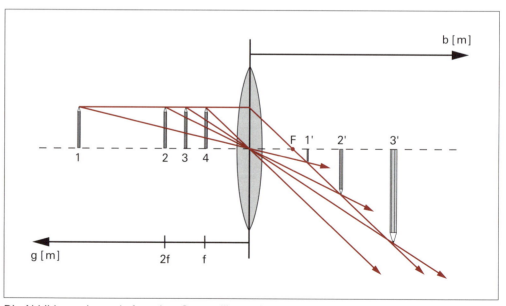

Die Abbildungseigenschaften einer Sammellinse erkennt man, wenn man die Bilder von Bleistiften in verschiedenen Gegenstandsweiten betrachtet.

Die Gegenstandsweite g der vier Bleistifte in Abb. 16.6 ist grösser als oder gleich gross wie die Brennweite f der Linse. Den Fall, bei dem die Gegenstandsweite g kleiner als die Brennweite der Linse ist, betrachten wir später separat. Was lässt sich über die Bilder der Bleistifte aussagen?

- Wenn die Gegenstandsweite grösser als die Brennweite ist, ist das Bild um 180° gedreht. (Bleistift 1 – 1', 2 – 2', 3 – 3')
- Wenn die Gegenstandsweite gleich gross wie die Brennweite ist, sind die austretenden Lichtstrahlen parallel, kreuzen sich also nie. Es entsteht kein Bildpunkt. (Bleistift 4)
- Wenn die Gegenstandsweite grösser als die doppelte Brennweite ist, wird der Gegenstand verkleinert abgebildet. (Bleistift 1 – 1')
- Wenn die Gegenstandsweite gleich der doppelten Brennweite ist, wird der Gegenstand in Originalgrösse abgebildet. (Bleistift 2 – 2')
- Wenn die Gegenstandsweite kleiner als die doppelte Brennweite ist (aber immer noch grösser als die Brennweite), wird der Gegenstand vergrössert abgebildet. (Bleistift 3 –3')

Beispiel 16.4 Beim Fotografieren ist die Gegenstandsweite g (z. B. g = 3 m) grösser als die Brennweite f (z. B. f = 50 mm). Daher entstehen auf dem Film um 180° gedrehte, verkleinerte Bilder.

Die Entstehung virtueller Bilder

Wir betrachten zum Schluss nun die Situation, wo die Gegenstandsweite g kleiner ist als die Brennweite f der Linse.

[Abb. 16.7]   Abbildung mit einer dünnen Sammellinse

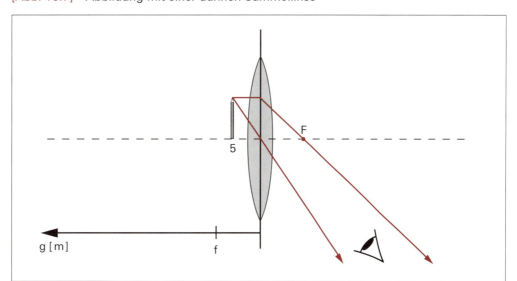

Wenn die Gegenstandsweite kleiner ist als die Brennweite, kreuzen sich Parallelstrahl und Mittelpunktstrahl nach der Linse nicht.

Abb. 16.7 zeigt: Wenn die Gegenstandsweite g kleiner als die Brennweite f der Linse ist, so kreuzen sich Parallelstrahl und Mittelpunktstrahl nach der Linse nicht. Es sieht aus, als ob kein Bildpunkt entstehen würde. Schauen wir uns das aber genauer an.

Einen ähnlichen Strahlengang wie in Abb. 16.7 hätten wir, wenn gar keine Linse da wäre, dafür der Bleistift etwas weiter weg und grösser (Abb. 16.8).

[Abb. 16.8] Geradlinige Lichtausbreitung

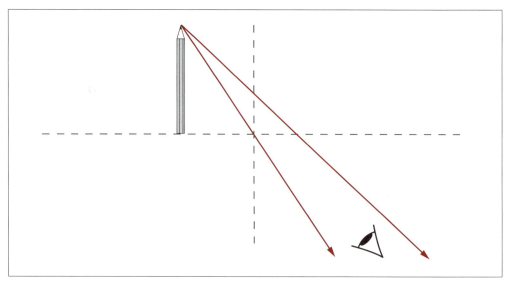

In Abwesenheit einer Linse breiten sich die Lichtstrahlen von der Bleistiftspitze geradlinig aus.

Ein Beobachter kann nicht unterscheiden zwischen dem real existierenden Bleistift in Abb. 16.8 und dem scheinbar existierenden Bleistift 5' in Abb. 16.9. Da Auge und Gehirn automatisch ungebrochene Lichtstrahlen annehmen, sieht der Beobachter hinter der Linse ein virtuelles Bild des Bleistifts 5.

[Abb. 16.9] Abbildung mit einer dünnen Sammellinse

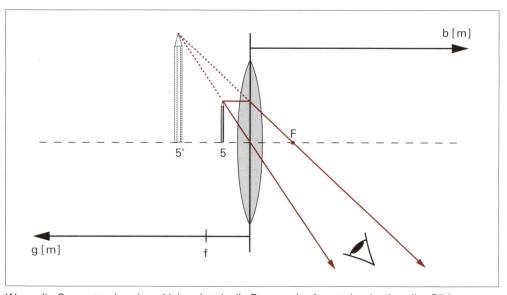

Wenn die Gegenstandsweite g kleiner ist als die Brennweite f entsteht ein virtuelles Bild.

Virtuelles Bild, reelles Bild

Man nennt den Bleistift 5' in Abb. 16.9 das *virtuelle Bild* des Bleistifts 5. Wenn Sie die Hand dorthin halten, wo Sie das virtuelle Bild sehen, so fällt kein Bild auf Ihre Hand. Dies steht im Gegensatz zu reellen Bildern, wo Licht auf die Hand fällt, wenn Sie die Hand dorthin halten, wo Sie das reelle Bild sehen. Virtuelle Bilder sind, wie in Abb. 16.9 erkennbar, aufrecht und vergrössert.

Beispiel 16.5

Ältere Leute benutzen gerne eine Lupe, um besser lesen zu können. Dazu muss das vergrösserte Bild aufrecht sein. Sie haben gesehen, dass reelle Bilder immer um 180° gedreht sind. Sie müssen also die Lupe so nahe ans Papier bringen, dass die Gegenstandsweite kleiner ist als die Brennweite der Lupe. Sie sehen dann ein vergrössertes, aufrechtes, virtuelles Bild.

Die Abbildungseigenschaften dünner Sammellinsen sind in Tab. 16.1 zusammengefasst.

[Tab. 16.1] Abbildungseigenschaften einer Sammellinse

Stift	Abstand	Grösse	Orientierung	Bildtyp
1 – 1'	$g > 2 \cdot f$	verkleinert	um 180° gedreht	reell
2 – 2'	$g = 2 \cdot f$	gleich gross	um 180° gedreht	reell
3 – 3'	$f < g < 2 \cdot f$	vergrössert	um 180° gedreht	reell
4	$g = f$	die Lichtstrahlen sind nach der Linse parallel (kein Bild)		
5 – 5'	$g < f$	vergrössert	aufrecht (nicht gedreht)	virtuell

Die Linsengleichung für dünne Sammellinsen

Linsengleichung

Bis jetzt haben wir von der geometrischen Konstruktion des Bilds mit Mittelpunktstrahlen und Parallelstrahlen gesprochen. Aus dem so konstruierten Bild können wir Bildgrösse B und Bildweite b ablesen. Es ist aber auch möglich, die Bildweite b mit der *Linsengleichung* zu berechnen:

Gleichung 16.3

$$\frac{1}{f} = \frac{1}{g} + \frac{1}{b}$$

Gleichung 16.3 stammt von Willebrord Snellius (1591–1626) und lässt sich mit dem Strahlensatz der Geometrie herleiten. Wir wollen dies aber nicht tun. Stattdessen wollen wir angeben, wie die Linsengleichung 16.3 nach Bildweite b, Gegenstandsweite g oder Brennweite f aufgelöst aussieht:

$$g = \frac{f \cdot b}{b - f}, \text{ denn } \frac{1}{g} = \frac{1}{f} - \frac{1}{b} = \frac{b}{f \cdot b} - \frac{f}{f \cdot b} = \frac{b - f}{f \cdot b}$$

$$b = \frac{f \cdot g}{g - f}, \text{ denn } \frac{1}{b} = \frac{1}{f} - \frac{1}{g} = \frac{g}{f \cdot g} - \frac{f}{f \cdot g} = \frac{g - f}{f \cdot g}$$

$$f = \frac{g \cdot b}{b + g}, \text{ denn } \frac{1}{f} = \frac{1}{g} + \frac{1}{b} = \frac{b}{g \cdot b} + \frac{g}{g \cdot b} = \frac{b + g}{g \cdot b}$$

Beispiel 16.6

Ein Gegenstand befindet sich im Abstand von $g = 30$ cm von einer Linse mit $f = 5$ cm. Wie gross ist die Bildweite b?

$$b = \frac{f \cdot g}{g - f} = \frac{0.05 \text{m} \cdot 0.30 \text{m}}{0.30 \text{m} - 0.05 \text{m}} = 0.06 \text{m} = 6 \text{cm}$$

Beispiel 16.7

Sie wollen mit Ihrem Fotoapparat ein Bild von einem Baum machen, der 5 m vom Objektiv entfernt ist. Wie gross muss der Abstand zwischen dem 50 mm-Objektiv und dem Film sein, damit das Bild des Baums auf dem Film entsteht? Foto-Objektive bestehen aus mehreren Linsen. Die Wirkung dieser Linsen lässt sich aber durch eine einzelne Sammellinse mit der Brennweite des Foto-Objektivs berechnen. Wir tun also bei einem Foto-Objektiv mit Brennweite f einfach so, als bestünde es aus einer einzigen Sammellinse mit dieser Brennweite. Damit das Bild auf dem Film entsteht, muss der Abstand zwischen Sammellinse und Film der Bildweite b entsprechen:

$$b = \frac{f \cdot g}{g - f} = \frac{0.050 \text{m} \cdot 5 \text{m}}{5 \text{m} - 0.050 \text{m}} = 0.051 \text{m} = 51 \text{mm}$$

Der Abstand zwischen Linse und Film muss $b = 51$ mm sein, damit ein scharfes Bild entsteht. Die Bildweite ist praktisch gleich gross wie die Brennweite des Objektivs. Dies ist immer dann der Fall, wenn die Gegenstandsweite viel grösser ist als die Brennweite ($g \gg f$), denn:

$$b = \frac{f \cdot g}{g - f} \approx f$$

Beispiel 16.8 Mit einer Linse der Brennweite f werden auf einem Film im Abstand b nur Gegenstände mit der Gegenstandsweite $g = (f \cdot b)/(b - f)$ ganz scharf abgebildet. Wie unscharf Gegenstände mit anderen Gegenstandsweiten abgebildet werden, beschreibt die so genannte Tiefenschärfe.

Beispiel 16.9 Sonnenlicht fällt durch eine Linse und macht im Abstand $b = 20$ cm ein Bild. Wie gross ist die Brennweite der Linse? Der Abstand der Sonne von der Erde ist 150 Millionen Kilometer. Der Term $1/g$ in der Linsengleichung ist im Falle der Sonne mit $g = 1.50 \cdot 10^{11}$ m fast null. Für die Sonne und alle anderen sehr weit entfernten Gegenstände kann die Linsengleichung 16.3 deshalb vereinfacht werden:

$$\frac{1}{f} = \frac{1}{b}$$

$$f = b$$

Bei sehr weit entfernten Gegenständen ist die Brennweite f praktisch gleich gross wie die Bildweite b. Das Bild von weit entfernten Objekten liegt praktisch in der Brennebene der Linse. Durch Messen der Bildweite von weit entfernten Gegenständen können wir die Brennweite einer Sammellinse messen.

Sieht man der Linsengleichung auch irgendwie an, dass ein virtuelles Bild entsteht? Von der geometrischen Konstruktion wissen wir, dass eine Sammellinse ein virtuelles Bild macht, wenn die Gegenstandsweite g kleiner ist als die Brennweite f. Der Nenner der Bildweite $b = (f \cdot g)/(g - f)$ wird dann negativ. *Wenn die mit der Linsengleichung berechnete Bildweite b negativ wird, so macht die Linse ein virtuelles Bild des Gegenstands.*

Beispiel 16.10 Ein Gegenstand befindet sich im Abstand von $g = 10$ cm von einer Linse mit Brennweite $f = 15$ cm. Wie gross ist die Bildweite b?

$$b = \frac{f \cdot g}{g - f} = \frac{0.15 \text{m} \cdot 0.10 \text{m}}{0.10 \text{m} - 0.15 \text{m}} = -0.30 \text{m} = -30 \text{ cm}$$

Da $g < f$ entsteht ein virtuelles Bild, was Sie an der negativen Bildweite erkennen. Das virtuelle Bild entsteht im Abstand von 30 cm auf der Seite der Linse, auf der sich auch der Gegenstand befindet.

Oft will man mit der Linse eine gewisse Vergrösserung oder eine gewisse Verkleinerung erzielen. Wir fragen uns deshalb, wie gross der Abbildungsmassstab $v = B/G$ der Linse ist. Für dünne Sammellinsen gilt die gleiche Beziehung wie bei der Lochkamera:

Gleichung 16.4
$$v = \frac{B}{G} = \frac{b}{g}$$

Der Abbildungsmassstab v wird durch den Mittelpunktstrahl bestimmt (Abb. 16.10). Der Mittelpunktstrahl ist bei einer Linse nicht anders als bei der Lochkamera, da der Mittelpunktstrahl von der Linse nicht beeinflusst wird.

[Abb. 16.10] Abbildungsmassstab einer Sammellinse

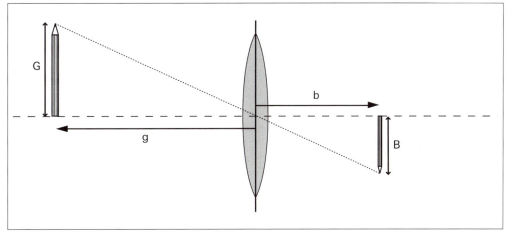

Der Strahlensatz der Geometrie besagt: $B / G = b / g$.

Beispiel 16.11 Ein 8 cm grosser Gegenstand befindet sich in 30 cm Abstand von einer Linse mit 5 cm Brennweite. Wie gross ist das Bild des Gegenstands? Die Bildweite ist:

$$b = \frac{f \cdot g}{g - f} = \frac{0.05\,\text{m} \cdot 0.30\,\text{m}}{0.30\,\text{m} - 0.05\,\text{m}} = 0.06\,\text{m}$$

Diesen Wert für die Bildweite setzen wir in die nach der Bildgrösse B aufgelöste Gleichung 16.4 ein:

$$B = G \cdot \frac{b}{g} = 0.08\,\text{m} \cdot \frac{0.06\,\text{m}}{0.30\,\text{m}} = 0.016\,\text{m} = 1.6\,\text{cm}$$

Der Gegenstand wird auf $B = 1.6$ cm verkleinert. Zur Erinnerung: Wenn die Gegenstandsweite grösser als die doppelte Brennweite ist, wird der Gegenstand verkleinert abgebildet.

Beispiel 16.12 Ein 8 cm grosser Gegenstand befindet sich im Abstand von 10 cm von einer Linse mit 15 cm Brennweite. Wie gross ist das Bild? Die Bildgrösse ist:

$$B = G \cdot \frac{f}{g - f} = 0.08\,\text{m} \cdot \frac{0.15\,\text{m}}{0.10\,\text{m} - 0.15\,\text{m}} = -0.24\,\text{m} = -24\,\text{cm}$$

Der Gegenstand wird auf $B = 24$ cm vergrössert. Zur Erinnerung: Wenn die Gegenstandsweite kleiner als die Brennweite ist, wird der Gegenstand vergrössert virtuell abgebildet. Das Bild ist in dem Fall ein virtuelles Bild, was man an der negativen Bildgrösse erkennt.

Sammellinsen sind in der Mitte dicker als am Rand. Eine Sammellinse ist so geformt, dass sich Lichtstrahlen parallel zur optischen Achse durch Brechung im Brennpunkt F kreuzen. Der Abstand des Brennpunkts von der Linse ist die Brennweite f der Linse. Der Abstand der Brennebene von der Linse ist gleich der Brennweite.

Mit der Reduktion der Linse auf ihre Hauptebene ändern Lichtstrahlen ihre Richtung nur in der Hauptebene der Linse. Der Parallelstrahl (parallel zur optischen Achse) wird in der Hauptebene zu einem Brennpunktstrahl. Der Mittelpunktstrahl (durch die Linsenmitte) geht nach der Hauptebene unverändert weiter.

Der Bildpunkt P', den eine dünne Sammellinse vom Gegenstandspunkt P erzeugt, liegt dort, wo sich Parallelstrahl und Brennstrahl kreuzen. Das Bild eines flachen Gegenstands liegt in einer Ebene. Es entsteht entweder ein reelles Bild ($g > f$), ein virtuelles Bild ($g < f$) oder paralleles Licht (kein Bild, $g = f$).

Bei dünnen Linsen wird der Zusammenhang zwischen Bildweite b, Gegenstandsweite g und Brennweite f durch die Linsengleichung beschrieben:

$$\frac{1}{f} = \frac{1}{b} + \frac{1}{g}$$

Bei dünnen Linsen ist das Abbildungsverhältnis $v = B / G$:

$$v = \frac{B}{G} = \frac{b}{g}$$

Aufgabe 89

Sie haben eine Sammellinse mit der Brennweite $f = 10$ cm. Berechnen Sie die Bildweite und den Abbildungsmassstab, wenn Sie einen Gegenstand in folgenden Abständen von der Linse aufstellen:

A] $g = 0.5 \cdot f$

B] $g = 1.5 \cdot f$

C] $g = 2.0 \cdot f$

D] $g = 5.0 \cdot f$

Aufgabe 119

Bei einer Fotokamera möchte man, dass Gegenstände mit einer Gegenstandsweite von 0.3 m bis unendlich scharf abgebildet werden können. Wie viel muss dazu das Objektiv bewegt werden können, wenn es eine Brennweite von 50 mm hat? Betrachten Sie das Objektiv als eine einzige Sammellinse.

16.3 Wie funktioniert das Auge?

Gesunde Augen

Wir wollen als Erstes die optischen Eigenschaften eines gesunden Auges betrachten. Die Bildentstehung auf der Netzhaut des Auges kann mit den Gesetzen der Strahlenoptik verstanden werden. Wie das Bild von der Netzhaut registriert und an das Gehirn weitergeleitet und dort verarbeitet wird, entzieht sich einer einfachen physikalischen Beschreibung. Wir wollen der Frage nachgehen, wie auf der Netzhaut ein Bild entsteht. Dazu betrachten wir als Erstes einen Querschnitt durch das gesunde Auge (Abb. 16.11).

[Abb. 16.11] Gesundes Auge

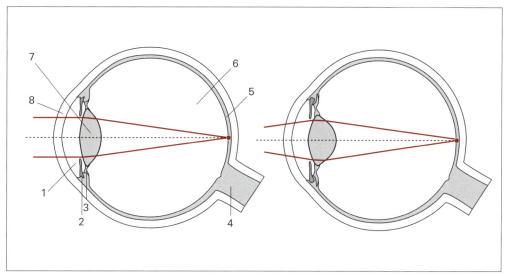

Strahlengang durch ein gesundes Auge bei weit entfernten Gegenständen (links) und bei nahen Gegenständen (rechts).

Die *Hornhaut* (8) ist eine Schutzschicht, die das Auge vor Verletzung schützt und es zusammenhält. Das Kammerwasser (1) hat die Aufgabe, Linse und Hornhaut mit Nährstoffen zu versorgen. Die veränderbare Öffnung (*Pupille*) in der farbigen *Iris* (2) erlaubt es, die ins Auge gelangende Lichtmenge zu regulieren. Die elastische *Linse* (7) wird durch den ringförmigen *Ziliarmuskel* (3) umschlossen. Wenn der Ziliarmuskel angespannt wird, kann sich die elastische Linse zusammenziehen, wodurch die Brennweite f der Linse abnimmt. Der *Glaskörper* (6) besteht aus durchsichtiger, gallertartiger Materie, die den Augapfel ausfüllt. Die *Netzhaut* (5) ist die lichtempfindliche Schicht, die das Bild registriert. Der Sehnerv (4) leitet schlussendlich die Bildsignale von der Netzhaut zum Gehirn.

Nicht nur die Augenlinse hat brechende Wirkung, sondern auch die Hornhaut, das Kammerwasser und der Glaskörper. Die Kombination aus Hornhaut, Kammerwasser, Augenlinse und Glaskörper ist eigentlich keine dünne Linse mehr. Wir vernachlässigen aber im Folgenden diese Tatsache.

Akkommodation

Mit dem Ziliarmuskel lässt sich die Brennweite der Augenlinse verändern; man spricht von Akkommodation:

- Ist der Ziliarmuskel vollständig entspannt, so ist der Durchmesser dieses ringförmigen Muskels maximal. Die elastische Linse wird dünn und hat die maximale Brennweite f_{max}.
- Ist der Ziliarmuskel vollständig angespannt, so ist der Durchmesser dieses ringförmigen Muskels minimal. Die elastische Linse wird dick und hat die minimale Brennweite f_{min}.

Die Linsendicke nimmt bei der Akkommodation nur um etwa 0.5 mm ab, wenn das Auge von minimaler auf maximale Brennweite wechselt.

Wieso braucht das Auge eine variable Brennweite? Beim Fotoapparat wird beim Fokussieren die Linse vom Film weg- oder zum Film hinbewegt, bis der Abstand zwischen Linse und Film der Bildweite $b = (f \cdot g)/(g - f)$ entspricht. Der Abstand zwischen Linse und Netzhaut ist vorgegeben. Die Bildweite muss an den Abstand zwischen Linse und Netzhaut angepasst werden. Beim durchschnittlichen gesunden erwachsenen Menschen ist der Abstand zwischen Linse und Netzhaut 23 mm. Die Bildweite muss deshalb durch anpassen der Brennweite der Augenlinse immer b_{Auge} = 23 mm betragen.

Bei vollständig entspanntem Ziliarmuskel ist die Brennweite des Auges maximal. Bei einem gesunden Auge ist die maximale Brennweite gerade so, dass das Bild von weit entfernten Gegenständen auf der Netzhaut zu liegen kommt. Für Gegenstände mit grosser Gegenstandsweite ist, wie Sie aus Beispiel 16.9 wissen, die Brennweite etwa gleich gross wie die Bildweite. Die maximale Brennweite bei vollständig entspanntem Ziliarmuskel ist beim durchschnittlichen gesunden erwachsenen Auge somit:

$$f_{max} = b_{Auge} = 23 \text{ mm}$$

Wenn der Ziliarmuskel maximal angespannt ist, so ist die minimale Brennweite erreicht. Beim durchschnittlichen gesunden erwachsenen Auge ist die minimale Brennweite etwa:

$$f_{min} = 19 \text{ mm}$$

Nahpunkt

Die minimale Gegenstandsweite g_{min} bei minimaler Brennweite nennt man den Nahpunkt. Man findet so für den Nahpunkt:

$$g_{min} = \frac{f_{min} \cdot b_{Auge}}{b_{Auge} - f_{min}} = \frac{0.019\text{m} \cdot 0.023\text{m}}{0.023\text{m} - 0.019\text{m}} = 0.11\text{m}$$

Wenn ein Mensch ohne jegliche Sehfehler seine Hand näher als etwa 10 cm ans Auge bringt, kann das Auge das Bild nicht mehr scharf auf die Netzhaut abbilden. Beim minimalen Abstand ist der Ziliarmuskel maximal angespannt, was merklich anstrengt.

Weitsichtige Augen

Weitsichtigkeit

Als Beispiel von Fehlsichtigkeit besprechen wir als Erstes die Weitsichtigkeit. Abb. 16.12 zeigt den Strahlengang bei Weitsichtigkeit, wenn weit entfernte Gegenstände abgebildet werden (links) und wenn nahe Gegenstände abgebildet werden (rechts).

[Abb. 16.12] Weitsichtigkeit

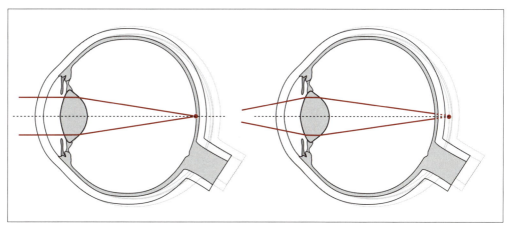

Strahlengang durch ein weitsichtiges Auge bei weit entfernten Gegenständen (links) und nahen Gegenständen (rechts).

Bei entspanntem Ziliarmuskel würde bei Weitsichtigkeit das Bild von weit entfernten Gegenständen hinter der Netzhaut liegen. Ursachen der Weitsichtigkeit: Bei der angeborenen Weitsichtigkeit ist der Augapfel zu kurz, d. h. b_{Auge} ist zu klein (Abb. 16.12). Bei der Altersweitsichtigkeit ist die Elastizität der Augenlinse reduziert. Die reduzierte Elastizität bewirkt, dass sich die Augenlinse nicht mehr genug zusammenziehen kann. Nahe Gegenstände werden bei Altersweitsichtigkeit nicht mehr scharf abgebildet, da die Brennweite der Augenlinse nicht mehr klein genug werden kann. Gegenstände in der Ferne können, wie in Abb. 16.12 links erkennbar, trotzdem auf der Netzhaut abgebildet werden, da die Brennweite der Augenlinse der Situation angepasst werden kann. Bei Weitsichtigkeit sieht man deshalb in die Weite trotzdem gut.

Bei Weitsichtigkeit sorgen Sammellinsen (Brillengläser oder Kontaktlinsen) dafür, dass das Bild von nahen Gegenständen bei entspanntem Ziliarmuskel auf die Netzhaut fällt.

[Abb. 16.13] Sammellinse vor weitsichtigem Auge

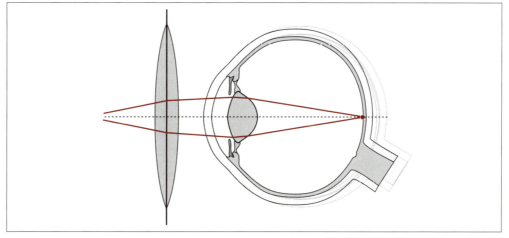

Lichtstrahlen werden durch die Sammellinse zur optischen Achse hingebrochen, sodass sie sich trotz Weitsichtigkeit auf der Netzhaut kreuzen.

Kurzsichtige Augen

Kurzsichtigkeit

Die Abbildung 16.14 zeigt den Strahlengang bei Kurzsichtigkeit, wenn weit entfernte Gegenstände abgebildet werden (links) und wenn nahe Gegenstände abgebildet werden (rechts).

[Abb. 16.14] Kurzsichtigkeit

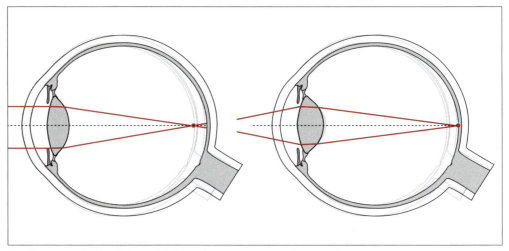

Strahlengang durch ein kurzsichtiges Auge bei weit entfernten (links) und nahen (rechts) Gegenständen.

Bei entspanntem Ziliarmuskel würde bei Kurzsichtigkeit das Bild von weit entfernten Gegenständen vor der Netzhaut liegen. Ursachen der Kurzsichtigkeit: Bei der angeborenen Kurzsichtigkeit ist der Augapfel zu lang, d. h. b_{Auge} ist zu gross (Abb. 16.14). Gegenstände in der Nähe können, wie in Abb. 16.14 rechts erkennbar, trotzdem auf der Netzhaut abgebildet werden, da die Brennweite der Augenlinse der Situation angepasst werden kann. Bei Kurzsichtigkeit sieht man deshalb in die Nähe trotzdem gut.

Bei Kurzsichtigkeit sorgen Streulinsen (Brillengläser oder Kontaktlinsen) dafür, dass das Bild von weit entfernten Gegenständen bei entspanntem Ziliarmuskel auf die Netzhaut fällt. Eine Streulinse ist eine Linse, die in ihrer Mitte dünner ist als am Rand. Lichtstrahlen werden durch eine Streulinse von der optischen Achse weggebrochen, was zur Folge hat, dass sich die Lichtstrahlen auf der Netzhaut kreuzen (Abb. 16.15).

[Abb. 16.15] Streulinse vor kurzsichtigem Auge

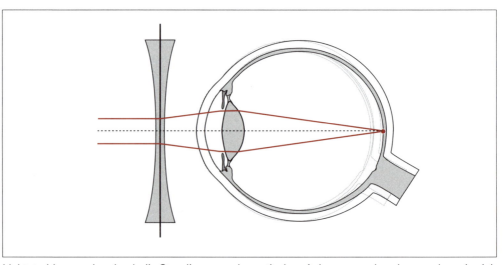

Lichtstrahlen werden durch die Streulinse von der optischen Achse weggebrochen, sodass sie sich trotz Kurzsichtigkeit auf der Netzhaut kreuzen.

Linse, Hornhaut, Kammerwasser und Glaskörper des Auges erzeugen auf der Netzhaut reelle, um 180° gedrehte, verkleinerte Bilder. Da die Bildweite gleich der Länge des Auges sein muss, muss die Brennweite des Auges der Gegenstandsweite angepasst werden. Entspannt sich der Ziliarmuskel, wird dadurch die elastische Augenlinse gedehnt, wodurch sie dünner wird und ihre Brennweite grösser wird. Spannt sich der Ziliarmuskel an, kann sich die elastische Augenlinse dadurch zusammenziehen, wodurch sie dicker wird und ihre Brennweite kleiner wird. Beim gesunden Auge ist die Brennweite des Auges bei entspanntem Ziliarmuskel (maximal flacher Augenlinse) gleich der Länge des Auges. Dadurch werden weit entfernte Gegenstände auf der Netzhaut abgebildet. Ein gesundes Auge kann bei maximal angespanntem Ziliarmuskel Gegenstände in etwa 10 cm Abstand (Nahpunkt) scharf abbilden. Da der Ziliarmuskel dazu maximal angespannt sein muss, strengt dies das Auge an.

Bei Weitsichtigkeit ist der Augapfel zu kurz oder die Brennweite kann wegen reduzierter Elastizität nicht klein genug werden. Bei entspanntem Ziliarmuskel kommt das Bild von nahen Gegenständen hinter der Netzhaut zu liegen. Weil der Ziliarmuskel den Fehler bei weit entfernten Gegenständen kompensieren kann, sieht man bei Weitsichtigkeit in die Weite trotzdem gut. Um in die Nähe scharf zu sehen, braucht es eine Brille mit einer Sammellinse.

Bei Kurzsichtigkeit ist der Augapfel zu lang. Bei entspanntem Ziliarmuskel kommt das Bild von weit entfernten Gegenständen vor der Netzhaut zu liegen. Weil der Ziliarmuskel den Fehler bei nahen Gegenständen kompensieren kann, sieht man bei Kurzsichtigkeit in die Nähe trotzdem gut. Um in die Ferne scharf zu sehen, braucht es eine Brille mit einer Streulinse.

Aufgabe 149

A] Beschreiben Sie den Unterschied zwischen dem Fokussieren eines Fotoapparats und eines Auges.

B] Was lässt sich über die Brennweite des gesunden Auges sagen, wenn Sie einen Gegenstand in 0.20 m Abstand anschauen?

C] Was lässt sich über die Brennweite des gesunden Auges sagen, wenn Sie einen Gegenstand in 2.0 m Abstand anschauen?

D] Was lässt sich über die Brennweite des gesunden Auges sagen, wenn Sie einen Gegenstand in 20 m Abstand anschauen?

Aufgabe 30

A] Erklären Sie mit eigenen Worten, wie es zu Weitsichtigkeit kommt, und erklären Sie, wieso man bei Weitsichtigkeit Dinge in der Weite trotzdem gut sieht.

B] Erklären Sie mit eigenen Worten, wie es zu Kurzsichtigkeit kommt, und erklären Sie, wieso man bei Kurzsichtigkeit Dinge in der Nähe trotzdem gut sieht.

Aufgabe 60

A] Beschreiben Sie die Form und die Wirkung der Linse einer Brille für Weitsichtige.

B] Beschreiben Sie die Form und die Wirkung der Linse einer Brille für Kurzsichtige.

16.4 Wie funktionieren Lupe und Mikroskop?

Wenn wir einen Gegenstand näher ans Auge bringen, sehen wir ihn grösser. Genauer formuliert: Wenn wir einen Gegenstand näher ans Auge bringen, so wird sein Bild auf der Netzhaut grösser. Wir können aber Gegenstände nicht beliebig nah ans Auge bringen. Wenn ein Gegenstand näher als g_{min} = 10 cm ans Auge gebracht wird, so kann der Gegenstand nicht mehr scharf auf die Netzhaut gebracht werden. Die minimale Gegenstandsweite g_{min} (Nahpunkt) legt somit fest, wie gross wir einen Gegenstand von Auge maximal sehen können. Wir können bei kleinen Gegenständen noch Details erkennen, wenn ihr Bild auf der Netzhaut noch eine gewisse Grösse hat. So können wir bei einem Gegenstand im Nahpunkt noch Details erkennen, wenn diese Details grösser als 75 µm sind.

Um bei noch kleineren Gegenständen doch noch etwas sehen zu können, nehmen wir eine Lupe oder ein Mikroskop zu Hilfe. Wir wollen uns diese beiden optischen Geräte genauer anschauen. Lupe und Mikroskop werden so gebaut und verwendet, dass die entspannte Augenlinse den betrachteten Gegenstand auf die Netzhaut abbildet. Dies verhindert, dass die Augen bei längerer Verwendung des Geräts durch die ständige Arbeit des Ziliarmuskels ermüden. Damit das Bild bei entspannter Augenlinse auf die Netzhaut fällt, müsste der Gegenstand eigentlich unendlich weit entfernt sein, denn nur parallele Lichtstrahlen werden bei entspannter Augenlinse auf der Netzhaut abgebildet. Um auch Gegenstände in der Nähe mit entspannter Augenlinse auf der Netzhaut abzubilden, müssen die Lichtstrahlen, wenn sie aufs Auge treffen, parallel sein.

Lupe

Eine Lupe ist einfach eine Sammellinse. Damit das Licht nach der Lupe wie gewünscht paralleles Licht ist, muss die Gegenstandsweite g gleich gross sein wie die Brennweite f_{Lupe} der Lupe. Da dann die Lichtstrahlen eines Gegenstandspunkts nach der Lupe parallel sind, spielt der Abstand zwischen Lupe und Auge keine Rolle. Das Bild, das eine Lupe auf der Netzhaut erzeugt, ist in Abb. 16.16 mit Lichtstrahlen konstruiert worden. Für die Konstruktion wurde die (unendlich grosse) Hauptebene der Linse verwendet.

[Abb. 16.16] Abbildung mit einer dünnen Sammellinse

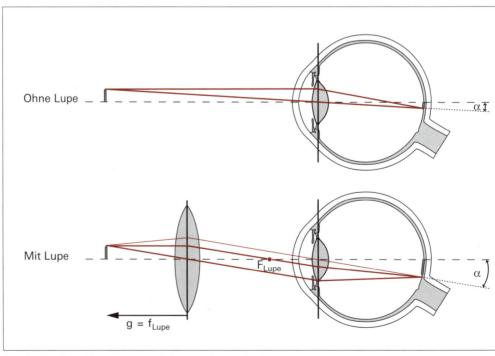

Das Bild auf der Netzhaut ist mit Lupe grösser als ohne.

Bei der Konstruktion des vergrösserten Bilds der Bleistiftspitze gibt es eine Schwierigkeit: Parallelstrahl und Mittelpunktstrahl sind nach der Brechung in der Lupe zwar parallel zueinander, ihre Richtung ist aber in Bezug auf die Augenlinse weder Parallelstrahl noch Mittelpunktstrahl (Abb. 16.16). Der Bildpunkt ist deshalb nicht so einfach mit Parallelstrahl und Mittelpunktstrahl zu konstruieren.

Das Bild der Bleistiftspitze in Abb. 16.16 wurde mit einem anderen speziellen Lichtstrahl konstruiert. Um ihn unterscheiden zu können, ist er etwas feiner eingezeichnet. Da die Gegenstandsweite des Bleistifts gleich der Brennweite der Lupe ist, sind alle Lichtstrahlen, die von der Bleistiftspitze ausgehen, zwischen Lupe und Auge parallel. Derjenige dieser parallelen Lichtstrahlen, der die Augenlinse in der Mitte trifft, ist für die Augenlinse ein Mittelpunktstrahl und wird nicht gebrochen. Das Bild der Bleistiftspitze erhält man also, indem man zwischen Lupe und Auge einen Lichtstrahl einzeichnet, der parallel zu den beiden bekannten Lichtstrahlen ist und durch die Mitte der Augenlinse geht. Verlängert man diesen Lichtstrahl (wie gewohnt ohne Brechung) bis zur Netzhaut, hat man den Bildpunkt der Bleistiftspitze gefunden.

Worauf beruht die Vergrösserung einer Lupe? Wenn Sie die Situation mit und ohne Lupe vergleichend betrachten (Abb. 16.16), können Sie erkennen: Mit Lupe ist der Winkel α zwischen dem Mittelpunktstrahl durch die Augenlinse und der optischen Achse grösser als ohne Lupe. Mit Lupe trifft deshalb dieser Mittelpunktstrahl weiter entfernt von der optischen Achse auf die Netzhaut auf, was ein grösseres Bild bewirkt als ohne Lupe. Die maximale Vergrösserung, die man mit einer Lupe so erreichen kann, ist etwa $v = 20$.

Mikroskop

Ein *Mikroskop* kann mit zwei Sammellinsen ein wesentlich stärker vergrössertes Bild auf der Netzhaut erzeugen als eine Lupe. Mit einem Mikroskop kann eine Vergrösserung von bis zu $v = 1\,000$ erreicht werden. Der schematische Aufbau eines Mikroskops und der Strahlengang vom Gegenstand bis zur Netzhaut sind in Abb. 16.17 dargestellt.

[Abb. 16.17] Aufbau eines Mikroskops

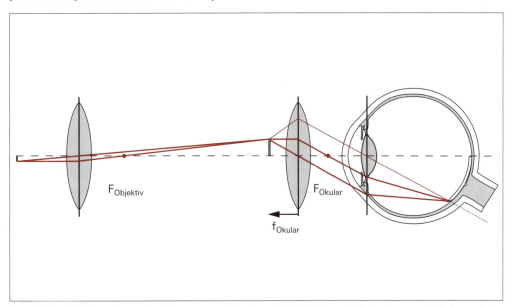

Das Objektiv bildet den nahen Gegenstand in ein reelles Zwischenbild ab, das vom Okular auf der Netzhaut abgebildet wird.

Beachten Sie, dass für die Bildkonstruktion in Abb. 16.17 der schon bei der Lupe besprochene spezielle Lichtstrahl verwendet wurde, um den Bildpunkt der Bleistiftspitze auf der

Netzhaut zu konstruieren. Um ihn unterscheiden zu können ist er etwas feiner eingezeichnet.

Die erste (linke) Linse in Abb. 16.17 nennt man Objektiv, die zweite (rechte) Linse Okular. Das Objektiv soll vom Objekt ein reelles, vergrössertes Zwischenbild erzeugen. Deshalb muss für die Gegenstandsweite gelten: $f < g < 2 \cdot f$. Das vom Objektiv erzeugte Zwischenbild steht zwar frei im Raum, kann aber trotzdem vom Okular abgebildet werden. Das Licht, das vom Zwischenbild ausgeht, ist ununterscheidbar vom Licht von einem realen Gegenstand. Wir können deshalb ausgehend vom Zwischenbild wieder einen Parallelstrahl und einen Mittelpunktstrahl einzeichnen. Wenn der Abstand des Zwischenbilds vom Okular gleich der Brennweite des Okulars ist, sind alle Lichtstrahlen, die von einem Punkt des Zwischenbilds ausgehen, nach dem Okular parallel (siehe Abb. 16.17). Diese parallelen Lichtstrahlen werden vom entspannten Auge nochmals vergrössert auf die Netzhaut abgebildet. Ein Vergleich zwischen Lupe und Mikroskop zeigt:

- Das Objektiv erzeugt ein vergrössertes Zwischenbild.
- Das Okular wird als Lupe verwendet, um dieses Zwischenbild nochmals zu vergrössern.

Fernrohr

Zum Schluss dieses Abschnitts ein Wort zu Fernrohren. *Fernrohre* bestehen wie Mikroskope prinzipiell aus zwei Sammellinsen. Auch beim Fernrohr nennt man die erste Linse Objektiv, die zweite Okular. Da die Gegenstandsweite der beobachteten Gegenstände wie z. B. des Monds sehr gross ist, ist beim Fernrohr die Bildweite des Zwischenbilds gleich gross wie die Brennweite des Objektivs. Neben dem möglichst grossen Bild, das ein Fernrohr auf der Netzhaut erzeugen soll, hat ein Fernrohr eine zweite Aufgabe: Je grösser der Durchmesser des Objektivs ist, umso mehr Licht wird ins Auge gelenkt. Fernrohre mit grossen Objektiven machen nicht nur grosse, sondern auch helle Bilder.

Optische Geräte sind so gebaut und werden so verwendet, dass die entspannte Augenlinse den betrachteten Gegenstand auf die Netzhaut abbildet. Mit diesem Grundsatz und den Eigenschaften von Sammellinsen lässt sich die Bildentstehung optischer Geräte erklären.

Eine Lupe besteht aus einer Sammellinse. Die Lupe wird so positioniert, dass der Gegenstand in der Brennebene der Lupenlinse liegt. Das nach der Lupe parallele Licht wird durch das entspannte Auge auf die Netzhaut abgebildet. Die maximale Vergrösserung, die mit einer Lupe erreicht werden kann, ist etwa $v = 20$.

Ein Mikroskop besteht aus zwei Sammellinsen, dem Objektiv und dem Okular. Das Objektiv erzeugt ein vergrössertes reelles Zwischenbild. Dieses Zwischenbild liegt in der Brennebene des Okulars. Das nach dem Okular parallele Licht wird durch das entspannte Auge auf die Netzhaut abgebildet. Die maximale Vergrösserung, die mit einem Mikroskop erreicht werden kann, ist etwa $v = 1\,000$.

Beim Fernrohr, das wie das Mikroskop prinzipiell aus zwei Sammellinsen besteht, ist die Bildweite des Zwischenbilds gleich gross wie die Brennweite des Objektivs.

Aufgabe 90

Beschreiben Sie mit eigenen Worten, wie beim Lesen mit einer Lupe das Bild auf der Netzhaut entsteht. Konzentrieren Sie sich auf die Eigenschaften der Lichtstrahlen und des Bilds.

Aufgabe 120

Beschreiben Sie mit eigenen Worten, wie beim Blick durch ein Mikroskop das Bild auf der Netzhaut entsteht. Konzentrieren Sie sich auf die Eigenschaften der Lichtstrahlen und der Bilder.

17 Wo versagt die Strahlenoptik?

Schlüsselfragen dieses Abschnitts:

- Mit welchem Modell erklärt man den Fotoeffekt?
- Mit welchem Modell erklärt man Beugung bei der Lochkamera?
- Welches ist das richtige Modell für Licht?

Mit Lichtstrahlen konnten wir erklären, was mit Licht bei Spiegeln und Linsen passiert. Es kann bei Licht aber auch zu Erscheinungen kommen, die mit Lichtstrahlen nicht erklärt werden können. Ein Beispiel: Sonnenlicht, das von Seifenblasen wie in Abb. 17.1 reflektiert wird, schillert in allen Farben. Die Entstehung dieser Farben kann nicht mit der Brechung von Lichtstrahlen erklärt werden. Die Brechung in den dünnen Seifenblasenwänden ist viel zu schwach, um eine sichtbare Auffächerung des Lichts zu bewirken. Auch sehen wir die Farben von allen Seiten, also auch von der Seite, von der das Sonnenlicht nur reflektiert wird, es also gar nicht zur Dispersion kommen kann. Im Abschnitt 17.2 werden Sie lernen, dass die Farben mit der Überlagerung von reflektierten Lichtwellen erklärt werden können.

[Abb. 17.1] Schillernde Seifenblasen

Die Farben der Seifenblasen können nicht durch Brechung von Lichtstrahlen erklärt werden, sondern durch Überlagerung von reflektierten Lichtwellen. Bild: Nilufar Kahnemouyi

Im Abschnitt 17.1 und Abschnitt 17.2 lernen Sie weitere Erscheinungen kennen, die nicht mit der Reflexion und Brechung von Lichtstrahlen verstanden werden können. Es handelt sich um die Phänomene «Fotoeffekt» und «Beugung». Es wird sich zeigen, dass man diese beiden Phänomene nicht mit einem einzelnen Modell beschreiben kann. Licht muss, je nach Situation, entweder mit dem «Lichtteilchen-Modell» oder mit dem «Lichtwellen-Modell» beschrieben werden. Um alle Lichtphänomene erklären zu können, braucht es zwei sich widersprechende Modelle. Die beiden sich widersprechenden Modelle drängen die Frage auf: *Was ist Licht eigentlich?* Lichtstrahlen sind zwar ein gutes Modell, um die Lichtausbreitung zu beschreiben, aber *was* breitet sich da aus?

17.1 Mit welchem Modell erklärt man den Fotoeffekt?

Wenn auf eine Kupferplatte ultraviolettes Licht fällt, so stellt man fest, dass Elektronen aus dem Kupfer herausgeflogen kommen. Utraviolettes Licht holt offenbar Elektronen aus den Kupferatomen der Platte. Diesen Effekt bezeichnet man als Fotoeffekt.

Bevor wir näher auf den Fotoeffekt eingehen können, müssen wir uns noch einmal mit dem mikroskopischen Aufbau der Materie beschäftigen. In der Wärmelehre wurden Atome als unteilbare Kügelchen vorgestellt. Im Zusammenhang mit dem Fotoeffekt zeigt sich, dass dieses Atom-Modell nicht ausreicht. Wir müssen es verfeinern: Atome bestehen aus Protonen, Neutronen und Elektronen.

Atom-Modell

Atomkern, Atomhülle, Proton, Neutron, Elektron

Lord Ernest Rutherford (1871–1937) erkannte als Erster, dass ein Atom bis auf den sehr kleinen Atomkern leer ist und seine Grösse durch die Elektronen bestimmt ist, die den Atomkern umkreisen. Wir stellen uns heute Atome nicht mehr als unteilbare Kügelchen vor, sondern zusammengesetzt aus dem *Atomkern*, bestehend aus *Protonen* und *Neutronen* und einer *Atomhülle,* bestehend aus *Elektronen*. Grund für die Kreisbewegung der Elektronen: Zwischen Protonen und Elektronen wirkt eine anziehende (elektrische) Kraft. Die Anzahl Protonen im Atomkern bestimmt, um welches chemische Element es sich beim Atom handelt. Beispiel: Alle Atome mit zwei Protonen im Atomkern sind Helium-Atome. In den meisten Atomen sind zudem ungefähr gleich viele Neutronen wie Protonen und gleich viele Elektronen wie Protonen.

[Abb. 17.2]   Atom-Modell für Helium

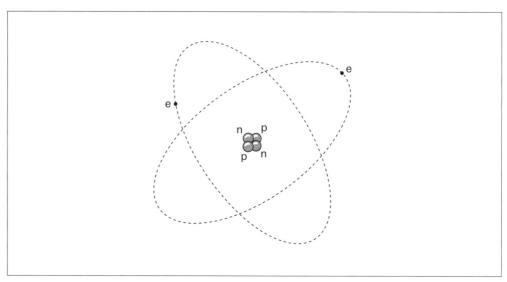

Die Protonen (p) und Neutronen (n) des Atomkerns werden von den Elektronen (e) der Atomhülle umkreist.

Nach dieser kurzen Beschreibung des Atom-Modells kehren wir zurück zum Fotoeffekt.

Beschreibung des Fotoeffekts

Fotoeffekt

Untersucht man den *Fotoeffekt* genauer, so findet man Folgendes:

- Wenn ultraviolettes Licht (UV-Licht) auf eine Kupferplatte fällt, kommen Elektronen aus dem Metall geflogen. Wenn sichtbares Licht auf eine Kupferplatte fällt, kommen keine Elektronen aus dem Metall.
- Bei intensivem UV-Licht kommen mehr Elektronen aus dem Metall als bei schwachem.
- Egal, wie intensiv das UV-Licht ist, die Elektronen haben immer die gleiche kinetische Energie (Geschwindigkeit).
- Auch bei sehr intensivem sichtbarem Licht kommen keine Elektronen aus dem Metall.

Lichtteilchen

Lichtteilchen, Photonen, Lichtteilchen-Modell

Schon 1672 kam Isaac Newton zur Überzeugung, dass Licht aus einzelnen masselosen *Lichtteilchen* besteht. Diese Lichtteilchen nennt man heute auch *Photonen*. Albert Einstein erkannte 1905, dass sich der Fotoeffekt mit diesen Lichtteilchen leicht erklären lässt, wenn man zusätzlich annimmt, dass die *Energie der Lichtteilchen* durch die Farbe des Lichts bestimmt ist. Wir haben somit folgendes *Lichtteilchen-Modell*:

- Licht besteht aus einzelnen Photonen. Im Gegensatz zu Materieteilchen (z. B. Elektronen) haben Lichtteilchen keine Masse ($m_{Photon} = 0$).
- Die Helligkeit des Lichts ist durch die Anzahl der Photonen bestimmt.
- Jedes Photon hat eine gewisse Energie E_{Photon} (Lichtenergie).
- Die Energie des Photons bestimmt die Farbe des Lichts. Von den Farben des Regenbogens haben rote Photonen am wenigsten Energie, violette am meisten. Ultraviolette Photonen haben noch mehr Energie als violette.

Erklärung des Fotoeffekts

Für die Erklärung des Fotoeffekts mit dem Lichtteilchen-Modell wurde Albert Einstein 1921 der Nobelpreis für Physik verliehen:

Ein Elektron kann von einem Photon aus einem Atom herausgeschlagen werden, wenn dabei die (elektrische) Anziehung durch den Atomkern überwunden werden kann. Dazu braucht das Photon eine gewisse Energie. Da die Photonen des sichtbaren Lichts zu wenig Energie haben, um ein Elektron aus dem Atom herauszuschlagen, tritt der Fotoeffekt bei Kupfer bei sichtbarem Licht nicht auf. Beim energiereicheren UV-Licht dagegen schon. Intensives UV-Licht besteht aus mehr ultravioletten Photonen als schwaches. Da jedes ultraviolette Photon ein Elektron aus dem Kupfer-Atom herausschlagen kann, treten bei intensivem UV-Licht mehr Elektronen aus der Kupferplatte aus als bei schwachem. Die kinetische Energie eines herausgeschlagenen Elektrons ist der Teil der Energie des Photons, der für das Herausschlagen nicht gebraucht wurde. Da alle ultravioletten Photonen die gleiche Energie haben, haben die Elektronen nachher die gleiche kinetische Energie. Da alle Elektronen die gleiche Masse haben, haben alle herausgeschlagenen Elektronen die gleiche Geschwindigkeit. Die Energie eines roten Photons ist zu klein, um Elektronen aus einem Kupfer-Atom herauszuschlagen. Sehr intensives rotes Licht besteht aus vielen roten Photonen, die zusammen mehr Energie haben als sehr schwaches UV-Licht. Trotzdem kann sehr intensives rotes Licht kein einziges Elektron befreien. Dies kann nur sein, wenn Licht aus einzelnen Photonen besteht, von denen jedes *alleine* ein Elektron aus dem Atom herausschlägt.

Einsteins Erklärung des Fotoeffekts lässt sich wie folgt zusammenfassen: *Licht besteht aus einzelnen Photonen. Die Energie der Photonen bestimmt die Farbe des Lichts. Die Anzahl der Photonen bestimmt die Helligkeit des Lichts. Ein ultraviolettes Photon hat genügend Energie, um ein Elektron aus einem Kupfer-Atom herauszuschlagen, ein rotes Photon hat hingegen nicht genügend Energie.*

Beschreibung des Fotoeffekts: Wenn UV-Licht auf eine Kupferplatte fällt, so treten Elektronen aus der Kupferplatte. Diese Elektronen haben alle die gleiche kinetische Energie. Wenn sichtbares Licht auf eine Kupferplatte fällt, tritt der Fotoeffekt nicht auf.

Lichtteilchen-Modell: Um den Fotoeffekt zu erklären, beschreibt man Licht mit masselosen Lichtteilchen, so genannten Photonen. Die Energie eines Photons bestimmt die Farbe des Lichts. Die Anzahl der Photonen bestimmt die Helligkeit des Lichts.

Erklärung des Fotoeffekts mit dem Lichtteilchen-Modell: Ein ultraviolettes Photon hat genügend Energie, um ein Elektron aus einem Kupfer-Atom herauszuschlagen, ein sichtbares hingegen nicht. Die kinetische Energie der herausgeschlagenen Elektronen ist der Teil der Energie des Photons, der nicht fürs Herausschlagen des Elektrons gebraucht wurde.

Aufgabe 150

Elektronen können aus einem Stück Kupfer von UV-Licht herausgeschlagen werden, jedoch nicht von sichtbarem Licht. Andererseits können Elektronen aus einem Stück Cäsium von sichtbarem Licht wie auch von UV-Licht herausgeschlagen werden.

A] Was bedeutet dies für die Energie, die es braucht, um ein Elektron aus einem Kupfer-Atom respektive aus einem Cäsium-Atom herauszuschlagen?

B] Wovon hängt die Anzahl der Elektronen ab, die vom UV-Licht herausgeschlagen werden?

C] Wovon hängt die kinetische Energie der herausgeschlagenen Elektronen ab?

D] Was können Sie über die Geschwindigkeit der Elektronen sagen, die aus einem Stück Cäsium treten, wenn gleichzeitig UV-Licht und rotes Licht auftrifft?

17.2 Mit welchem Modell erklärt man die Beugung?

Sie haben im Abschnitt 17.1 gesehen, dass sich der Fotoeffekt mit dem Lichtteilchen-Modell verstehen lässt. Im Abschnitt 17.2 lernen Sie ein Experiment kennen, das dem Lichtteilchen-Modell widerspricht.

Beschreibung der Beugung

Leuchtet man mit einem Laserpointer durch ein kleines Loch, so entsteht auf einer Wand, die sich dahinter befindet, ein scharfer roter Lichtfleck. Grund: Das Licht eines Laserpointers ist paralleles Licht und führt somit zu einer scharfen Hell-Dunkel-Grenze. Wenn man mit dem Laserpointer aber durch ein winziges Loch leuchtet, das man z. B. mit der Stecknadelspitze in ein Papier gemacht hat, sieht man etwas anderes: Der Lichtfleck ist, wie in Abb. 17.3 erkennbar, unscharf und von Ringen umgeben.

[Abb. 17.3]   Beugung

Wenn man mit einem Laserpointer durch ein winziges Loch leuchtet, ist der dahinter entstehende Lichtfleck von Ringen umgeben. Bild: Thomas Dumm

Abbildung 17.3 zeigt: Licht des Laserpointers gelangt an Orte, wo rein geometrisch gar keine Lichtteilchen oder Lichtstrahlen hinkommen können, da sie abgeschirmt sind. Es sieht aus, als würden die Lichtteilchen oder Lichtstrahlen im Loch abgelenkt. Man spricht von der Beugung des Lichts. Verwechseln Sie Beugung nicht mit Brechung. Brechung beobachtet man, wenn Licht von einem Körper in einen anderen tritt. Beugung beobachtet man, wenn Licht durch ein winziges Loch tritt.

Beugung steht im Widerspruch zum Lichtteilchen-Modell und Lichtstrahlen-Modell: Lichtteilchen von parallelem Licht fliegen geradeaus (Abb. 17.4, links) und Lichtstrahlen von parallelem Licht sind geradlinig (Abb. 17.4, rechts).

[Abb. 17.4]   Lichtteilchen und Lichtstrahlen treffen auf ein winziges Loch

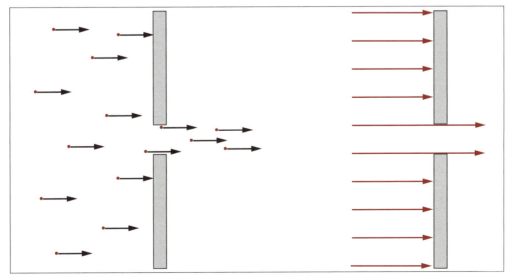

Lichtteilchen fliegen geradeaus, Lichtstrahlen sind gerade; beides ist im Widerspruch zur Beugung.

Lichtwellen-Modell

Abbildung 17.4 zeigt: Die Lichtstrahlen und Lichtteilchen sollten durch das winzige Loch im Papier eingeengt, nicht aufgeweitet werden. Wir haben also eine Beobachtung, die im Widerspruch zum Lichtstrahlen-Modell und Lichtteilchen-Modell steht. Es braucht ein neues Modell: das *Lichtwellen-Modell*. Das Lichtwellen-Modell wurde 1678 von Christian Huygens (1629–1695) entworfen. Es kann neben der Beugung viele alltägliche Licht-Phänomene erklären: die schillernden Farben von Seifenblasen, von Ölfilmen auf Wasser und von Compactdiscs. Keines dieser Licht-Phänomene lässt sich mit dem Lichtstrahlen-Modell oder dem Lichtteilchen-Modell erklären.

Welle, Wasserwelle

Bevor wir das Lichtwellen-Modell besprechen, wollen wir eine Situation anschauen, bei der der Begriff *Welle* ebenfalls auftaucht: *Wasserwellen*. Wir machen dies, um anschliessend die Beugung des Lichts in Analogie zu Wasserwellen verstehen zu können.

Wasserwellen

Wellenberg, Wellental

Überlegen wir uns zuerst, was an Wasserwellen Besonderes ist. Sie schauen einem Korken zu, der auf dem Wasser schwimmt. Wenn sich Wellen im Wasser ausbreiten, so macht der Korken eine Auf-und-Ab-Bewegung, während ein *Wellenberg* zu einem *Wellental* und etwas später wieder zu einem Wellenberg wird. Obwohl sich die Wasserwellen ausbreiten, macht der Korken seine Auf-und-Ab-Bewegung an der gleichen Stelle über dem Boden. Der Eindruck, dass Wasserwellen das Wasser mit sich nehmen, täuscht also. *Das Wasser einer Wasserwelle bewegt sich dort nur auf und ab.* Wie breitet sich aber eine Wasserwelle aus, wenn das Wasser an Ort bleibt? Wenn Sie einen Stein ins ruhige Wasser werfen, sehen Sie, wie sich Wasserwellen ausgehend von der Eintauchstelle kreisförmig ausbreiten. Der Stein stört das Wasser an der Eintauchstelle. Wasserwellen breiten sich dann weiter aus, weil die *Störung* des Wassers an einer Stelle kurz darauf jeweils auch die umliegenden Stellen erfasst. Ein Wellenberg-und-Wellental-Muster bewegt sich nach aussen.

Interferenz

Wenn sich zwei Wasserwellen bei ihrer Ausbreitung kreuzen, so kommt es zu einem neuen Berg-und-Tal-Muster (Abb. 17.5). Sie können dies selber überprüfen, wenn Sie zwei Steinchen gleichzeitig in eine Pfütze werfen. Die Entstehung des Wellenberg-und-Wellental-Musters, bei der Überlagerung von Wellen, bezeichnet man in der Physik als *Interferenz*. Dort, wo die beiden Wasserwellen wieder auseinander gelaufen sind, sieht man den Wellen nicht mehr an, dass sie einmal eine andere Welle gekreuzt haben.

[Abb. 17.5]   Interferenz

Dort, wo sich Wellen bei ihrer Ausbreitung kreuzen, kommt es zur Interferenz.
Bild: Martin Dohrn, Science Photo Library

Konstruktive Interferenz, destruktive Interferenz

In Abb. 17.5 erkennen Sie, dass die Überlagerung von zwei Wellenbergen zu einem besonders hohen Wellenberg führt. Bei der Überlagerung von zwei Wellenbergen spricht man von *konstruktiver Interferenz*. Sie können auch erkennen, dass es bei der Überlagerung von einem Wellenberg und einem Wellental zu einer Abschwächung des Wellenbergs kommt. Bei der Überlagerung von Wellenberg und Wellental spricht man von *destruktiver Interferenz*. Destruktive Interferenz kann im Extremfall dazu führen, dass Wellenberg und Wellental ausgelöscht werden und die Wasseroberfläche flach ist.

In Abb. 17.6 ist schematisch dargestellt, was mit Wasserwellen passiert, die auf eine Öffnung in einer Hafenmauer treffen. Die Striche geben die Position der Wellenberge und Wellentäler an. Sie können erkennen, dass Wellen nicht einfach nur geradeaus weiterlaufen, sondern sich auch hinter der Mauer ausbreiten.

[Abb. 17.6]   Beugung

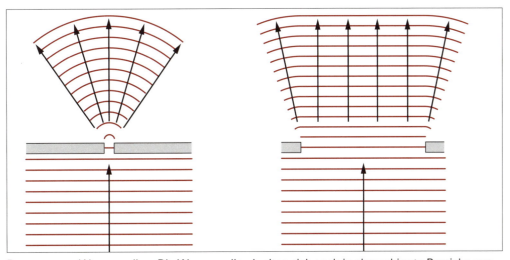

Beugung von Wasserwellen: Die Wasserwellen breiten sich auch in abgeschirmte Bereiche aus.

Regelmässige Welle

Die Wasserwellen gelangen in Gegenden, die eigentlich von der Mauer abgedeckt werden. *Beim Durchtritt durch das Loch ändert die Ausbreitungsrichtung der Wasserwelle.* Dies ist genau so wie bei der Beugung des Lichts. Bei der kleineren Öffnung (Abb. 17.6, links) ist die Änderung der Ausbreitungsrichtung viel offensichtlicher als bei der grösseren (Abb. 17.6, rechts).

Eine *einfache regelmässige Welle* ist eine Wasserwelle aus lauter gleichen Wellenbergen und Wellentälern, mit gleichen Abständen zwischen den Wellentälern und Wellenbergen (Abb. 17.7).

[Abb. 17.7]   Eine einfache regelmässige Welle

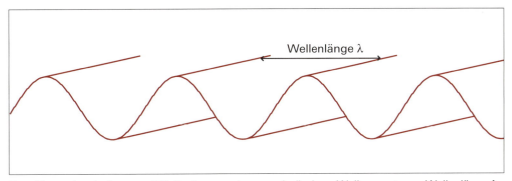

Den Abstand zwischen zwei Wellenbergen einer regelmässigen Welle nennt man Wellenlänge λ.

Wellenlänge

Den Abstand zwischen zwei Wellenbergen einer solchen einfachen Wasserwelle nennt man die *Wellenlänge* der Welle. Das Formelzeichen für die Wellenlänge ist λ (lambda).

Abbildung 17.6 zeigt: *Die Beugung von Wasserwellen ist stark, wenn die Wellenlänge λ ähnlich gross ist wie die Öffnung in der Mauer*.

Lichtwellen

Lichtwellen

Interferenz und Beugung sind charakteristisch für Wasserwellen. Beugung haben wir aber auch bei Licht beobachtet, das durch ein winziges Loch scheint. Licht scheint aus Wellen zu bestehen, den *Lichtwellen:* Die Lichtwellen breiten sich mit der Lichtgeschwindigkeit c = 300 000 km/s aus.

Beugung von Lichtwellen

Die *Lichtwellen werden gebeugt*, wenn sie auf ein winziges Loch treffen. Wie wir von den Wasserwellen her wissen, wird Beugung offensichtlich, wenn die Wellenlänge λ etwa gleich gross ist wie das Loch. Man kann also die Wellenlänge der Lichtwellen an der Grösse des Lochs ablesen, bei der Beugung erkennbar wird. Mit solchen Experimenten findet man, dass die Wellenlänge von Lichtwellen von der Farbe des Lichts abhängt. In Tab. 17.1 sind die Wellenlängen der unterschiedlichen Farben des Regenbogens aufgelistet. Tabelle. 17.1 zeigt, dass die mittlere Wellenlänge von sichtbarem Licht winzige 600 nm ist.

[Tab. 17.1]   Wellenlängen der Farben des Regenbogens

Farbe des Lichts	Wellenlänge λ [nm] der Lichtwellen
Violett	400–420
Blau	420–490
Grün	490–575
Gelb	575–585
Orange	585–650
Rot	650–750

Weil unterschiedlich farbiges Licht unterschiedlich starke Beugung zeigt, haben wir übrigens für das Beugungsexperiment in Abb. 17.3 einen roten Laserpointer verwendet. Rote Laserpointer senden nur rote Lichtwellen aus.

Neben der Wellenlänge λ der Lichtwellen wird auch die Frequenz *f* zur Beschreibung der Lichtwellen verwendet. Die Frequenz *f* gibt an, wie oft sich in einer Sekunde ein Wellental in einen Wellenberg und wieder zurück in ein Wellental verwandelt. Die Frequenz *f* der Lichtwelle lässt sich aus der Wellenlänge λ der Lichtwelle ausrechnen:

Gleichung 17.1

$$\lambda \cdot f = c$$

Die SI-Einheit der Frequenz ist Hz = s^{-1}.

Beispiel 17.1   Die Frequenz von roten Lichtwellen beträgt etwa:

$$f = \frac{c}{\lambda} = \frac{3 \cdot 10^8 \frac{m}{s}}{700 \cdot 10^{-9} m} = 4.3 \cdot 10^{14} s^{-1} = 4.3 \cdot 10^{14} \text{ Hz}$$

In 1 Sekunde wird der Wellenberg von roten Lichtwellen $4.3 \cdot 10^{14}$-mal zu einem Wellental und wieder zu einem Wellenberg.

Wir wollen mit dem Lichtwellen-Modell neben der Beugung noch ein zweites alltägliches Phänomen, die schillernden Farben von Seifenblasen, erklären. Die schillernden Farben von Seifenblasen lassen sich weder mit Lichtstrahlen noch mit Lichtteilchen erklären, dafür aber gut mit der Interferenz von Lichtwellen.

Parallele Lichtwellen

Wir stellen uns das auf die Seifenblase einfallende parallele Sonnenlicht als Lichtwelle vor. Abbildung 17.8 illustriert, was mit einer *parallelen Lichtwelle* passiert, wenn sie auf die Seifenblasenschicht trifft. In Abb. 17.8 geben die Striche die Position der parallelen Wellenberge und Wellentäler an. Ein Teil der einfallenden Lichtwelle wird an der Aussenseite reflektiert, ein anderer Teil tritt in die Seifenblasenschicht ein (und ändert dabei die Ausbreitungsrichtung). Ein Teil der eingetretenen Lichtwelle, wird an der Innenseite der Seifenblasenschicht reflektiert und tritt durch diejenige Seifenblasenwand wieder aus, durch die sie auch eingetreten ist. Die beiden reflektierten Lichtwellen überlagern sich nun.

[Abb. 17.8]   Interferenz

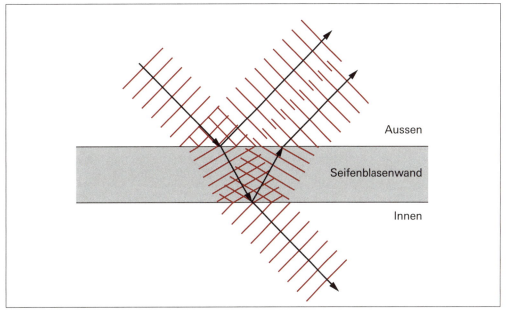

Bei Seifenblasen führt die Überlagerung der beiden reflektierten Lichtwellen zu Interferenz.

Interferenz von Lichtwellen

Überall, wo sich Lichtwellen überlagern, kommt es zur *Interferenz der Lichtwellen*. So auch bei der Überlagerung der beiden reflektierten Lichtwellen. Überlagern sich die Wellenberge der einen reflektierten Welle mit den Wellentälern der anderen reflektierten Welle, kommt es zu destruktiver Interferenz. Destruktive Interferenz hat zur Folge, dass die beiden reflektierten Wellen ausgelöscht werden. Wegen der Auslöschung fehlt die entsprechende Farbe im reflektierten Licht. Weisses Licht ist eine Mischung aus violetten, blauen, grünen, gelben, orangen und roten Lichtwellen. Wenn ursprünglich weisses Licht auf die Seifenblase fällt, wird das reflektierte Licht wegen destruktiver Interferenz farbig:

- Kommt es bei den reflektierten blauen Lichtwellen zu destruktiver Interferenz, wirkt das reflektierte Licht gelb.
- Kommt es bei den reflektierten grünen Lichtwellen zu destruktiver Interferenz, wirkt das reflektierte Licht purpur.
- Kommt es bei den reflektierten roten Lichtwellen zu destruktiver Interferenz, wirkt das reflektierte Licht cyan.

Ob es bei der Überlagerung zu destruktiver Interferenz kommt, hängt ab von der Wellenlänge, der Dicke der Seifenblasenschicht und vom Einfallswinkel der Lichtstrahlen. Diese drei Abhängigkeiten führen zusammen zu den schillernden Farben von Seifenblasen.

Wenn man mit einem Laserpointer durch ein winziges Loch leuchtet, taucht das Licht dahinter an Orten auf, die eigentlich abgeschirmt sind. Das Licht wird gebeugt. Wenn weisses Licht an einer Seifenblase reflektiert wird, so ist das reflektierte Licht farbig.

Beugung und die Farben von Seifenblasen sind im Widerspruch zum Lichtstrahlen- und Lichtteilchen-Modell. Beide Phänomene können erklärt werden, wenn Licht aus Lichtwellen besteht. Man spricht vom Lichtwellen-Modell. Lichtwellen breiten sich mit Lichtgeschwindigkeit c aus. Die Frequenz f der Lichtwelle lässt sich aus der Wellenlänge λ der Lichtwelle ausrechnen: $\lambda \cdot f = c$.

Aufgabe 2   Was an der Beugung widerspricht sowohl dem Lichtstrahlen- als auch dem Lichtteilchen-Modell?

17.3 Welches ist das richtige Modell für Licht?

Teilchen-Welle-Dualismus

Sie haben Phänomene kennen gelernt, die nur mit dem Teilchen-Modell erklärt werden können, und solche, die nur mit dem Wellen-Modell erklärt werden können. Was ist Licht nun wirklich, Welle oder Teilchen? Weder das Wellen-Modell noch das Teilchen-Modell kann sämtliche Erscheinungen des Lichts beschreiben. Licht kann weder einfach aus Teilchen bestehen, noch kann es einfach aus Wellen bestehen. Je nach Situation verhält sich Licht wie Teilchen dies tun oder wie Wellen dies tun. Man spricht beim Licht vom *Teilchen-Welle-Dualismus*. Es braucht beide Modelle, um das Verhalten von Licht erklären zu können, denn jedes der beiden Modelle kann nur einen Teil der Licht-Phänomene erklären.

Modell

Heisst das, dass beide Modelle falsch sind? Dazu eine etwas allgemeinere Überlegung zur Physik. Die Physik entwickelt *Modelle,* mit denen sich Phänomene beschreiben lassen und mit denen sich Vorhersagen machen lassen. Jedes physikalische Modell hat aber nur einen begrenzten Geltungsbereich, hat seine Anwendungsgrenzen. Es existiert kein physikalisches Modell, das alle Phänomene der Natur beschreiben kann. Modelle beschreiben immer nur eine Reihe von Phänomenen. Bei jeder neuen Beobachtung muss man herausfinden, welches Modell zur Erklärung der Beobachtung verwendet werden kann. Dabei kann es sein, dass man merkt, dass ein bestehendes Modell verfeinert werden muss, um die neuen Beobachtungen erklären zu können. Lichtteilchen-Modell und Lichtwellen-Modell haben beide ihre Berechtigung. Wir können nicht sagen, das eine ist besser als das andere. Beides sind physikalische Modelle, mit denen sich jeweils gewisse Licht-Phänomene verstehen lassen.

Der Fotoeffekt hat gezeigt, dass die Energie eines Photons die Farbe des Lichts bestimmt. Die Beugung hat gezeigt, dass die Farbe des Lichts die Wellenlänge λ respektive die Frequenz f der Lichtwelle bestimmt. Es muss also einen Zusammenhang zwischen der Energie des Photons und der Wellenlänge λ respektive der Frequenz f der Lichtwelle geben. Den Zusammenhang zwischen Teilchen-Modell und Wellen-Modell schafft folgende experimentell gefundene Gleichung:

Gleichung 17.2

$$E_{Photon} = \frac{h \cdot c}{\lambda} = h \cdot f$$

Energie eines Photons, Planck'sches Wirkungsquantum

Die *Energie eines Photons (Lichtteilchens)* E_{Photon} ist durch die Wellenlänge λ respektive die Frequenz f der Lichtwelle bestimmt. Der Wert des *Planck'schen Wirkungsquantums* beträgt $h = 6.63 \cdot 10^{-34}$ J · s.

Beispiel 17.2 Je nach Phänomen beschreibt man das Licht einer gelben Lampe durch Lichtteilchen oder durch Lichtwellen. Wenn man das gelbe Licht mit einer Lichtwelle beschreibt, so ist die Wellenlänge der Lichtwelle etwa $\lambda = 580$ nm. Wenn man das gelbe Licht mit Lichtteilchen beschreibt, so ist die Energie der Photonen etwa:

$$E_{Photon} = \frac{h \cdot c}{\lambda} = \frac{6.63 \cdot 10^{-34} \text{ J} \cdot \text{s} \cdot 3.0 \cdot 10^{8} \frac{\text{m}}{\text{s}}}{580 \cdot 10^{-9} \text{ m}} = 3.4 \cdot 10^{-19} \text{ J}$$

Die Energie eines einzelnen gelben Photons ist also winzig klein.

Beispiel 17.3 Die Sonne gibt jede Sekunde die Energie $E = 3.8 \cdot 10^{26}$ J in Form von Lichtenergie an den Weltraum ab. Für eine Abschätzung nehmen wir der Einfachheit halber an, dass die Sonne nur gelbes Licht mit $E_{Photon} = 3.4 \cdot 10^{-19}$ J aussendet. Wenn wir das ausgesendete Sonnenlicht mit Photonen beschreiben, so würden wir sagen, dass die Sonne jede Sekunde $3.8 \cdot 10^{26}$ J / $3.4 \cdot 10^{-19}$ J $= 1.1 \cdot 10^{45}$ Photonen in alle Richtungen aussendet.

Es braucht Lichtteilchen- und Lichtwellen-Modell, um alle Phänomene des Lichts erklären zu können. Man spricht deshalb vom Teilchen-Welle-Dualismus des Lichts. Den Zusammenhang zwischen den beiden Licht-Modellen schafft die Gleichung:

$$E_{Photon} = \frac{h \cdot c}{\lambda} = h \cdot f$$

Die Energie E_{Photon} des Photons (Lichtteilchens) ist durch die Wellenlänge λ respektive die Frequenz der Lichtwelle bestimmt. Die Konstante h ist das Planck'sche Wirkungsquantum $h = 6.63 \cdot 10^{-34}$ J · s.

Aufgabe 130 Erklären Sie mit eigenen Worten den Begriff Teilchen-Welle-Dualismus.

Aufgabe 153 Wie viel Energie hat ein rotes Photon etwa? Verwenden Sie einen Mittelwert für die Wellenlänge von roten Lichtwellen (Tab. 17.1).

Exkurs: Modelle für den Sehvorgang und das Licht

Christian Huygens (links) vertrat das Lichtwellen-Modell, Isaac Newton das Lichtteilchen-Modell.
Linkes Bild: George Bernard, Science Photo Library, rechtes Bild: Science Photo Library

Pythagoras (ca. 570–480 v. Chr.) vertrat die Ansicht, dass wir Gegenstände sehen können, weil heisse Sehstrahlen von den Augen zu den betrachteten Gegenständen gelangen. Infolge des Widerstands, den die heissen Sehstrahlen bei den kalten Gegenständen finden, werden sie von den Gegenständen zurückgedrängt und ermöglichen so ihre Empfindung im Auge. Der Glaube, dass die Augen Sehstrahlen aussenden, war zäh. Ibn Al Haitham (965–1040) stellte sich als Erster das Sehen als empfangen von Lichtstrahlen vor. Für Al Haitham waren Lichtstrahlen reale Objekte. Erst Johannes Kepler (1571–1630) begründete die moderne Lichtstrahlen-Optik. Keplers Vorstellung von Licht kam der von Al Haitham sehr nahe. Seiner Meinung nach gehen von jedem Punkt einer Lichtquelle unendlich viele Lichtstrahlen in alle Richtungen aus. Dabei stellt der Lichtstrahl aber nur ein gedachtes geometrisches Gebilde dar, das die Ausbreitungsrichtung des Lichts beschreibt.

Wenn Lichtstrahlen nur geometrische Gebilde zur Beschreibung der Lichtausbreitung sind, so stellt sich die Frage, was Licht ist. Bei der Beantwortung dieser Frage waren Isaac Newton (1642–1727) und Christian Huygens (1629–1695) federführend. Huygens entwickelte das Lichtwellen-Modell, Newton das Lichtteilchen-Modell. Newton war der Meinung, dass Licht aus einzelnen sich schnell bewegenden Teilchen besteht. Huygens hat dem Teilchen-Modell entgegengehalten, dass sich zwei kreuzende Lichtteilchen gegenseitig stören müssten, sodass sich zwei gegenüberstehende Personen nicht gleichzeitig sehen könnten. Huygens vertrat deshalb sein Lichtwellen-Modell. Huygens Lichtwellen-Modell unterscheidet sich dabei stark von der heutigen Vorstellung. Huygens war der Meinung, dass Licht durch mechanische Stösse in einem unsichtbaren Stoff, dem Äther, zustande kommt: Der Körper, der Licht abstrahlt, stösst den ihn umgebenden Äther an, wodurch sich eine Störung durch den Äther ausbreitet. Der Eindruck von Licht entsteht auf der Netzhaut des Auges, wenn der Äther mechanische Stösse auf die Netzhaut ausübt. Die geradlinige Ausbreitung des Lichts wird vom Lichtwellen-Modell etwas weniger offensichtlich erklärt als vom Lichtteilchen-Modell. Huygens konnte jedoch zeigen, dass die geradlinige Ausbreitung des Lichts mit der Überlagerung von Wellen erklärt werden kann. Heute weiss man, dass es den Raum ausfüllenden unsichtbaren Äther nicht gibt, sondern dass Lichtwellen Schwingungen von elektrischen und magnetischen Feldern sind. Man spricht von elektromagnetischen Wellen.

Teil F   Anhang

Zusammenfassung: Energie

Worum geht es bei der Energie?

Wozu braucht ein Körper seine Energie?

Körper brauchen Energie, um Arbeit verrichten zu können. Es sind immer Körper, die Energie haben. Der Körper kann dabei belebt, unbelebt, fest, flüssig oder gasförmig sein. Während ein Körper eine Arbeit verrichtet, nimmt seine Energie ab. Ein Körper kann arbeiten, solange er Energie hat.

Welche Grundformen von Energie gibt es?

Lageenergie, elastische Energie, Bewegungsenergie, elektrische Energie, chemische Energie, Kernenergie, Lichtenergie, Wärme etc. sind Formen von Energie, die wir im Alltag häufig antreffen.

Die Vielzahl von Energieformen lässt sich in wenige Energiegrundformen einteilen. Die zwei wichtigsten Grundformen der Energie sind kinetische Energie und potenzielle Energie. Kinetische Energie hat ein Körper durch seine Bewegung. Potenzielle Energie hat ein Körper, weil eine Kraft auf ihn wirkt.

Wärme hat mit der mikroskopischen Bewegung der Atome der Materie zu tun, ist somit eine Form von kinetischer Energie. Lageenergie, elektrische Energie, chemische Energie, Kernenergie und elastische Energie kommen durch Kräfte zustande, sind deshalb Formen von potenzieller Energie. Lichtenergie lässt sich nicht ohne weiteres der kinetischen oder potenziellen Energie zuordnen.

Woher hat ein Körper seine Energie?

Verrichten von Arbeit bedeutet für die beteiligten Körper eine Energieänderung: Wenn ein Körper an einem anderen Körper Arbeit verrichtet, so nimmt die Energie des einen Körpers ab, während die Energie des anderen Körpers zunimmt. Ein Körper kann so durch Arbeit zu Energie kommen. Wenn man eine Energiebilanz einer Arbeit aufstellt, so kommt man zum Schluss: Arbeit bewirkt einen Energieaustausch zwischen den beiden Körpern, Arbeit bewirkt eine Energieübertragung.

Wie berechnet man eine Arbeit und eine Leistung?

Wann wird Arbeit verrichtet?

Wenn ein Körper durch eine Kraft bewegt wird, so wird an ihm Arbeit verrichtet. Die verrichtete Arbeit ist bestimmt durch die Kraft, die auf den Körper wirkt, und durch den Weg, den der Körper dabei zurücklegt.

Wie viel Arbeit wird verrichtet?

Die Arbeit W, die am Körper durch die konstante Kraft $F_\parallel$ längs des Wegs s verrichtet wird, beträgt:

$$W = F_\parallel \cdot s$$

Die SI-Einheit der Arbeit ist das Joule:

$$1\,\text{J} = 1\,\text{N} \cdot 1\,\text{m} = 1\,\text{kg} \cdot \text{m}^2 \cdot \text{s}^{-2}$$

Wenn die Kraft F und die Bewegungsrichtung einen Winkel α einschliessen, so verrichtet nur die Parallelkomponente der Kraft eine Arbeit, denn nur die Parallelkomponente der Kraft bewirkt eine Bewegung. Für den Betrag der Parallelkomponente der Kraft gilt:

$$F_\parallel = F \cdot \cos\alpha$$

Die konstante Kraft F verrichtet am Körper die Arbeit:

$$W = F_\parallel \cdot s = F \cdot s \cdot \cos\alpha$$

Vorzeichen der Arbeit W:

- $0° \leq \alpha < 90°$ bedeutet $W = F \cdot s \cdot \cos\alpha > 0$.
- $\alpha = 90°$ bedeutet $W = F \cdot s \cdot \cos\alpha = 0$.
- $90° < \alpha \leq 180°$ bedeutet $W = F \cdot s \cdot \cos\alpha < 0$.

Die verrichtete Arbeit W ist gleich der Fläche unter der Kurve im Kraft-Weg-Diagramm.

Welche Leistung wird bei einer Arbeit verrichtet?

In der Zeit Δt wird von einem Körper die Arbeit W verrichtet. Dies bedeutet eine mittlere Leistung P:

$$P = W / \Delta t$$

Die SI-Einheit für die Leistung ist das Watt:

$$[P] = 1\,\text{W} = 1\,\text{J} / 1\,\text{s} = 1\,\text{kg} \cdot \text{m}^2 \cdot \text{s}^{-3}$$

Die von einem Gerät mit der mittleren Leistung P in der Zeit Δt verrichtete Arbeit W ist:

$$W = P \cdot \Delta t$$

Wie berechnet man eine Energie?

Wie berechnet man die Energie eines Körpers?

Vor dem Verrichten der Arbeit hat der Körper die Energie E_1. Nachher hat er die Energie E_2. Die Energieänderung ΔE des Körpers ist gleich der an ihm verrichteten Arbeit W:

$$\Delta E = E_2 - E_1 = W$$

Die SI-Einheit der Energie ist das Joule:

$$[E] = \text{J}$$

Mit der Arbeit W, die an einem Körper verrichtet wird, können wir die Energie $E_2 = E_1 + W$ des Körpers berechnen.

- Beschleunigungsarbeit führt zu Bewegungsenergie.
- Hubarbeit führt zu Lageenergie.
- Dehnungsarbeit führt zu elastischer Energie.
- Reibungsarbeit führt zu Wärme.

Wie berechnet man die kinetische Energie eines Körpers?

Die kinetische Energie eines Körpers wird mit der Beschleunigungsarbeit berechnet, die verrichtet werden muss, um ihn aus der Ruhe auf die Geschwindigkeit v zu beschleunigen. Man erhält für die Beschleunigungsarbeit W und somit für die kinetische Energie E_k:

$$W = E_k = \frac{1}{2} \cdot m \cdot v^2$$

Die kinetische Energie E_k eines Körpers hängt von der Geschwindigkeit v und der Masse m des Körpers ab. Die kinetische Energie eines Körpers hängt nicht davon ab, wie die Geschwindigkeit erreicht wurde.

Es muss ein Bezugssystem festgelegt werden, bezüglich dessen die Geschwindigkeit gemessen wird. Der Wert der kinetischen Energie eines Körpers hängt von der Wahl des Bezugssystems ab.

Wie berechnet man die potenzielle Energie eines Körpers?

Die potenzielle Energie eines Körpers erhält man, indem man berechnet, welche Hubarbeit am Körper verrichtet werden muss, um ihn gegen die Kraft, die auf ihn wirkt, zu bewegen.

Die (gravitationelle) potenzielle Energie, die ein Körper aufgrund der Gewichtskraft hat, berechnen wir, indem wir die Hubarbeit ermitteln, die nötig war, um ihn gegen die Gewichtskraft in die Höhe zu heben. Die Gleichung für die Hubarbeit W und somit für die potenzielle Energie E_p eines Körpers lautet:

$$W = E_p = m \cdot g \cdot h$$

Die potenzielle Energie E_p eines Körpers hängt von der Höhe h und der Masse m des Körpers ab. Die potenzielle Energie eines Körpers hängt nicht davon ab, auf welchem Weg die Höhe h erreicht wurde.

Es muss ein Bezugssystem festgelegt werden, bezüglich dessen die Höhe gemessen werden kann. Der Wert der potenziellen Energie hängt von der Wahl des Bezugssystems ab.

Zusammenfassung: Energieumwandlungen

Was passiert bei Energieumwandlungen?

Was bedeutet der Begriff Energieumwandlung?

Bei Energieumwandlungen wird die Energie des Körpers von einer Form in eine andere umgewandelt. Energieumwandlungen können stattfinden, wenn Arbeit am Körper verrichtet wird.

Wenn bei einer Energieumwandlung keine Energie in die Energieform Wärme umgewandelt wird, spricht man von einer «mechanischen Energieumwandlung». Bei mechanischen Energieumwandlungen wird durch Hubarbeit und Beschleunigungsarbeit die potenzielle Energie des Körpers in kinetische Energie umgewandelt oder umgekehrt.

Wo wird potenzielle in kinetische Energie umgewandelt?

Beim freien Fall wird potenzielle Energie des Körpers in kinetische Energie umgewandelt.

Wo wird kinetische in potenzielle Energie umgewandelt?

Beim vertikalen Wurf aufwärts wird kinetische Energie des Körpers in potenzielle Energie umgewandelt.

Was passiert mit der Energie des Körpers bei Reibung?

Wie berechnet man die Reibungsarbeit?

Durch die Reibungsarbeit W wird kinetische Energie eines Körpers in die Energieform Wärme umgewandelt. Durch die Reibungsarbeit W entsteht die Wärme $\Delta E = W$. Die Reibungsarbeit W, die am Körper verrichtet wird, ist durch die zurückgelegte Strecke s und die Reibungskraft F_R bestimmt:

$$W = -F_R \cdot s$$

Wenn bei einer Energieumwandlung die Reibungsarbeit viel kleiner ist als andere gleichzeitig verrichtete Arbeiten, kann die Reibungsarbeit vernachlässigt werden. Energieumwandlungen mit vernachlässigbarer Reibungsarbeit können als mechanische Energieumwandlungen betrachtet werden.

Was versteht man unter dem Wirkungsgrad?

Der Wirkungsgrad η einer Energieumwandlung ist das Verhältnis der Energie E_{ab}, die nach der Energieumwandlung in der erwünschten Energieform vorliegt, zur Energie E_{zu}, die der Energieumwandlung zugeführt wurde:

$$\eta = E_{ab} / E_{zu}$$

Kann man Energie erzeugen oder vernichten?

Wie ändert die Gesamtenergie des Körpers beim freien Fall?

Beim freien Fall ist die Gesamtenergie des Körpers immer gleich gross:

$$E_{total} = E_p + E_k = \text{konstant}$$

Wie ändert die Gesamtenergie des Körpers allgemein bei Energieumwandlungen?

Energieerhaltungssatz: Energie kann nicht erzeugt und nicht vernichtet werden. Die Energie eines Körpers kann nur von einer Form in eine andere Form umgewandelt oder auf einen anderen Körper übertragen werden. Damit der Energieerhaltungssatz gilt, müssen aber alle Energien bezüglich desselben Bezugssystems berechnet werden.

Wir unterscheiden bei Energiebetrachtungen offene und abgeschlossene Systeme: Die Gesamtenergie eines offenen Systems ändert sich, da Energie mit der Umgebung ausgetauscht wird. Die Gesamtenergie eines abgeschlossenen Systems ändert sich nicht, da keine Energie mit der Umgebung ausgetauscht wird.

Wenn wir die Gesamtenergie E_{total} eines abgeschlossenen Systems zu den beiden Zeitpunkten t_1 und t_2 vergleichen, so gilt:

$$E_{total,1} = E_{total,2}$$

Wenn wir die Gesamtenergie E_{total} eines offenen Systems betrachten, an dem zwischen dem Zeitpunkt t_1 und dem Zeitpunkt t_2 die Arbeit W verrichtet wurde, so gilt:

$$E_{total,1} + W = E_{total,2}$$

Wie wendet man den Energieerhaltungssatz auf abgeschlossene Systeme an?

Wenn sich die Gesamtenergie eines abgeschlossenen Systems aus potenzieller und kinetischer Energie zusammensetzt, lautet der Energieerhaltungssatz:

$$E_{k,1} + E_{p,1} = E_{k,2} + E_{p,2}$$

$$\frac{1}{2} \cdot m \cdot v_1^2 + m \cdot g \cdot h_1 = \frac{1}{2} \cdot m \cdot v_2^2 + m \cdot g \cdot h_2$$

Wie wendet man den Energieerhaltungssatz auf offene Systeme an?

Wenn sich die Gesamtenergie eines offenen Systems aus potenzieller und kinetischer Energie zusammensetzt und Energie über die Arbeit W mit der Umgebung ausgetauscht wird, lautet der Energieerhaltungssatz:

$$E_{k,1} + E_{p,1} + W = E_{k,2} + E_{p,2}$$

$$\frac{1}{2} \cdot m \cdot v_1^2 + m \cdot g \cdot h_1 + W = \frac{1}{2} \cdot m \cdot v_2^2 + m \cdot g \cdot h_2$$

Zusammenfassung: Begriffe und Modelle der Wärmelehre

Was sind die wichtigen Grössen der Wärmelehre?

Welche Grössen müssen wir in der Wärmelehre unterscheiden?

Die wichtigen Grössen der Wärmelehre:

- Die Temperatur des Körpers beschreibt, wie warm ein Körper ist.
- Die innere Energie des Körpers ist die Energie, die in einem warmen Körper drinsteckt.
- Die Wärme ist die Energie, die zwischen zwei warmen Körpern ausgetauscht wird.

Was versteht man unter Temperatur?

Die Temperatur gibt an, wie warm ein Körper ist. Wenn die Temperatur eines Körpers zunimmt, so expandiert er im Allgemeinen. Wenn die Temperatur eines Körpers abnimmt, so zieht er sich zusammen. Die Expansion eines Körpers kann als Mass für die Temperatur verwendet werden. So misst man mit dem Quecksilber-Thermometer die Temperatur ϑ anhand der Expansion von Quecksilber. Bei einem Druck von 1 bar gilt:

- Die Temperatur $\vartheta = 0\,°C$ entspricht dem Schmelzpunkt von Eis.
- Die Temperatur $\vartheta = 100\,°C$ entspricht dem Siedepunkt von Wasser.

Die thermische Expansion eines Körpers mit normaler Expansion berechnet man mit dem Längenausdehnungskoeffizienten α oder dem Volumenausdehnungskoeffizienten γ:

$$\Delta l = \alpha \cdot \Delta \vartheta \cdot l$$

$$\Delta V = \gamma \cdot \Delta \vartheta \cdot V$$

$$[\alpha] = [\gamma] = °C^{-1} = K^{-1}$$

Bei normaler Expansion ist die Expansion Δl respektive ΔV proportional zur Temperaturänderung $\Delta \vartheta$. Wasser zeigt ein anomales Expansionsverhalten, d. h., die Expansion ist nicht proportional zur Temperaturänderung.

Messungen zeigen: Die tiefste Temperatur ist $\vartheta = -273.15\,°C$. Die Celsius-Temperatur $\vartheta = -273.15\,°C$ entspricht dem Nullpunkt der Kelvin-Temperaturskala. Bei der Kelvin-Temperatur T spricht man auch von der absoluten Temperatur. Die Umrechnung von Grad Celsius nach Kelvin und umgekehrt erhält man durch Addition respektive Subtraktion von 273.15:

$$T\,[K] = \vartheta\,[°C] + 273.15\,K$$

$$\vartheta\,[°C] = T\,[K] - 273.15\,°C$$

Das Kelvin ist die SI-Einheit der Temperatur:

$$[T] = K$$

Temperaturunterschiede haben in Grad Celsius und in Kelvin den gleichen Wert:

$$\Delta T = \Delta \vartheta$$

Was versteht man unter Wärme?

Die Wärme Q ist die zwischen zwei warmen Körpern ausgetauschte Energie. Die Einheit der Wärme ist das Joule:

$$[Q] = \text{Joule}$$

Wärme wird zwischen zwei Körpern aufgrund ihrer unterschiedlichen Temperatur ausgetauscht. Wärme geht von alleine vom heisseren Körper zum kälteren Körper.

Vorzeichen der Wärme:

- Die Energie des Körpers nimmt zu, wenn er Wärme von der Umgebung aufnimmt. Die von einem Körper aufgenommene Wärme hat deshalb ein positives Vorzeichen.
- Die Energie des Körpers nimmt ab, wenn er Wärme an die Umgebung abgibt. Die von einem Körper abgegebene Wärme hat deshalb ein negatives Vorzeichen.

Was versteht man unter innerer Energie?

Die Energie, die in einem warmen Körper drinsteckt, heisst innere Energie U. Die Wärme Q bewirkt eine Änderung der inneren Energie ΔU des Körpers:

$$\Delta U = Q$$

Welches Modell eignet sich zur Beschreibung der Materie?

Wie ist die Materie aufgebaut?

Materie ist aus Atomen aufgebaut. Die Atome kann man sich als winzige Kügelchen vorstellen, die einen Durchmesser von etwa 10^{-10} m und eine Masse im Bereich von 10^{-25} kg bis 10^{-27} kg haben. Die Anzahl Atome N, die es in einem Körper hat, gibt man oft als Vielfaches der Avogadro-Konstanten $N_A = 6.02 \cdot 10^{23}$ mol^{-1} an:

$$N = n \cdot N_A$$

Die Grösse n heisst Stoffmenge, ihre Einheit ist das Mol. Die Anzahl Atome N, die es in der Stoffmenge $n = 1$ mol hat, ist:

$$N = 1 \text{ mol} \cdot 6.02 \cdot 10^{23} \text{ mol}^{-1} = 6.02 \cdot 10^{23}$$

Zwischen den Atomen wirken anziehende Kräfte. Die anziehenden Kräfte nehmen schnell ab, wenn sich der Abstand zwischen den Atomen vergrössert. Bei grossen Abständen ist die Anziehungskraft deshalb praktisch vernachlässigbar klein. Die gegenseitige Anziehungskraft hat zur Folge, dass die Atome eines Körpers elektrische potenzielle Energie haben. Diese elektrische potenzielle Energie trägt zur inneren Energie eines Körpers bei.

Wie lassen sich die Eigenschaften der drei Aggregatzustände erklären?

Für die Abstände und Kräfte zwischen den Atomen eines Körpers gilt:

- Bei Festkörpern sind die Abstände minimal und die Kräfte gross.
- Bei Flüssigkeiten sind die Abstände fast minimal und die Kräfte klein.
- Bei Gasen sind die Abstände gross und die Kräfte winzig.

Was bedeutet die Brown'sche Bewegung?

Was ist die Brown'sche Bewegung?

In Flüssigkeit schwebende Teilchen sind ständig in Brown'scher Bewegung. Die Brown'sche Bewegung ist in heissen Flüssigkeiten schneller als in kalten.

Was ist die Ursache der Brown'schen Bewegung?

Die Atome eines warmen Körpers sind ständig in ungeordneter Bewegung. Man spricht von der thermischen Bewegung der Atome. Wenn die Temperatur des Körpers steigt, nimmt die mittlere Geschwindigkeit der Atome des Körpers zu.

Die Brown'sche Bewegung der Pollenkörner in Wasser ist eine Folge der thermischen Bewegung der Wasser-Moleküle: Wasser-Moleküle in ungeordneter Bewegung schubsen die Pollen ständig von allen Seiten.

Die Temperatur von $\vartheta = -273.15\ °C$ entspricht dem Zustand, bei dem sich die Atome oder Moleküle des Körpers nicht bewegen, d. h. in Ruhe sind. Dieser Zustand, d. h. diese Temperatur ist jedoch in der Praxis unerreichbar.

Wie sieht die Bewegung der Atome für die drei Aggregatzustände aus?

Aussehen der thermischen Bewegung der Atome:

- Atome in Festkörpern bewegen sich an Ort hin und her und stossen dabei die benachbarten Atome. (Vibration der Atome)
- Atome in Flüssigkeiten bewegen sich an Ort hin und her, bis sie durch einen heftigen Stoss von einem benachbarten Atom weggestossen werden. (Langsame Diffusion der Atome)
- Atome in Gasen bewegen sich geradlinig, bis sie mit einem anderen Atom oder der Gefässwand zusammenstossen. (Schnelle Diffusion der Atome)

Wie lassen sich Gase beschreiben?

Wie beschreibt man Gase auf mikroskopischer Ebene?

Um ein Gas auf mikroskopischer Ebene zu beschreiben, gibt es das Modell des idealen Gases. Ein ideales Gas besteht aus sehr vielen Gasteilchen, die alle die folgenden Eigenschaften haben: Die Gasteilchen können als Massenpunkte betrachtet werden. Die Zusammenstösse zwischen zwei Gasteilchen oder einem Gasteilchen und der Behälterwand sind elastisch. Ausser bei den Kollisionen wirken keine Kräfte auf die Gasteilchen. Die Bewegung der Gasteilchen ist völlig ungeordnet.

Der Druck, den ein ideales Gas auf einen Körper ausübt, kommt durch Kollisionen zwischen den Gasteilchen und der Körperoberfläche zustande. Aufgrund von statistischen Überlegungen gilt für den Druck p in einem idealen Gas:

$$p \cdot V = \frac{1}{3} \cdot N \cdot m \cdot v^2 = \frac{2}{3} \cdot N \cdot E_k$$

N ist die Anzahl Gasteilchen im Gas; m ist die Masse eines Gasteilchens; v ist die mittlere Geschwindigkeit der Gasteilchen; $E_k = m \cdot v^2 / 2$ ist die mittlere kinetische Energie der Gasteilchen; V ist das Volumen, das die N Gasteilchen einnehmen.

Ein reales Gas lässt sich gut mit dem Modell des idealen Gases beschreiben, solange der Gasdruck p nicht zu hoch und die Gastemperatur T nicht zu tief ist.

Wie beschreibt man Gase auf makroskopischer Ebene?

Das experimentell gefundene Gesetz des idealen Gases gibt den Zusammenhang an zwischen der Stoffmenge n respektive der Teilchenzahl N und den Grössen Druck p, Volumen V und Temperatur T des Gases:

$$p \cdot V = n \cdot R \cdot T = N \cdot k \cdot T$$

Die Werte der universellen Gaskonstanten R und der Boltzmann-Konstanten k ist:

$R = 8.31 \text{ J} \cdot \text{K}^{-1} \cdot \text{mol}^{-1}$

$k = 1.38 \cdot 10^{-23} \text{ J} \cdot \text{K}^{-1}$

Das Gesetz des idealen Gases beschreibt ein reales Gas gut, wenn der Druck des Gases nicht zu hoch und die Temperatur des Gases nicht zu tief ist.

Betrachtet man dieselbe Gasmenge n, so hat das Gesetz des idealen Gases drei Spezialfälle:

- Bei einem isothermen Prozess gilt: $p \cdot V$ = konstant.
- Bei einem isochoren Prozess gilt: p / T = konstant.
- Bei einem isobaren Prozess gilt: V / T = konstant.

Bei gleichem Druck p und gleicher Temperatur T enthält ein gleiches Volumen V unabhängig von der chemischen Zusammensetzung stets die gleiche Anzahl N von Gasteilchen.

Wie passen die mikroskopische und makroskopische Beschreibung zusammen?

Die Kombination von mikroskopischer und makroskopischer Beschreibung von Gasen liefert den Zusammenhang zwischen der Bewegung der Atome und der Temperatur des Körpers: Der Zusammenhang zwischen der mittleren kinetischen Energie E_k der Atome/Moleküle aufgrund ihrer ungeordneten thermischen Bewegung und der Gastemperatur T ist:

$$E_k = \frac{3}{2} \cdot k \cdot T$$

Dieser Zusammenhang gilt nicht nur für Gase, sondern für beliebige Körper. Die innere Energie eines Körpers besteht auf mikroskopischer Ebene aus der kinetischen Energie der Atome aufgrund ihrer ungeordneten thermischen Bewegung und der potenziellen Energie der Atome aufgrund der gegenseitigen Anziehungskraft.

Zusammenfassung: Wärmeprozesse

Wie reagiert Materie auf Wärme?

Wie lautet die Energieerhaltung in der Wärmelehre?

1. Hauptsatz der Wärmelehre (Energieerhaltungssatz): Die Änderung der inneren Energie ΔU eines Körpers ist die Summe aus verrichteter Arbeit W und ausgetauschter Wärme Q:

$$\Delta U = W + Q$$

Vorzeichen der Arbeit und Wärme:

- Wenn die Arbeit oder Wärme die innere Energie des Körpers vergrössert, hat sie ein positives Vorzeichen.
- Wenn die Arbeit oder Wärme die innere Energie des Körpers verkleinert, hat sie ein negatives Vorzeichen.

Damit ein Gas bei der Erwärmung keine Arbeit verrichtet, muss das Volumen konstant bleiben. Der 1. Hauptsatz der Wärmelehre reduziert sich dann auf: $\Delta U = Q$.

Wie reagiert Materie auf Wärme?

Wärme bewirkt beim Körper eine Temperaturänderung oder eine Aggregatzustandsänderung. Bei der Temperatur T_f wechselt der Aggregatzustand zwischen fest und flüssig. Bei der Temperatur T_v wechselt der Aggregatzustand zwischen flüssig und gasförmig.

Wenn bei Wärmezufuhr die Temperatur zunimmt, so wird der Abstand zwischen den Atomen und die Geschwindigkeit der Atome grösser. Wärmezufuhr vergrössert dann die potenzielle und kinetische Energie der Atome. Bei der Aggregatzustandsänderung ändert der Abstand zwischen den Atomen, die Temperatur bleibt konstant. Die Wärme ändert dann nur die potenzielle Energie der Atome.

Welche Temperaturänderung bewirkt die Wärme?

Solange es nicht zu Aggregatzustandsänderungen kommt, gilt: Die Wärme Q ist proportional zur Temperaturänderung ΔT und proportional zur Masse m des Körpers. Die Proportionalitätskonstante c wird spezifische Wärmekapazität genannt:

$$Q = c \cdot m \cdot \Delta T$$

$$[c] = \text{J} / (\text{kg} \cdot \text{K})$$

Die spezifische Wärmekapazität c muss für jedes Material und jeden Aggregatzustand gemessen werden.

Damit beim Erwärmen eines Körpers keine Expansionsarbeit verrichtet wird, muss das Volumen des Körpers konstant bleiben. Wenn das Volumen des Körpers bei der Erwärmung zunimmt, wird Expansionsarbeit verrichtet. Diese Expansionsarbeit fällt vor allem bei der Erwärmung von Gasen ins Gewicht. Die spezifische Wärme bei konstantem Volumen c_V ist deshalb einiges kleiner als die spezifische Wärme bei konstantem Druck c_p.

Wann bewirkt Wärme eine Aggregatzustandsänderung?

Die Wärme, die es braucht, damit der Aggregatzustand eines Körpers ändert, ist proportional zur Masse m des Körpers. Beim Schmelzen heisst die Proportionalitätskonstante spezifische Schmelzwärme L_f. Die Wärme Q, die es braucht, um den Körper zu schmelzen, ist dann:

$$Q = L_f \cdot m$$

$$[L_f] = J / kg$$

Beim Verdampfen heisst die Proportionalitätskonstante spezifische Verdampfungswärme L_v. Die Wärme Q, die es braucht, um den Körper zu verdampfen, ist dann:

$$Q = L_v \cdot m$$

$$[L_v] = J / kg$$

Spezifische Schmelzwärme L_f und spezifische Verdampfungswärme L_v müssen für jedes Material experimentell gemessen werden.

Was passiert mit der Temperatur und dem Aggregatzustand beim Mischen?

Beim Mischen von zwei Körpern kommt es zu Temperaturänderungen und eventuell zu Aggregatzustandsänderungen.

Beim Mischen von zwei Substanzen kann die Temperatur des Gemischs mit dem Energieerhaltungssatz berechnet werden: Die vom wärmeren Körper 1 abgegebene Wärme Q_1 ist gleich der vom kälteren Körper 2 aufgenommenen Wärme Q_2:

$$Q_1 = Q_2$$

Wie wird Wärme transportiert?

Welche Wärmetransport-Mechanismen gibt es?

Wärme wird durch drei Mechanismen vom heissen Körper zum kalten Körper transportiert:

- Wärme wird in Materie durch Leitung transportiert.
- Wärme wird in Flüssigkeiten oder Gasen durch Strömung transportiert.
- Wärme wird mit der ausgesendeten Strahlung transportiert.

Wie wird Wärme durch Wärmeleitung transportiert?

Bei der Wärmeleitung wird durch viele Stösse zwischen den Atomen des Körpers Energie sukzessive von heiss nach kalt transportiert.

Die Transportrate $Q / \Delta t$ der Wärmeleitung durch einen Stab ist proportional zur Wärmeleitfähigkeit λ, zum Stabquerschnitt A und zum Temperaturgradienten $\Delta T / d$:

$$\frac{Q}{\Delta t} = \lambda \cdot A \cdot \frac{\Delta T}{d}$$

Kleine Wärmeleitfähigkeit und kleine Querschnittsfläche reduzieren die Transportrate der Wärmeleitung.

Wie wird Wärme durch Wärmeströmung transportiert?

Wärme wird mit der strömenden Materie von warm nach kalt transportiert. Wärmeströmungen entstehen entweder von alleine durch temperaturbedingte Dichteunterschiede oder werden durch Pumpen erzwungen.

Selbstständige Wärmeströmungen sind schneller, wenn das Material eine kleine Viskosität hat und wenn der Temperaturunterschied gross ist. Durch das Aufstellen von festen Hindernissen werden Wärmeströmungen blockiert. Wärmeströmungen sind Materieströmungen. Im Vakuum und in Festkörpern gibt es deshalb keine Wärmeströmungen.

Wie wird Wärme durch Strahlung transportiert?

Körper emittieren aufgrund ihrer Temperatur Strahlung, wodurch ihre innere Energie abnimmt. Die emittierte Strahlung kann von anderen Körpern absorbiert werden, wodurch ihre innere Energie zunimmt.

Je heisser ein Körper ist, umso energiereicher ist die vom Körper emittierte Strahlung. Wie stark sich ein Körper durch Strahlung aufwärmt, hängt von der Effizenz der Absorption ab. Dunkle Körper absorbieren sichtbare Strahlung effizienter als weisse und glänzende Körper.

Was sind technische Anwendungen der Wärmelehre?

Wie kann Wärme in Arbeit umgewandelt werden?

Wenn dem Gas in einem Zylinder die Wärme Q zugeführt wird, so nimmt die Gastemperatur T zu. Das Gas dehnt sich aus und drückt den Kolben aus dem Zylinder heraus. Es wird die so genannte Expansionsarbeit W verrichtet. Allgemein formuliert: Wenn die Wärme Q eine Volumenänderung ΔV des Gases bewirkt, gilt: Wärme wird (teilweise) in Arbeit umgewandelt.

Vorzeichen der Arbeit: Wird ein Gas komprimiert, so nimmt die innere Energie des Gases zu: $W > 0$. Expandiert ein Gas, so nimmt die innere Energie des Gases ab: $W < 0$.

Bei konstantem Druck p beträgt die Kompressionsarbeit W respektive die Expansionsarbeit W:

$$W = -p \cdot (V_2 - V_1) = -p \cdot \Delta V$$

Bei variablem Druck p ist der Betrag der verrichteten Arbeit W gleich der Fläche unter der Kurve im p-V-Diagramm.

Wie funktionieren Dampfmaschinen und Benzinmotoren?

Wärme-Kraft-Maschinen wandeln über einen Kreisprozess die zugeführte Wärme Q_1 (teilweise) in die Arbeit W um. Beispiele für Wärme-Kraft-Maschinen sind die Dampfmaschine und der Benzinmotor.

Eine Zweitakt-Dampfmaschine wandelt über den Kreisprozess: Kolben nach links schieben, Kolben nach rechts schieben, Wärme in Arbeit um.

Ein Viertakt-Benzinmotor wandelt über den Kreisprozess: Füllen, Kompression, Expansion, Leeren, Wärme in Arbeit um.

Gemäss dem 2. Hauptsatz der Wärmelehre ist der maximal mögliche Wirkungsgrad η_{max} einer Wärme-Kraft-Maschine:

$$\eta_{max} = 1 - T_2 / T_1$$

T_1 ist die Temperatur des erwärmten Gases vor der Arbeit, T_2 diejenige nachher. Das Gas, das der Wärme-Kraft-Maschine zugeführt wird, muss möglichst heiss sein und das abgeführte Gas (Abgas) möglichst kalt, um einen möglichst grossen Wirkungsgrad η_{max} zu haben, d. h. um eine möglichst effiziente Wärme-Kraft-Maschine zu haben. Da immer Abwärme entsteht, gilt $\eta_{max} < 1$.

Wie funktionieren Wärmepumpen?

Jeder Körper hat innere Energie aufgrund der thermischen Bewegung seiner Atome und aufgrund der zwischen den Atomen wirkenden Anziehungskraft. Wärmepumpen und Kühlschränke können diese innere Energie von kalt nach warm transportieren. Um Wärme von kalt nach warm zu transportieren, muss aber Kompressionsarbeit verrichtet werden. Dem Kompressor in Wärmepumpen und Kühlschränken muss dazu ständig elektrische Energie zugeführt werden.

Zusammenfassung: Strahlenoptik und ihre Grenzen

Wie breitet sich Licht aus?

Mit welchem Modell lässt sich die Ausbreitung des Lichts beschreiben?

Das Licht breitet sich geradlinig aus, bis es auf ein Hindernis stösst. Der Weg des Lichts wird mit dem Lichtstrahlen-Modell beschrieben. Mit Lichtstrahlen lässt sich so z. B. der Lichtkegel einer Lampe beschrieben. Im Vakuum breitet sich das Licht mit Lichtgeschwindigkeit $c_{Vakuum} = 3.0 \cdot 10^8$ m/s aus.

Wie breitet sich das Licht einer punktförmigen Lichtquelle aus?

Selbstleuchtende Körper nennt man Lichtquellen. Alle anderen Gegenstände reflektieren nur Licht, das auf sie fällt.

Von einer punktförmigen Lichtquelle gehen Lichtstrahlen radial in alle Richtungen. Die Helligkeit einer punktförmigen Lichtquelle nimmt quadratisch mit dem Abstand von ihr ab. Schattenraum und Schatten eines Gegenstands können mit Lichtstrahlen konstruiert werden, die knapp neben dem Gegenstand passieren. Bei punktförmigen Lichtquellen ist der Hell-Dunkel-Wechsel abrupt. Es entsteht ein scharfer Schattenraum und Schatten.

Wie breitet sich das Licht einer ausgedehnten Lichtquelle aus?

Die Eigenschaften ausgedehnter Lichtquellen kann man herleiten, indem man sich diese als Summe vieler punktförmiger Lichtquellen vorstellt. Der Schattenraum besteht bei einer ausgedehnten Lichtquelle aus Halbschattenraum und Kernschatten. Halbschattenräume werden nur von einem Teil der Lichtquelle beleuchtet. Ein Halbschatten wird als unscharfer Schatten wahrgenommen.

Wie wird die Lichtausbreitung einer weit entfernten Lichtquelle beschrieben?

Die Lichtstrahlen, die von weit entfernten Lichtquellen auf einen relativ kleinen Gegenstand fallen, sind praktisch parallel. Bei parallelem Licht entstehen keine Halbschattenräume und keine Halbschatten.

Was passiert, wenn Licht auf einen Körper trifft?

Wie wird Licht von einem Körper zurückgeworfen?

Den Winkel zwischen dem einfallenden Lichtstrahl und der Flächennormalen nennen wir Einfallswinkel α_1. Den Winkel zwischen dem reflektierten Lichtstrahl und der Flächennormalen nennen wir Ausfallswinkel α_2.

Reflexionsgesetz: Für reflektiertes Licht gilt: Der Ausfallswinkel des reflektierten Lichtstrahls ist gleich gross wie der Einfallswinkel des einfallenden Lichtstrahls:

$\alpha_1 = \alpha_2$

Einfallender Lichtstrahl, Flächennormale und reflektierter Lichtstrahl liegen in einer Ebene.

An glatten Oberflächen werden parallele Lichtstrahlen alle in die gleiche Richtung reflektiert. Es kommt dann zur Spiegelung. Bei unebenen Oberflächen werden die Lichtstrahlen in alle Richtungen reflektiert. Nur bei unregelmässiger (diffuser) Reflexion können wir nicht leuchtende Oberflächen von überall her sehen.

Wie wird Licht durch einen Körper durchgelassen?

Lichtstrahlen werden beim Übergang vom Körper 1 (Brechzahl n_1) in den Körper 2 (Brechzahl n_2) gebrochen. Der Einfallswinkel α_1 ist mit dem Ausfallswinkel α_2 durch das Brechungsgesetz verknüpft:

$$n_1 \cdot \sin(\alpha_1) = n_2 \cdot \sin(\alpha_2)$$

Der einfallende Lichtstrahl, die Flächennormale und der gebrochene Strahl liegen in einer Ebene.

Ist n_1 kleiner als n_2, wie z. B. beim Luft-Glas-Übergang, so wird der Lichtstrahl zur Flächennormalen hingebrochen. Ist n_1 grösser als n_2, wie z. B. beim Glas-Luft-Übergang, so wird der Lichtstrahl von der Flächennormalen weggebrochen.

Beim kritischen Einfallswinkel α_1 läuft der gebrochene Lichtstrahl entlang der Grenzfläche ($\alpha_2 = 90°$). Dies ist nur möglich, wenn n_1 grösser ist als n_2. Wenn der Einfallswinkel α_1 grösser ist als der kritische Einfallswinkel, kommt es zu Totalreflexion. Bei der Totalreflexion gilt das Reflexionsgesetz.

Wieso wird weisses Licht machmal in farbiges Licht aufgefächert?

Weisses Licht ist eine Mischung aus violettem, blauem, grünem, gelbem, orangem und rotem Licht. Fällt violettes, blaues, grünes, gelbes, oranges und rotes Licht im richtigen Verhältnis in unser Auge, so nehmen unser Auge und Gehirn dies als weisses Licht wahr.

Die Brechzahl eines Materials ist für Licht verschiedener Farbe leicht verschieden. Violettes Licht wird stärker gebrochen als blaues, blaues Licht stärker als grünes, usw. Deshalb wird weisses Licht bei der Brechung in einen regenbogenfarbenen Lichtkegel aufgefächert. Man spricht von Dispersion.

Was sind die Eigenschaften von Linsen?

Wie entsteht ein Bild?

Damit ein Bildpunkt entsteht müssen diejenigen Lichtstrahlen eines Gegenstandspunkts, die den Bildschirm treffen, ihn in einem Punkt treffen. Werden alle Gegenstandspunkte nach ihrem Ausgangspunkt sortiert in Bildpunkte abgebildet, so entsteht ein scharfes Bild des Gegenstands.

Das Abbildungsverhältnis v einer Abbildung ist definiert als das Verhältnis von Bildgrösse B zu Gegenstandsgrösse G:

$$v = \frac{B}{G}$$

Abbildungseigenschaften einer Lochkamera: Das Bild einer Lochkamera ist um 180° gedreht. Je weiter der Bildschirm vom Loch entfernt ist, desto grösser wird das Bild. Je weiter der Gegenstand vom Loch entfernt ist, desto kleiner ist das Bild. Bei einer Gegenstandsweite g und Bildweite b ist das Abbildungsverhältnis v der Lochkamera:

$$v = \frac{B}{G} = \frac{b}{g}$$

Was sind die Eigenschaften einer Sammellinse?

Sammellinsen sind in der Mitte dicker als am Rand. Eine Sammellinse ist so geformt, dass sich Lichtstrahlen parallel zur optischen Achse durch Brechung im Brennpunkt F kreuzen. Der Abstand des Brennpunkts von der Linse ist die Brennweite f der Linse. Der Abstand der Brennebene von der Linse ist gleich der Brennweite.

Mit der Reduktion der Linse auf ihre Hauptebene ändern Lichtstrahlen ihre Richtung nur in der Hauptebene der Linse. Der Parallelstrahl (parallel zur optischen Achse) wird in der Hauptebene zu einem Brennpunktstrahl. Der Mittelpunktstrahl (durch die Linsenmitte) geht nach der Hauptebene unverändert weiter.

Der Bildpunkt P', den eine dünne Sammellinse vom Gegenstandspunkt P erzeugt, liegt dort, wo sich Parallelstrahl und Brennstrahl kreuzen. Das Bild eines flachen Gegenstands liegt in einer Ebene. Es entsteht entweder ein reelles Bild (g > f), ein virtuelles Bild (g < f) oder paralleles Licht (kein Bild, g = f).

Bei dünnen Linsen wird der Zusammenhang zwischen Bildweite b, Gegenstandsweite g und Brennweite f durch die Linsengleichung beschrieben:

$$\frac{1}{f} = \frac{1}{b} + \frac{1}{g}$$

Bei dünnen Linsen ist das Abbildungsverhältnis v = B / G:

$$v = \frac{B}{G} = \frac{b}{g}$$

Wie funktioniert das Auge?

Linse, Hornhaut, Kammerwasser und Glaskörper des Auges erzeugen auf der Netzhaut reelle, um 180° gedrehte, verkleinerte Bilder. Da die Bildweite gleich der Länge des Auges sein muss, muss die Brennweite des Auges der Gegenstandsweite angepasst werden. Entspannt sich der Ziliarmuskel, wird dadurch die elastische Augenlinse gedehnt, wodurch sie dünner und ihre Brennweite grösser wird. Spannt sich der Ziliarmuskel an, kann sich die elastische Augenlinse dadurch zusammenziehen, wodurch sie dicker und ihre Brennweite kleiner wird. Beim gesunden Auge ist die Brennweite des Auges bei entspanntem Ziliarmuskel (maximal flacher Augenlinse) gleich der Länge des Auges. Dadurch werden weit entfernte Gegenstände auf der Netzhaut abgebildet. Ein gesundes Auge kann bei maximal angespanntem Ziliarmuskel Gegenstände in etwa 10 cm Entfernung (Nahpunkt) scharf abbilden. Da der Ziliarmuskel dazu maximal angespannt sein muss, strengt dies das Auge an.

Bei Weitsichtigkeit ist der Augapfel zu kurz oder die Brennweite kann wegen reduzierter Elastizität nicht klein genug werden. Bei entspanntem Ziliarmuskel kommt das Bild von nahen Gegenständen hinter der Netzhaut zu liegen. Weil der Ziliarmuskel den Fehler bei weit entfernten Gegenständen noch kompensieren kann, sieht man bei Weitsichtigkeit in die Weite trotzdem gut. Um in die Nähe scharf zu sehen, braucht es eine Brille mit einer Sammellinse.

Bei Kurzsichtigkeit ist der Augapfel zu lang. Bei entspanntem Ziliarmuskel kommt das Bild von weit entfernten Gegenständen vor der Netzhaut zu liegen. Weil der Ziliarmuskel den Fehler bei nahen Gegenständen kompensieren kann, sieht man bei Kurzsichtigkeit in die Nähe trotzdem gut. Um in die Ferne scharf zu sehen, braucht es eine Brille mit einer Streulinse.

Wie funktionieren Lupe und Mikroskop?

Optische Geräte sind meist so gebaut und werden so verwendet, dass die entspannte Augenlinse den betrachteten Gegenstand auf die Netzhaut abbildet. Mit diesem Grundsatz und den Eigenschaften von Sammellinsen lässt sich die Bildentstehung optischer Geräte erklären.

Eine Lupe besteht aus einer Sammellinse. Die Lupe wird so positioniert, dass der Gegenstand in der Brennebene der Lupenlinse liegt. Das nach der Lupe parallele Licht wird durch das entspannte Auge auf die Netzhaut abgebildet. Die maximale Vergrösserung, die mit einer Lupe erreicht werden kann, ist etwa $v = 20$.

Ein Mikroskop besteht aus zwei Sammellinsen, dem Objektiv und dem Okular. Das Objektiv erzeugt ein vergrössertes reelles Zwischenbild. Dieses Zwischenbild liegt in der Brennebene des Okulars. Das nach dem Okular parallele Licht wird durch das entspannte Auge auf die Netzhaut abgebildet. Die maximale Vergrösserung, die mit einem Mikroskop erreicht werden kann, ist etwa $v = 1\,000$.

Wo versagt die Strahlenoptik?

Mit welchem Modell erklärt man den Fotoeffekt?

Beschreibung des Fotoeffekts: Wenn UV-Licht auf eine Kupferplatte fällt, so treten Elektronen aus der Kupferplatte. Diese Elektronen haben alle die gleiche kinetische Energie. Wenn sichtbares Licht auf eine Kupferplatte scheint, tritt der Fotoeffekt nicht auf.

Lichtteilchen-Modell: Um den Fotoeffekt zu erklären, beschreibt man Licht mit masselosen Lichtteilchen, so genannten Photonen. Die Energie eines Photons bestimmt die Farbe des Lichts. Die Anzahl der Photonen bestimmt die Helligkeit des Lichts.

Erklärung des Fotoeffekts mit dem Lichtteilchen-Modell: Ein ultraviolettes Photon hat genügend Energie, um ein Elektron aus einem Kupfer-Atom herauszuschlagen, ein sichtbares hingegen nicht. Die kinetische Energie der herausgeschlagenen Elektronen ist der Teil der Energie des Photons, der nicht fürs Herausschlagen des Elektrons gebraucht wurde.

Mit welchem Modell erklärt man die Beugung?

Wenn man mit einem Laserpointer durch ein winziges Loch leuchtet, taucht das Licht dahinter an Orten auf, die eigentlich abgeschirmt sind. Das Licht wird gebeugt. Wenn weisses Licht an einer Seifenblase reflektiert wird, so ist das reflektierte Licht farbig.

Beugung und die Farben von Seifenblasen stehen im Widerspruch zum Lichtstrahlen- und Lichtteilchen-Modell. Beide Phänomene können erklärt werden, wenn Licht aus Lichtwellen besteht. Man spricht vom Lichtwellen-Modell. Lichtwellen breiten sich mit Lichtgeschwindigkeit c aus. Die Frequenz f der Lichtwelle lässt sich aus der Wellenlänge λ der Lichtwelle ausrechnen: $\lambda \cdot f = c$.

Welches ist das richtige Modell für Licht?

Es braucht Lichtteilchen- und Lichtwellen-Modell, um alle Phänomene des Lichts erklären zu können. Man spricht deshalb vom Welle-Teilchen-Dualismus des Lichts. Den Zusammenhang zwischen den beiden Licht-Modellen schafft die Gleichung:

$$E_{Photon} = \frac{h \cdot c}{\lambda} = h \cdot f$$

Die Energie E_{Photon} des Photons (Lichtteilchens) ist durch die Wellenlänge λ respektive die Frequenz der Lichtwelle bestimmt. Die Konstante h ist das Planck'sche Wirkungsquantum $h = 6.63 \cdot 10^{-34}$ J · s.

Formelsammlung

Arbeit:

$$W = F_\parallel \cdot s = F \cdot \cos \alpha \cdot s$$

Mittlere Leistung:

$$P = W / \Delta t$$

Beschleunigungsarbeit respektive kinetische Energie:

$$W = E_k = \frac{1}{2} \cdot m \cdot v^2$$

Hubarbeit respektive potenzielle Energie:

$$W = E_p = m \cdot g \cdot h$$

Reibungsarbeit respektive Reibungswärme:

$$W = -F_R \cdot s$$

Wirkungsgrad:

$$\eta = E_{ab} / E_{zu}$$

Maximal möglicher Wirkungsgrad einer Wärme-Kraft-Maschine:

$$\eta_{max} = 1 - T_2 / T_1$$

Energieerhaltungssatz für geschlossene Systeme:

$$\Delta E_{total} = 0$$

Energieerhaltungssatz für offene Systeme:

$$\Delta E_{total} = W$$

Relative Längenausdehnung:

$$\Delta l / l = \alpha \cdot \Delta \vartheta$$

Relative Volumenausdehnung:

$$\Delta V / V = \gamma \cdot \Delta \vartheta$$

Temperaturumrechnung:

$$T \, [\text{K}] = \vartheta \, [°\text{C}] + 273.15$$

1. Hauptsatz der Wärmelehre (Energieerhaltungssatz der Wärmelehre):

$$\Delta U = W + Q$$

Zusammenhang zwischen Wärme und Temperaturänderung:

$$Q = c \cdot m \cdot \Delta T$$

Zusammenhang zwischen Wärme und Aggregatzustandsänderung:

$$Q = L \cdot m$$

Wärmeleitung durch einen Stab:

$$\frac{Q}{\Delta t} = \lambda \cdot A \cdot \frac{\Delta T}{d}$$

Theoretisches Gesetz des idealen Gases:

$$p \cdot V = \frac{1}{3} \cdot N \cdot m \cdot v^2 = \frac{2}{3} \cdot N \cdot E_k$$

Experimentell gefundenes Gesetz des idealen Gases:

$$p \cdot V = n \cdot R \cdot T = N \cdot k \cdot T$$

Zusammenhang zwischen der mittleren kinetischen Energie und der Temperatur:

$$E_k = \frac{3}{2} \cdot k \cdot T$$

Expansionsarbeit respektive Kompressionsarbeit bei Gasen mit konstantem Druck:

$$W = -p \cdot \Delta V$$

Reflexionsgesetz für Lichtstrahlen:

$$\alpha_1 = \alpha_2$$

Brechungsgesetz für Lichtstrahlen:

$$n_1 \cdot \sin(\alpha_1) = n_2 \cdot \sin(\alpha_2)$$

Linsengleichung dünner Linsen:

$$\frac{1}{f} = \frac{1}{g} + \frac{1}{b}$$

Abbildungsmassstab bei Lochkameras und dünnen Linsen:

$$v = B/G = b/g$$

Zusammenhang zwischen der Wellenlänge und der Frequenz des Lichts:

$$\lambda \cdot f = c$$

Die Energie des Photons und die Wellenlänge respektive Frequenz der Lichtwelle:

$$E_{Photon} = \frac{h \cdot c}{\lambda} = h \cdot f$$

Lösungen zu den Aufgaben

1   Seite 13   A] Wenn der Regen fällt, kann er schliesslich z. B. ein Wasserrad antreiben.

B] Ein rotierendes Velorad kann z. B. einen Dynamo antreiben.

C] Ein gespanntes Gummiseil kann z. B. in einer Steinschleuder einen Stein beschleunigen.

2   Seite 224   Wenn man mit einem Laserpointer durch ein winziges Loch leuchtet, taucht das Licht dahinter an Orten auf, wo keine Lichtstrahlen und keine Lichtteilchen hinkommen. Weder Strahlen noch Teilchen werden durch eine Verengung abgelenkt. Beide würden ausschliesslich geradeaus weitergehen.

3   Seite 27   A] Der Winkel α zwischen der Gewichtskraft und der Richtung der Bewegung beträgt:

$$\alpha = 90° - 30° = 60°$$

Die am Schlitten verrichtete Beschleunigungsarbeit W ist:

$$W = F_G \cdot s \cdot \cos \alpha = 100 \text{ N} \cdot 10 \text{ m} \cdot \cos 60° = 500 \text{ N} \cdot \text{m} = 500 \text{ J}$$

B] Der Winkel α zwischen der Gewichtskraft und der Richtung der Bewegung beträgt:

$$\alpha = 180° - 60° = 120°$$

Die am Schlitten verrichtete Beschleunigungsarbeit W ist:

$$W = F_G \cdot s \cdot \cos \alpha = 100 \text{ N} \cdot 10 \text{ m} \cdot \cos 120° = -500 \text{ N} \cdot \text{m} = -500 \text{ J}$$

4   Seite 30   Die Energie, die es braucht, um ein Gerät der mittleren Leistung P während der Zeit Δt arbeiten zu lassen, beträgt: $\Delta E = W = P \cdot \Delta t = 20 \text{ W} \cdot 3600 \text{ s} = 72 \text{ kJ}$.

5   Seite 33   A] Die Energie des Pfeilbogens ist nach dem Spannen um 25 J grösser.

B] Die Energie des Schützen ist nach dem Spannen um 25 J kleiner.

6   Seite 41   Die Hubarbeit $W = 235$ kJ ist durch die Höhe $h = 15$ m und die Masse m bestimmt:

$m = W / (g \cdot h) = 235 \text{ kJ} / (9.81 \text{ m/s}^2 \cdot 15 \text{ m}) = 1.6 \cdot 10^3$ kg, entspricht $1.6 \cdot 10^3$ l

7   Seite 54   Unerwünschte Reibung an der Achse wandelt kinetische Energie in Wärme um.

8   Seite 60

$$E_{total} = E_p + E_k = m \cdot g \cdot (h - s) + \frac{1}{2} \cdot m \cdot v^2$$

Einsetzen der Gleichungen für Fallstrecke s und Fallgeschwindigkeit v ergibt für E_{total}:

$$E_{total} = E_p + E_k = m \cdot g \cdot \left(h - \frac{1}{2} \cdot g \cdot t^2\right) + \frac{1}{2} \cdot m \cdot (g \cdot t)^2 = m \cdot g \cdot h$$

Die Gesamtenergie E_{total} ist für alle Fallzeiten t immer $m \cdot g \cdot h$, d. h. konstant.

9	Seite 66	Man vergleicht die Gesamtenergie des Wagens am höchsten Punkt der Bahn (h_1 = 50 m, v_1 = 0 m/s) mit derjenigen am höchsten Punkt des Loopings (h_2 = 35 m, v_2 = ?):

$$m \cdot g \cdot h_1 = \frac{1}{2} \cdot m \cdot v_2^2 + m \cdot g \cdot h_2$$

$$v_2 = \sqrt{2 \cdot g \cdot h_1 - 2 \cdot g \cdot h_2} = \sqrt{2 \cdot g \cdot (h_1 - h_2)} = \sqrt{2 \cdot 9.81 \frac{m}{s^2} \cdot (50m - 35m)} = 17 \frac{m}{s}$$

10	Seite 77	A] Die innere Energie beschreibt die Energie von kochendem Wasser.
		B] Die Temperatur beschreibt, wie warm kochendes Wasser ist.
		C] Die Wärme beschreibt die von der Herdplatte auf den Kochtopf übertragene Energie.

11	Seite 86	Die Temperaturänderung des Aluminium-Rumpfes der Concorde ist während des Flugs:

$$\Delta \vartheta = \Delta l / (\alpha \cdot l) = 0.125 \text{ m} / (22.3 \cdot 10^{-6} \text{ °C}^{-1} \cdot 62.5 \text{ m}) = 89.7 \text{ °C}$$

Die Temperatur ist während des Flugs 10 °C + 89.7 °C = 99.7 °C also rund 100 °C.

12	Seite 87	A] Die Längenänderung beträgt $\Delta l = \alpha \cdot \Delta \vartheta \cdot l = 11 \cdot 10^{-6}$ °C^{-1} · 5 °C · 0.60 m = 3.3 · 10^{-5} m
		Die Schwingzeit ist an kühlen respektive warmen Tagen:

$$T_1 = 2 \cdot \pi \cdot \sqrt{\frac{l}{g}} = 2 \cdot \pi \cdot \sqrt{\frac{0.60 \text{ m}}{9.81 \frac{m}{s^2}}} = 1.55389 \text{ s}$$

$$T_2 = 2 \cdot \pi \cdot \sqrt{\frac{l + \Delta l}{g}} = 2 \cdot \pi \cdot \sqrt{\frac{0.600033 \text{ m}}{9.81 \frac{m}{s^2}}} = 1.55394 \text{ s}$$

Die Schwingzeit nimmt um Δt = 1.55394 s – 1.55389 s = 5 · 10^{-5} s = 50 µs zu, wenn die Temperatur um 5 °C zunimmt.

B] An einem 20 °C warmen Tag schwingt die Uhr in einer Stunde 3 600 s / 1.55389 s = 2 316.7 also etwa 2 317 mal hin und her.

- An einem 20 °C warmen Tag braucht die Uhr für 2 317 Schwingungen die Zeit 2 317 · 1.55394 s
- An einem 25 °C warmen Tag braucht die Uhr für 2 317 Schwingungen die Zeit 2 317 · 1.55389 s.

Die Uhr geht somit an 25 °C warmen Tagen nach 1 Stunde nach um:

2 317 · (1.55394 s – 1.55389 s) = 0.12 s

13	Seite 96	A] Ein Körper hat potenzielle Energie, wenn eine Kraft auf ihn wirkt.
		B] Atome eines Körpers haben potenzielle Energie, weil die anziehenden Kräfte der anderen Atome (vor allem diejenigen in der direkten Nachbarschaft) auf sie wirken.

14	Seite 102	Wenn die Temperatur des Körpers steigt, nimmt die mittlere Geschwindigkeit der Atome des Körpers zu.

15   Seite 103   In Festkörpern zittern die Atome an Ort, in Flüssigkeiten zittern sie an Ort, bis sie weggeschubst werden, in Gasen bewegen sich die Atome geradlinig bis zur nächsten Kollision.

16   Seite 112

A] In der Flasche mit dem Volumen $V = 20\,l = 20\,\text{dm}^3 = 20 \cdot 10^{-3}\,\text{m}^3$ befinden sich gemäss der Gleichung idealer Gase $N = (p \cdot V)/(k \cdot T)$ Helium-Atome. Die Masse dieser Helium-Atome beträgt:

$$m = N \cdot m_{He} = \frac{p \cdot V}{k \cdot T} \cdot m_{He} = \frac{1.00 \cdot 10^7\,\text{Pa} \cdot 20 \cdot 10^{-3}\,\text{m}^3}{1.38 \cdot 10^{-23}\,\text{J} \cdot \text{K}^{-1} \cdot 293\,\text{K}} \cdot 6.6 \cdot 10^{-27}\,\text{kg} = 0.33\,\text{kg}$$

B] Die Masse des Heliums in einem 5-l-Ballon mit 1.2 bar Druck und 20 °C beträgt:

$$m = \frac{p \cdot V}{k \cdot T} \cdot m_{He} = \frac{1.2 \cdot 10^5\,\text{Pa} \cdot 5 \cdot 10^{-3}\,\text{m}^3}{1.38 \cdot 10^{-23}\,\text{J} \cdot \text{K}^{-1} \cdot 293\,\text{K}} \cdot 6.6 \cdot 10^{-27}\,\text{kg} = 9.8 \cdot 10^{-4}\,\text{kg}$$

Das Verhältnis der beiden Massen ist $0.33\,\text{kg} / (9.8 \cdot 10^{-4}\,\text{kg}) = 337$. Es lassen sich gut 300 Ballone mit einer Flasche füllen.

17   Seite 115

A] Die mittlere kinetische Energie eines Stickstoff-Moleküls in einem 288 K warmen Gas beträgt:

$$E_k = \frac{3}{2} \cdot k \cdot T = \frac{3}{2} \cdot 1.38 \cdot 10^{-23}\,\text{J} \cdot \text{K}^{-1} \cdot 288\,\text{K} = 5.96 \cdot 10^{-21}\,\text{J}$$

B] Die potenzielle Energie eines Stickstoff-Moleküls 1.0 m über dem Boden beträgt:

$$E_p = m_{N2} \cdot g \cdot h = 4.65 \cdot 10^{-26}\,\text{kg} \cdot 9.81\,\text{m/s}^2 \cdot 1.0\,\text{m} = 4.5 \cdot 10^{-25}\,\text{J}$$

Die mittlere kinetische Energie des Stickstoff-Moleküls ist etwa 10^4-mal grösser als seine potenzielle Energie. Das bedeutet, dass praktisch keine kinetische Energie des Stickstoff-Moleküls in potenzielle Energie umgewandelt wird, wenn es sich bei seiner thermischen Bewegung 1 m nach oben bewegt.

18   Seite 123

A] Die innere Energie des Eis hat um den Betrag der Wärme zugenommen.

B] $\Delta U = Q$, $Q > 0$.

19   Seite 129   Die Umwandlung der kinetischen Energie in Wärme erwärmt das Wasser um:

$$c_{Wasser} \cdot m_{Wasser} \cdot \Delta T = m \cdot g \cdot h$$

$$\Delta T = Q / (c_{Wasser} \cdot m_{Wasser}) = (m \cdot g \cdot h) / (c_{Wasser} \cdot m_{Wasser})$$

$$\Delta T = (g \cdot h) / (c_{Wasser}) = (9.81\,\text{m/s}^2 \cdot 807\,\text{m})/(4180\,\text{J}/(\text{kg} \cdot \text{K})) = 1.89\,\text{K}$$

20   Seite 131   Der Unterschied in der inneren Energie ist die Schmelz- respektive Erstarrungswärme:

$$\Delta U = Q = L_f \cdot m = (3.338 \cdot 10^5\,\text{J}/\text{kg}) \cdot (0.50\,\text{kg}) = 1.7 \cdot 10^5\,\text{J}$$

21   Seite 137   Der Wärmetransport durch Wärmeleitung, Wärmeströmung und Wärmestrahlung muss möglichst klein gehalten werden, um die Wärmeverluste zu minimieren.

22 Seite 140

A] Die Transportrate $Q / \Delta t$ der Wärmeleitung ist proportional zur Wärmeleitfähigkeit λ. Das Verhältnis der Wärmeleitfähigkeit λ von Backstein zu Leichtbeton ist gemäss Tab. 12.1 0.8 / 0.2 = 4. Eine Backsteinmauer muss 4-mal so dick wie eine Leichtbetonmauer sein, um die gleiche Wärmeleitungstransportrate $Q / \Delta t$ zu haben.

B] Die Transportrate $Q / \Delta t$ der Wärmeleitung beträgt:

$$\frac{Q}{\Delta t} = \lambda \cdot A \cdot \frac{\Delta T}{d} = 0.7 \frac{\text{J} \cdot \text{m}}{\text{m}^2 \cdot \text{K} \cdot \text{s}} \cdot 1\text{m}^2 \cdot \frac{22\text{K}}{0.004\text{m}} = 4 \frac{\text{kJ}}{\text{s}}$$

Der Heizwert von Heizöl ist 48 MJ / kg. In 24 h müssen an so kalten Tagen 7 kg Heizöl verbrannt werden, um die Wärmeleitungsverluste durch das Fenster zu kompensieren.

23 Seite 147

Warme Stellen sind heller als kühle, da sie mehr infrarote Strahlung aussenden. Schwarze Stellen sind bei gleicher Temperatur heller als weisse.

24 Seite 158

A] Die bei der Verbrennung dem Motor zugeführte Wärme Q ist durch das Produkt aus Masse m und Heizwert H des Benzins bestimmt. Die Masse der 60 l Benzin beträgt $m = \rho \cdot V$, die Dichte ist $\rho = 0.80$ g / cm^3 = $8 \cdot 10^2$ kg / m^3. Die Wärme beträgt somit:

$$Q = m \cdot H = \rho \cdot V \cdot H$$

$$Q = 8 \cdot 10^2 \text{ kg / m}^3 \cdot 60 \cdot 10^{-3} \text{ m}^3 \cdot 4.4 \cdot 10^7 \text{ J / kg} = 2.1 \cdot 10^9 \text{ J} = 2.1 \text{ GJ}$$

B] Bei einem Wirkungsgrad von $\eta = 0.25$ kann die Arbeit W verrichtet werden:

$$W = -\eta \cdot Q = -\eta \cdot \rho \cdot V \cdot H = -0.25 \cdot 2.1 \cdot 10^9 \text{ J} = -5.3 \cdot 10^8 \text{ J}$$

C] Mit dieser Expansionsarbeit kann man die Reibungsarbeit $W = F_R \cdot s$ verrichten. Die Strecke s, die man fahren kann, beträgt:

$$s = \eta \cdot \rho \cdot V \cdot H / F_R = 5.3 \cdot 10^8 \text{ J} / 500 \text{ N} = 1.1 \cdot 10^6 \text{ m} = 1100 \text{ km}$$

25 Seite 161

Der Wirkungsgrad η einer Wärmepumpe, die $\Delta E = 200$ MWh elektrische Energie aufnimmt und damit die Heizwärme $Q_1 = 700$ MWh liefert, beträgt:

$$\eta = \frac{Q_1}{W} = \frac{Q_1}{\Delta E} = \frac{700 \text{ MWh}}{200 \text{ MWh}} = 3.5$$

Der Wirkungsgrad η ist grösser als 1, da die Wärme Q_1 nicht nur von der Arbeit $W = \Delta E$, sondern auch von der Umgebungswärme Q_2 stammt.

26 Seite 172

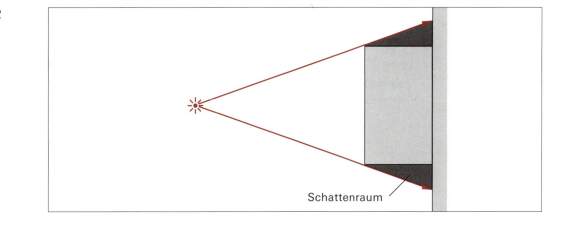

Schattenraum

27	Seite 181	Bei trockener Strasse kommt es auf der rauen Strasse zu diffuser Reflexion des Scheinwerferlichts, wodurch man die Strasse auch aus dem Auto sehen kann. Auf der glatten Wasseroberfläche der Strasse kommt es zu regelmässiger Reflexion, wodurch man nur noch die Spiegelbilder der Lampen sehen kann. Bei nasser Strasse blendet regelmässig reflektiertes Licht eines entgegenkommenden Autos. Bei diffuser Reflexion gelangt weniger Licht ins Auge.
28	Seite 188	A] Das Licht vom Fisch wird am Wasser-Luft-Übergang von der Flächennormalen weggebrochen. Der Fischreiher weiss nichts von dieser Brechung und nimmt den Fisch in der rückwärtigen Verlängerung des gebrochenen Lichtstrahls wahr. B] Der Fischreiher sieht den Fisch wegen des Wegbrechens des Lichtstrahls zu hoch (analog zum Strohhalm in Abb. 15.7) und schnappt oberhalb des Fischs nach ihm.
29	Seite 193	A] Die Reihenfolge von innen nach aussen: Rot, Orange, Gelb, Grün, Blau, Violett. B] Bei jeder Reflexion wird die Farbabfolge umgekehrt. Beim Nebenregenbogen, der durch zweifache Reflexion des Lichts entsteht, wird die Reihenfolge einmal mehr umgekehrt als beim Hauptregenbogen (einfache Reflexion).
30	Seite 211	A] Bei Weitsichtigkeit ist der Augapfel kürzer als die Brennweite des entspannten Auges. Bei entspannter Linse würde das Bild sozusagen hinter der Netzhaut entstehen. Bei Weitsichtigkeit sieht man in die Weite trotzdem gut, da der Ziliarmuskel den Fehler korrigieren kann, indem er die Linse zusammendrückt. B] Bei Kurzsichtigkeit ist der Augapfel länger als die Brennweite des entspannten Auges. Bei entspannter Linse entsteht das Bild vor der Netzhaut. Bei Kurzsichtigkeit sieht man Dinge in der Nähe trotzdem gut, da der Ziliarmuskel korrigieren kann, indem er die Linse etwas weniger zusammendrückt, als es beim gesunden Auge nötig wäre.
31	Seite 14	Das Gewicht einer Penduluhr hat Energie, mit dem es Arbeit an der Uhr verrichtet. Wasser in einem Stausee hat Energie, mit dem es eine Arbeit an der Turbine verrichtet. Wasserdampf in der Dampfmaschine hat Energie, mit der er Arbeit an den Rädern einer Lokomotive verrichten kann.
32	Seite 17	A] Das Wasser verrichtet Arbeit an der Turbine. Die Turbine verrichtet Arbeit am Generator. B] Die Energie des Wassers nimmt ab, weil es Antriebsarbeit an der Turbine verrichtet. Energie wird dabei vom Wasser auf die Turbine übertragen. Die Turbine braucht die Energie sogleich, um Antriebsarbeit am Stromgenerator zu verrichten.
33	Seite 27	Die Gravitationskraft der Erde auf den Mond ist senkrecht zur Bewegung des Mondes: Wenn $\alpha = 90°$ ist, wird von der Erde keine Arbeit am Mond verrichtet ($\cos 90° = 0$).
34	Seite 30	Eine Hubarbeit W in der Zeit Δt bedeutet eine mittlere Leistung von: $$P = \frac{W}{\Delta t} = \frac{m \cdot g \cdot h}{\Delta t} = \frac{70\,\text{kg} \cdot 9.81\,\frac{\text{m}}{\text{s}^2} \cdot 300\,\text{m}}{3600\,\text{s}} = 57\,\text{W}$$
35	Seite 37	Die Beschleunigungsarbeit der Lokomotive beträgt:

$$W = \frac{1}{2} \cdot m \cdot v^2 = \frac{1}{2} \cdot (100 + 5 \cdot 12) \cdot 10^3 \text{kg} \cdot \left(27.8 \frac{\text{m}}{\text{s}}\right)^2 = 62 \text{MJ}$$

36 Seite 41

A] Die am Stein verrichtete Hubarbeit W beträgt:

$$W = m \cdot g \cdot h = 1.0 \text{ kg} \cdot 9.81 \text{ m/s}^2 \cdot (-10 \text{ m}) = -98 \text{ J}$$

B] Die potenzielle Energie des Steins hat durch die Hubarbeit abgenommen, d. h. die Änderung der potenziellen Energie ist negativ:

$$\Delta E = -98 \text{ J}$$

37 Seite 54

A] Die auf der Strecke s verrichtete Reibungsarbeit W beträgt:

$$W = -F_R \cdot s = -\mu_G \cdot m \cdot g \cdot s = -0.60 \cdot 600 \text{kg} \cdot 9.81 \frac{\text{m}}{\text{s}^2} \cdot 10 \text{m} = -35 \text{kJ}$$

B] Durch die Reibung werden 35 kJ kinetische Energie des Körpers in Wärme umgewandelt ($E_2 < E_1$).

38 Seite 63

Die Energie des Curlingsteins nimmt wegen der Reibungsarbeit ab. Die bei der Reibung entstehende Wärme geht an die Umgebung über.

39 Seite 66

Die Dehnungsarbeit W führt zu elastischer Energie des Bogens ($W = \Delta E$). Man liest die Dehnungsarbeit an der Dreiecksfläche unter der Kurve im Kraft-Weg-Diagramm ab:

$$W = 0.5 \cdot 0.25 \text{ m} \cdot 180 \text{ N} = 22.5 \text{ J}.$$

Diese 22.5 J elastische Energie werden beim Abschuss in kinetische Energie umgewandelt und bestimmen so die Abschussgeschwindigkeit v des $m = 0.050$ kg schweren Pfeils:

$$v = \sqrt{\frac{2 \cdot W}{m}} = \sqrt{\frac{2 \cdot 22.5 \text{J}}{0.050 \text{kg}}} = 30 \frac{\text{m}}{\text{s}}$$

40 Seite 86

«Der Körper ist kalt» oder «Der Körper ist wärmer als der andere Körper» machen Aussagen über die Temperatur des Körpers.

41 Seite 86

A] $T = 273.15$ K + 100 K = 373.15 K

B] $T = 273.15$ K + 0 K = 273.15 K

C] $T = 273.15$ K – 273.15 K = 0 K

D] $\Delta T = 1$ K

E] $\vartheta = 0$ °C –273.15 °C = –273.15 °C

F] $\vartheta = 273.15$ °C –273.15 °C = 0 °C

G] $\vartheta = 373.15$ °C – 273.15 °C = 100 °C

H] $\Delta\vartheta = 1$ °C

42 Seite 89

A] Temperatur, B] Temperatur, C] Wärme, D] Wärme, E] Temperatur, F] Wärme, G] Wärme.

43	Seite 97	A] An der fehlenden Komprimierbarkeit von Festkörpern sieht man, dass die Abstände zwischen den Atomen minimal sind.
		B] An der fehlenden Verformbarkeit von Festkörpern sieht man, dass die Kräfte zwischen den Atomen gross sind.
		C] An der fast fehlenden Komprimierbarkeit von Flüssigkeiten sieht man, dass die Abstände zwischen den Atomen fast minimal sind.
		D] An der leichten Verformbarkeit von Flüssigkeiten sieht man, dass die Kräfte zwischen den Atomen klein sind.
		E] An der starken Komprimierbarkeit von Gasen sieht man, dass die Abstände zwischen den Atomen gross sind.
		F] An der leichten Verformbarkeit von Gasen sieht man, dass die Kräfte zwischen den Atomen winzig sind.
44	Seite 102	In dem Moment wird das Pollenkorn gerade mehr von der linken Seite von Wasser-Molekülen geschubst als von den anderen Seiten.
45	Seite 109	Die Gasteilchen eines idealen Gases sind sehr klein im Vergleich zum Abstand zwischen den Gasteilchen. Die Zusammenstösse zwischen zwei Gasteilchen oder einem Gasteilchen und der Behälterwand sind elastisch. Ausser bei den Kollisionen wirken keine Kräfte auf die Gasteilchen. Die Bewegung der Gasteilchen ist völlig ungeordnet.
46	Seite 112	Die Anzahl Gasteilchen in einem sehr guten Vakuum ($p = 10^{-9}$ Pa) beträgt bei einem Gasvolumen von 1.0 m³ und einer Gastemperatur von 293 K immer noch: $N = (p \cdot V) / (k \cdot T) = 2.5 \cdot 10^{11}$
47	Seite 115	A] Die mittlere Geschwindigkeit der Stickstoff-Moleküle in der 288 K warmen Luft beträgt: $$\frac{1}{2} \cdot m_{N2} \cdot v_{N2}^2 = \frac{3}{2} \cdot k \cdot T$$ $$v_{N2} = \sqrt{\frac{3 \cdot k \cdot T}{m_{N2}}} = \sqrt{\frac{3 \cdot 1.38 \cdot 10^{-23} \text{J} \cdot \text{K}^{-1} \cdot 288\text{K}}{4.65 \cdot 10^{-26} \text{kg}}} = 506 \frac{\text{m}}{\text{s}}$$ B] Alle Moleküle eines Gases haben dieselbe mittlere kinetische Energie. Das Verhältnis aus mittlerer Geschwindigkeit der Stickstoff-Moleküle und mittlerer Geschwindigkeit der Sauerstoff-Moleküle ist deshalb durch das Verhältnis der Massen bestimmt: $$\frac{1}{2} \cdot m_{N2} \cdot v_{N2}^2 = \frac{1}{2} \cdot m_{O2} \cdot v_{O2}^2$$ $$\frac{v_{N2}}{v_{O2}} = \sqrt{\frac{m_{O2}}{m_{N2}}} = \sqrt{\frac{5.32 \cdot 10^{-26} \text{kg}}{4.65 \cdot 10^{-26} \text{kg}}} = 1.07$$ Die Stickstoff-Moleküle sind im Mittel rund 7 % schneller als die Sauerstoff-Moleküle.
48	Seite 125	A] Wenn die Temperatur zunimmt, so wird der Abstand zwischen den Atomen und die Geschwindigkeit der Atome grösser. Wenn die Temperatur zunimmt, nimmt somit die potenzielle und kinetische Energie der Atome zu.

B] Bei der Aggregatzustandsänderung ändert nur der Abstand zwischen den Atomen, die Temperatur bleibt konstant. Wenn der Aggregatzustand ändert, ändert somit die potenzielle Energie der Atome.

49 Seite 129

A] Um den Motor kühlen zu können, muss Wärme abgeführt werden. Möglichst wenig Kühlflüssigkeit sollte möglichst viel Wärme aufnehmen können, ohne dabei zu verdampfen. Dies bedeutet, dass die spezifische Wärmekapazität der Kühlflüssigkeit gross sein muss.

B] Damit die Wärme der Herdplatte vor allem das Wasser heizt, sollte der Kochtopf mit möglichst wenig Wärme mit aufgeheizt werden. Dies bedeutet, dass die spezifische Wärmekapazität des Topfmaterials klein sein muss.

50 Seite 132

A] Die Wärme, die vom Wasser abgegeben werden muss, um $\Delta T_1 = 10$ K abzukühlen, zu gefrieren und nochmal $\Delta T_2 = 5$ K abzukühlen, beträgt:

$$Q = c_{Wasser} \cdot m \cdot \Delta T_1 + L_f \cdot m + c_{Eis} \cdot m \cdot \Delta T_2$$

$$Q = 4180 \frac{J}{kg \cdot K} \cdot 0.4 kg \cdot 10 K + 3.338 \cdot 10^5 \frac{J}{kg} \cdot 0.4 kg + 2100 \frac{J}{kg \cdot K} \cdot 0.4 kg \cdot 5 K$$

$$Q = 1.5 \cdot 10^5 \text{ J}$$

B] Es dauert $\Delta t = 1.5 \cdot 10^5$ J / 100 W = $1.5 \cdot 10^3$ s, also 26 Minuten, bis 0.4 l Wasser im Gefrierfach zu –5 °C kaltem Eis geworden sind.

51 Seite 137

A] Wenn es einen direkten Kontakt zwischen zwei Körpern gibt, wird viel Wärme durch Leitung transportiert.

B] Wenn ein Körper von Luft umgeben ist, wird viel Wärme durch Strömung transportiert.

C] Wenn ein Körper glüht, wird viel Wärme durch Strahlung transportiert.

52 Seite 144

Die Wärmeströmung transportiert Wärme vor allem von unten nach oben, weil die aufgeheizte Luft über der Kerze aufsteigt.

53 Seite 147

Weisse Flächen absorbieren weniger Wärmestrahlung der Sonne als z. B. schwarze. Weisse Kühlwagen werden von der Sonne weniger stark aufgeheizt.

54 Seite 158

A] Ein Viertakt-Benzinmotor wandelt über den Kreisprozess: Füllen, Kompression, Expansion, Leeren, Wärme in Arbeit um.

B] Der Zylinder bewegt sich einmal bei der Kompression und einmal bei dem Leeren, insgesamt also zwei Mal hoch.

55 Seite 169

Der Lichtstrahl ist ein geometrisches Modell, das den Weg darstellt, den das Licht nimmt.

56 Seite 174 A]

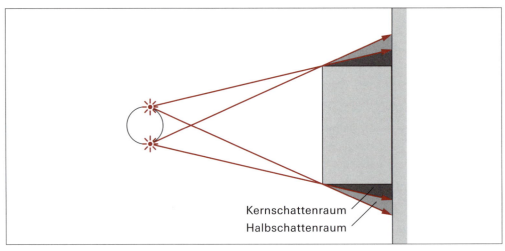

B] Halbschattenraum und Kernschattenraum.

57 Seite 181 A] Man sieht das Licht von überall her, es wird diffus (ungerichtet) reflektiert.

B] Damit man das Licht des Projektors von überall her sieht, muss die Oberfläche rau sein.

58 Seite 189 A] Wenn sich über dem Boden eine Heissluft-Schicht mit einem kleineren Brechungsindex befindet, und sich das Auge des Betrachters oberhalb der Heissluft-Kaltluft-Grenze befindet, wird das Licht der Sonne an der Grenze total reflektiert. Den Lichtstrahlen passiert dasselbe wie an der Oberfläche einer Pfütze. Weil für uns Totalreflexion ungewohnt ist, denkt das Gehirn das zu sehen, was optisch gleich ist, eben eine Pfütze.

B] Praktisch alles Licht, das von oben in den Diamanten eindringt, wird an seiner Unterseite total reflektiert und tritt wieder oben aus dem Diamanten aus, wodurch er funkelt.

59 Seite 197 A] Eine Abbildung wie Abb. 16.2 zeigt, dass bei Lochkameras das Bild auf dem Kopf steht.

B] Die Strahlen von einem einzelnen Gegenstandspunkt treffen auf eine grössere Fläche des Bildschirms, wenn der Abstand zwischen Bildschirm und Loch der Lochkamera vergrössert wird. Das Bild wird dann also unschärfer.

C] Wenn die Gegenstandsweite g zwischen Kerze und Loch der Lochkamera vergrössert wird, wird die Bildgrösse B kleiner. Dies erkennt man in einer Abbildung wie Abb. 16.2 oder an der Gleichung für den Abbildungsmassstab $B = G \cdot (b / g)$.

D] Die Strahlen von einem Gegenstandspunkt treffen auf einer grösseren Fläche auf dem Bildschirm auf, wenn das Loch der Lochkamera vergrössert wird. Das Bild wird dann also unschärfer. Die Bildgrösse ist unabhängig von der Lochgrösse.

E] Werden alle Gegenstandspunkte nach ihrem Ausgangspunkt sortiert in Bildpunkte abgebildet, so entsteht ein scharfes Bild des Gegenstands. Das Bild, das eine Lochkamera erzeugt, ist demnach dann scharf, wenn das Loch punktförmig ist.

60 Seite 211 A] Bei Weitsichtigkeit ist die Linse der Brille eine Sammellinse. Die Sammellinse bewirkt, dass die Brennweite von Linse und Auge bei entspannter Augenlinse gleich der Länge des Augapfels ist.

B] Bei Kurzsichtigkeit ist die Linse der Brille eine Streulinse. Die Streulinse bewirkt wiederum, dass die Brennweite von Linse und Auge bei entspannter Augenlinse gleich der Länge des Augapfels ist.

---

61 Seite 14

Nach dem Verrichten dieser Arbeit hat der Körper weniger Energie.

---

62 Seite 20

A] Die Arbeit, die Sie beim Hochheben eines Koffers verrichten müssen, hängt davon ab, wie hoch der Koffer angehoben werden muss, und wie schwer der Koffer ist.

B] Wenn Sie mit einem Koffer in der Hand stehen bleiben, so verrichten Sie keine Arbeit am Koffer, weil der Koffer dabei keinen Weg zurücklegt.

---

63 Seite 27

A] Die Fläche unter der Kurve im Kraft-Weg-Diagramm entspricht der am Bogen verrichteten Arbeit. Die Dreiecksfläche ist etwa: $W = 0.5 \cdot 0.25 \text{ m} \cdot 180 \text{ N} = 22.5 \text{ m} \cdot \text{N} = 22.5 \text{ J}$. Die am Bogen verrichtete Arbeit beträgt etwa 23 J.

B] Die elastische Energie des Bogens ist gleich der Fläche unter der Kurve im Kraft-Weg-Diagramm. Die elastische Energie nimmt auch dann noch zu, wenn die Kraft wieder kleiner wird. Man kann dem Verbundbogen auch dann noch mehr elastische Energie geben, wenn man maximal mit 180 N dehnen kann.

---

64 Seite 30

Die Hubarbeit W, um das Wasser in die Höhe h zu pumpen, dauert:

$$\Delta t = \frac{W}{P} = \frac{m \cdot g \cdot h}{P} = \frac{1000 \text{kg} \cdot 9.81 \frac{\text{m}}{\text{s}^2} \cdot 50 \text{m}}{4500 \text{W}} = 110 \text{s}$$

---

65 Seite 37

A] Die kinetische Energie dieses Kometen beträgt:

$$E_k = \frac{1}{2} \cdot m \cdot v^2 = \frac{1}{2} \cdot 10^{13} \text{kg} \cdot \left(3 \cdot 10^4 \frac{\text{m}}{\text{s}}\right)^2 = 4.5 \cdot 10^{21} \text{J}$$

B] Der Schaden hängt von der kinetischen Energie des Kometen ab. Die kinetische Energie ist proportional zur Masse und proportional zur Geschwindigkeit im Quadrat. Doppelte Masse bedeutet doppelte kinetische Energie. Doppelte Geschwindigkeit bedeutet vierfache kinetische Energie. Ein doppelt so schneller Komet richtet mehr Schaden an als ein doppelt so schwerer Komet.

---

66 Seite 47

A] Bei Energieumwandlungen wird Energie von einer Form in eine andere umgewandelt.

B] Zu einer mechanischen Energieumwandlung kommt es, wenn gleichzeitig Beschleunigungsarbeit und Hubarbeit, aber keine Reibungsarbeit am Körper verrichtet wird.

---

67 Seite 55

Für fallende Blumentöpfe ist der freie Fall (ohne Reibung) ein gutes Modell. Bei Raumfähren will man wissen, wie viel Wärme durch Reibung entsteht, um z. B. das Hitzeschild konstruieren zu können. Dazu muss man den Betrag der Reibung kennen. (B]).

---

68 Seite 63

Die Energieformen, die für die Bewegung der Erde wichtig sind, sind potenzielle und kinetische Energie. Die Summe aus potenzieller und kinetischer Energie der Erde ist auf einer Kreisbahn konstant. Die Erde kann als abgeschlossenes System betrachtet werden. Wenn uns hingegen der Wärmehaushalt der Erde interessiert, so ist die Erde ein offenes System, denn von der Sonne wird Lichtenergie auf die Erde übertragen.

LÖSUNGEN ZU DEN AUFGABEN

69 Seite 69

Man stellt den Energieerhaltungssatz für offene Systeme auf, wobei man berücksichtigt, dass die verrichtete Reibungsarbeit $W = -F_R \cdot s$ ist:

$$\frac{1}{2} \cdot m \cdot v_1^2 + m \cdot g \cdot h_1 - F_R \cdot s = \frac{1}{2} \cdot m \cdot v_2^2 + m \cdot g \cdot h_2$$

Zuoberst auf der Rutschbahn ist $h_1 = 2.5$ m, $v_1 = 0$ m/s. Am Ende der $s = 4.0$ m langen Rutschbahn ist die Höhe $h_2 = 0$ m und die Geschwindigkeit v_2 der Person ($m = 30$ kg):

$$v_2 = \sqrt{\frac{2 \cdot (m \cdot g \cdot h_1 - F_R \cdot s)}{m}} = \sqrt{\frac{2 \cdot \left(30\,\text{kg} \cdot 9.81\,\frac{\text{m}}{\text{s}^2} \cdot 2.5\,\text{m} - 35\,\text{N} \cdot 4\,\text{m}\right)}{30\,\text{kg}}} = 6.3\,\frac{\text{m}}{\text{s}}$$

70 Seite 86

Quecksilber-Thermometer basieren darauf, dass Quecksilber mit zunehmender Temperatur expandiert. Um die Volumenzunahme des Quecksilbers berechnen zu können, muss man den Volumenausdehnungskoeffizienten von Quecksilber kennen.

71 Seite 86

A] Die relative Volumenzunahme $\Delta V / V$ der 60 Liter Benzin beträgt:

$$\Delta V / V = \gamma \cdot \Delta \vartheta = 950 \cdot 10^{-6}\,°C^{-1} \cdot (25\,°C - 10\,°C) = 1.4 \cdot 10^{-2} \triangleq 1.4\,\%$$

B] Die Volumenzunahme der $V = 60\,l$ ($1\,l = 1\,\text{dm}^3 = 10^{-3}\,\text{m}^3$) beträgt:

$$\Delta V = \gamma \cdot \Delta \vartheta \cdot V = 950 \cdot 10^{-6}\,°C^{-1} \cdot (25\,°C - 10\,°C) \cdot (60 \cdot 10^{-3}\,\text{m}^3) = 8.6 \cdot 10^{-4}\,\text{m}^3$$

Die Volumenzunahme beträgt 0.86 Liter. Man sollte im Sommer deshalb den Benzintank nicht ganz füllen.

C] Die Masse des Benzins ist konstant.

D] Die Dichte des Benzins nimmt bei der Erwärmung ab.

72 Seite 91

A] Innere Energie, B] Temperatur, C] Innere Energie, D] Wärme.

73 Seite 99

A] Die Brown'sche Bewegung kann man sehen, wenn man in Wasser schwebende Pollen unter dem Mikroskop betrachtet.

B] Die im Wasser schwebenden Pollen vollführen ständig eine zittrige Bewegung.

C] Die Geschwindigkeit der Brown'schen Bewegung hängt von der Wassertemperatur ab.

74 Seite 102

Im heissen Stein ist die mittlere Geschwindigkeit der Atome (Moleküle) grösser als im kalten.

75 Seite 109

Die Gleichung des idealen Gases lautet:

$$p \cdot V = \frac{1}{3} \cdot N \cdot m \cdot v^2$$

N ist die Anzahl Gasteilchen im Gas; m ist die Masse eines Gasteilchens und V das Gasvolumen. Für die Dichte gilt deshalb $\rho = N \cdot m / V$. Eingesetzt in die Gleichung des idealen Gases ergibt dies:

$$p = \frac{1}{3} \cdot \rho \cdot v^2$$

Die mittlere Geschwindigkeit v der Gasteilchen der Luft ist:

$$v = \sqrt{\frac{3 \cdot p}{\rho}} = \sqrt{\frac{3 \cdot 1.0 \cdot 10^5 \text{Pa}}{1.293 \frac{\text{kg}}{\text{m}^3}}} = 4.8 \cdot 10^2 \frac{\text{m}}{\text{s}}$$

---

76 Seite 112

Der Druck im Gefäss B_1 ist gleich der Summe aus Umgebungsdruck p_L und Schweredruck des Quecksilbers $p_{Hg} = \rho \cdot g \cdot h$ ($h_1 = 0.10$ m, $h_2 = 0.30$ m):

$$p_1 = p_L + p_{Hg} = p_L + \rho \cdot g \cdot h_1 = 1.13 \cdot 10^5 \text{ Pa}$$

$$p_2 = p_L + p_{Hg} = p_L + \rho \cdot g \cdot h_2 = 1.30 \cdot 10^5 \text{ Pa}$$

Die Gasmenge n und das Volumen V des Gases im Gefäss B_1 sind bei T_1 und T_2 gleich:

$$\frac{p_1}{T_1} = \frac{p_2}{T_2}$$

Wenn eine Quecksilbersäule von $h_1 = 0.30$ m gemessen wird, ist die Gastemperatur:

$$T_2 = \frac{p_2}{p_1} \cdot T_1 = \frac{1.30 \cdot 10^5 \text{Pa}}{1.13 \cdot 10^5 \text{Pa}} \cdot 273\text{K} = 314\text{K}$$

---

77 Seite 115

Die Temperatur des Gases beträgt 277 °C (550 K), denn:

$$\frac{1}{2} \cdot m \cdot v^2 = \frac{3}{2} \cdot k \cdot T$$

$$T = \frac{m \cdot v^2}{3 \cdot k} = \frac{4.65 \cdot 10^{-26} \text{kg} \cdot \left(700 \frac{\text{m}}{\text{s}}\right)^2}{3 \cdot 1.38 \cdot 10^{-23} \text{J} \cdot \text{K}^{-1}} = 550\text{K}$$

---

78 Seite 125

A] Die Temperatur, bei der Festkörper flüssig respektive Flüssigkeiten fest werden, nennt man Schmelztemperatur respektive Erstarrungstemperatur.

B] Die Temperatur, bei der Flüssigkeiten gasförmig respektive Gase flüssig werden, nennt man Siedetemperatur respektive Kondensationstemperatur.

---

79 Seite 129

A] Bei konstantem Druck braucht es die Wärme:

$$Q = c_p \cdot m \cdot \Delta T = 1\,000 \text{J} / (\text{kg} \cdot \text{K}) \cdot 1 \text{ kg} \cdot 1 \text{ K} = 1\,000 \text{ J} = 1\text{kJ}$$

B] Bei konstantem Volumen braucht es die Wärme:

$$Q = c_V \cdot m \cdot \Delta T = 720 \text{J} / (\text{kg} \cdot \text{K}) \cdot 1 \text{ kg} \cdot 1 \text{ K} = 720 \text{ J}$$

---

80 Seite 134

Die vom kühleren Wasser aufgenommene Wärme Q_1 ist die vom wärmeren Wasser abgegebene Wärme Q_2. Die Temperatur T_3 eines Gemischs aus $m_1 = 1$ kg Wasser mit einer Temperatur $T_1 = 283$ K und $m_2 = 2$ kg Wasser mit einer Temperatur $T_2 = 293$ K beträgt:

$$c_{Wasser} \cdot m_1 \cdot (T_3 - T_1) = c_{Wasser} \cdot m_2 \cdot (T_2 - T_3)$$

$$T_3 = (m_2 \cdot T_2 + m_1 \cdot T_1) / (m_1 + m_2)$$

$$T_3 = (2 \text{ kg} \cdot 293 \text{ K} + 1 \text{ kg} \cdot 283 \text{ K}) / (1 \text{ kg} + 2 \text{ kg}) = 290 \text{ K, d.h. } 17\,°C$$

81 Seite 140   Je grösser die Oberfläche des Körpers, umso mehr Atome können mit den Atomen der Umgebung zusammenstossen und so Wärme ableiten.

82 Seite 144   Zwischen der Fensterscheibe und dem Blendladen gibt es eingeschlossene Luft, die verhindert, dass eine Wärmeströmung direkt am Fenster entstehen kann.

83 Seite 147   Die glänzende Silberschicht kann offenbar die infrarote Strahlung des Inhalts der Thermosflasche reflektieren, wodurch der Wärmeverlust durch die Wärmestrahlung reduziert wird.

84 Seite 158   Eine Zweitakt-Dampfmaschine wandelt über den Kreisprozess: Kolben nach links schieben, Kolben nach rechts schieben, die Wärme in Arbeit um.

85 Seite 169

A] Die Zeit, die Licht braucht, um von der Strassenlampe zum Boden zu gelangen, beträgt:

$$\Delta t = \Delta s / c = (6 \text{ m}) / (3.0 \cdot 10^8 \text{ m/s}) = 2 \cdot 10^{-8} \text{ s}$$

B] Die Zeit, die Licht braucht, um von der Sonne zur Erde zu gelangen, beträgt:

$$\Delta t = \Delta s / c = (1.5 \cdot 10^{11}) \text{ m} / (3.0 \cdot 10^8) \text{ m/s} = 500 \text{ s} = 8.3 \text{ min}$$

86 Seite 174   Wenn der Mond in den Erdschatten gerät, so gerät er erst teilweise, dann ganz in den Halbschattenraum der Erde. Später ist ein Teil des Monds noch im Halbschattenraum der Erde, der andere Teil schon in ihrem Kernschattenraum. Wenn schliesslich der ganze Mond im Kernschattenraum der Erde ist, sieht man eine totale Mondfinsternis. Dann kommt der Mond wieder aus dem Schatten heraus, wobei die Reihenfolge der Schritte rückwärts durchlaufen wird.

87 Seite 181

A] Einfallswinkel = Ausfallswinkel bedeutet, dass der Lichtstrahl, der vom Fuss ins Auge gelangt, auf halber Augenhöhe den Spiegel trifft. Die Spiegelunterkante muss deshalb auf halber Augenhöhe sein.

B] Die Spiegeloberkante muss auf Augenhöhe sein.

88 Seite 189   Der kritische Einfallswinkel α_1 beträgt für den Übergang vom Diamanten ($n_1 = 2.4$) in die Luft ($n_2 = 1$) $\alpha_1 = \arcsin(1 / 2.4) = 25°$.

89 Seite 206

A] Das Bild ist doppelt so gross wie der Gegenstand, denn:

$$b = \frac{f \cdot g}{g - f} = \frac{10\,\text{cm} \cdot 5\,\text{cm}}{5\,\text{cm} - 10\,\text{cm}} = -10\,\text{cm}, \quad B = G \cdot \frac{b}{g} = G \cdot \frac{-10\,\text{cm}}{5\,\text{cm}} = -2 \cdot G$$

Negative Bildweite und Bildgrösse zeigen an, dass für $g = 0.5 \cdot f$ ein virtuelles Bild entsteht.

B] Für $g = 1.5 \cdot f$ ist das reelle Bild doppelt so gross wie der Gegenstand, denn:

$$b = \frac{f \cdot g}{g - f} = \frac{10\,\text{cm} \cdot 15\,\text{cm}}{15\,\text{cm} - 10\,\text{cm}} = 30\,\text{cm}, \quad B = G \cdot \frac{b}{g} = G \cdot \frac{30\,\text{cm}}{15\,\text{cm}} = 2 \cdot G$$

C] Für $g = 2.0 \cdot f$ ist das reelle Bild gleich gross wie der Gegenstand, denn:

$$b = \frac{f \cdot g}{g - f} = \frac{10\,\text{cm} \cdot 20\,\text{cm}}{20\,\text{cm} - 10\,\text{cm}} = 20\,\text{cm}, \quad B = G \cdot \frac{b}{g} = G \cdot \frac{20\,\text{cm}}{20\,\text{cm}} = 1 \cdot G$$

D] Für $g = 5.0 \cdot f$ ist das reelle Bild viermal kleiner als der Gegenstand, denn:

$$b = \frac{f \cdot g}{g - f} = \frac{10\,\text{cm} \cdot 50\,\text{cm}}{50\,\text{cm} - 10\,\text{cm}} = 12.5\,\text{cm}, \quad B = G \cdot \frac{b}{g} = G \cdot \frac{12.5\,\text{cm}}{50\,\text{cm}} = 0.25 \cdot G$$

90 Seite 214

Wenn die Gegenstandsweite gleich der Brennweite der Lupe ist, sind die Lichtstrahlen eines Gegenstandspunktes nach der Lupe parallel und werden vom entspannten Auge auf der Netzhaut abgebildet. Das Bild ist mit Lupe bis zu 20-mal grösser als ohne.

91 Seite 16

A] Energieformen beim Trampolinsprung: Bewegungsenergie und Lageenergie des Springers, elastische Energie der Trampolinfedern, Wärme.

B] Einteilung der Energieformen beim Trampolinsprung in die Energiegrundformen kinetische und potenzielle Energie: Kinetische Energie: Bewegungsenergie, Wärme. Potenzielle Energie: Lageenergie, elastische Energie.

92 Seite 20

A] Auf den Stamm wirkt die Hubkraft des Traktors, auf den Traktor die Reaktionskraft des Stamms.

B] Beim Heben verrichtet der Traktor Arbeit am Baumstamm, während die Reaktionskraft des Baumstamms Arbeit am Traktor verrichtet.

C] Die verrichtete Arbeit hängt von der Hubkraft des Traktors und von der Hubhöhe ab.

93 Seite 30

Die Beschleunigungsarbeit W, um in der Zeit Δt aus der Ruhe auf die Geschwindigkeit v zu kommen, bedeutet eine mittlere Leistung von:

$$P = \frac{W}{\Delta t} = \frac{m \cdot v^2}{2 \cdot \Delta t} = \frac{1200\,\text{kg} \cdot \left(27.8\,\frac{\text{m}}{\text{s}}\right)^2}{2 \cdot 10\,\text{s}} = 46\,\text{kW}$$

94 Seite 30

A] Kilowattstunde bedeutet Kilowatt · Stunde = $[P] \cdot [\Delta t] = [W]$. kWh ist die Einheit der Arbeit und somit auch die Einheit der Energie.

B] 1 kWh = 1 kW · 1 h = 1000 W · 3600 s = $3.6 \cdot 10^5$ J = 3.6 MJ

95 Seite 37

Die kinetische Energie ist proportional zur Geschwindigkeit im Quadrat. $(100 / 50)^2 = 4$. Mit 100 km/h hat ein Auto viermal soviel kinetische Energie wie mit 50 km/h.

96 Seite 49

Bei der Abwärtsbewegung des Pfeils wird potenzielle Energie in kinetische Energie umgewandelt. Der Winkel zwischen Gewichtskraft und Bewegungsrichtung ist dann kleiner als 90° (B], D]).

97 Seite 57

Der Wirkungsgrad ist definiert als $\eta = E_{ab} / E_{zu}$. Um die Energie $E_{ab} = 1\,000$ J abführen zu können, müssen dem Motor $E_{zu} = E_{ab} / \eta = 1\,000$ J / 0.8 = 1 250 J zugeführt werden.

98	Seite 66	Die Summe aus potenzieller und kinetischer Energie des Balls ist konstant. Höhe und Geschwindigkeit und damit kinetische und potenzielle Energie des Balls können ändern.

99	Seite 69	Die Gesamtenergie vor der Vollbremsung beträgt:

$$E_{total,1} = \frac{1}{2} \cdot m \cdot v^2$$

Die Gesamtenergie nach der Vollbremsung ist $E_{total,2} = 0$. Während der Vollbremsung wird Reibungsarbeit verrichtet:

$$W = -F_R \cdot s = -\mu_G \cdot m \cdot g \cdot s$$

Der Energieerhaltungssatz für offene Systeme besagt:

$$\frac{1}{2} \cdot m \cdot v^2 - \mu_G \cdot m \cdot g \cdot s = 0$$

Der Bremsweg s beträgt unabhängig von der Masse des Autos:

$$s = \frac{v^2}{2 \cdot \mu_G \cdot g} = \frac{\left(13.9 \frac{m}{s}\right)^2}{2 \cdot 0.6 \cdot 9.81 \frac{m}{s^2}} = 16\,m$$

100	Seite 86	Wenn man Quecksilberthermometer abliest, misst man die Temperatur eines Körpers. (B)

101	Seite 87	A] Im Sommer hängen die Leitungen an heissen Tagen wegen der Längenausdehnung durch die Erwärmung viel stärker durch als im Winter.
		B] Die Leitungen dürfen nicht gespannt sein, sonst werden die Zugkräfte im Winter, wenn die Leitungen kürzer sind, gross.

102	Seite 96	Unter Atomen kann man sich winzig kleine Kügelchen vorstellen, die sich gegenseitig anziehen, wenn der gegenseitige Abstand klein ist.

103	Seite 102	Die Geschwindigkeit der Atome bestimmt die Heftigkeit der Kollisionen mit.

104	Seite 102	Wenn eine Flüssigkeit die Siedetemperatur erreicht, so verdampft sie schnell, weil die Atome der Flüssigkeit genügend kinetische Energie haben, um die Anziehungskraft der anderen Moleküle in der Flüssigkeit zu überwinden.
		Bei Temperaturen unter der Siedetemperatur verdunstet die Flüssigkeit langsam, weil nur die schnellsten Atome der Flüssigkeit genügend kinetische Energie haben, um die Anziehungskraft der anderen Moleküle in der Flüssigkeit zu überwinden.

105 Seite 112

Die Anzahl Gasteilchen im Volumen ist:

$$N = \frac{p \cdot V}{k \cdot T}$$

A] Der mittlere Abstand zwischen den Gasteilchen ist:

$$s = \left(\frac{V}{N}\right)^{\frac{1}{3}} = \left(\frac{k \cdot T}{p}\right)^{\frac{1}{3}} = \left(\frac{1.38 \cdot 10^{-23} \text{J} \cdot \text{K}^{-1} \cdot 273 \text{K}}{1.0 \cdot 10^5 \text{Pa}}\right)^{\frac{1}{3}} = 3.4 \cdot 10^{-9} \text{m}$$

B] Der mittlere Abstand der Gasteilchen ist bei 0 °C wie bei idealen Gasen vorausgesetzt viel grösser als der Durchmesser der Gasteilchen, der etwa 10^{-10} m beträgt.

106 Seite 113

Die Stoffmenge n und die Temperatur T sind konstant. Wenn das Volumen ursprünglich z. B. $V_1 = 1$ m³ war, so ist es nach dem Sturz noch $V_2 = 1$ m³ – 0.25 m³ = 0.75 m³. Der neue Druck p_2 ist:

$$p_2 = p_1 \cdot \frac{V_1}{V_2} = 20 \cdot 10^5 \text{Pa} \cdot \frac{1 \text{m}^3}{0.75 \text{m}^3} = 27 \cdot 10^5 \text{Pa}$$

107 Seite 123

Innere Energie $[U]$ = J, Arbeit $[W]$ = J, Wärme $[Q]$ = J

108 Seite 125

A] Die Siedetemperatur des verdampfenden Wassers beträgt 100 °C.

B] Beim Verdampfen wird Wärme in potenzielle Energie der Atome umgewandelt.

109 Seite 131

Um den Eisberg zu schmelzen, muss ihm die Schmelzwärme Q zugeführt werden:

$Q = L_f \cdot m = (3.338 \cdot 10^5 \text{ J / kg}) \cdot (10^6 \text{ kg}) = 3.3 \cdot 10^{11}$ J

110 Seite 134

Die von der Milch (m_1 = 0.2 kg, T_1 = 278 K) aufgenommene Wärme Q_1 ist die vom kondensierten und abgekühlten Wasserdampf (m_2 = ? kg, T_2 = 373 K) abgegebene Wärme Q_2. Die Energiebilanz sieht folgendermassen aus:

$$c_{Wasser} \cdot m_1 \cdot (T_3 - T_1) = L_v \cdot m_2 + c_{Wasser} \cdot m_2 \cdot (T_2 - T_3)$$

$$m_2 = [c_{Wasser} \cdot m_1 \cdot (T_3 - T_1)] / [L_v + c_{Wasser} \cdot (T_2 - T_3)] = 0.021 \text{ kg} = 21 \text{g}$$

111 Seite 140

Für Wärmeleitung braucht es Materie. Ein perfektes Vakuum, das den Inhalt der Thermosflasche vollständig umgeben würde, würde die Wärmeleitung vollständig verhindern.

112 Seite 144

Die aufsteigende warme Luft einer Wärmeströmung hilft den Vögeln beim Aufsteigen.

113 Seite 151

Die Kompressionsarbeit, die am Gas verrichtet werden muss, wenn sein Volumen von V_1 = 0.008 m³ auf das Volumen V_2 = 0.004 m³ reduziert wird, beträgt:

$$W = -p \cdot \Delta V = -p \cdot (V_2 - V_1) = 1 \cdot 10^5 \text{ Pa} \cdot (0.004 \text{ m}^3 - 0.008 \text{ m}^3) = +4 \cdot 10^2 \text{ J}$$

Kompression vergrössert die innere Energie, die Kompressionsarbeit W ist immer positiv.

114 Seite 158

Der maximal mögliche Wirkungsgrad η_{max} dieses Motors beträgt gemäss dem 2. Hauptsatz der Wärmelehre:

$$\eta_{max} = 1 - T_2 / T_1 = 1 - 500 \text{ K} / 1500 \text{ K} = 0.67$$

115 Seite 169

A] $\Delta t_1 = 1 \text{ s} / 12.6 = 7.937 \cdot 10^{-2} \text{ s}$

B] $\Delta t_2 = 7.937 \cdot 10^{-2} / (2 \cdot 720) = 5.512 \cdot 10^{-5}$ s. Der Faktor 2 kommt daher, dass nicht die nächste Lücke, sondern der nächste Zahn an die Stelle der Lücke gelangen soll.

C] Die Lichtgeschwindigkeit c ist der zurückgelegte Weg $\Delta s = 2 \cdot s$ dividiert durch die Zeit $\Delta t = \Delta t_2$, die für diesen Weg benötigt wurde:

$$c = \Delta s / \Delta t = 2 \cdot s / \Delta t_2 = 2 \cdot 8633 \text{ s} / 5.512 \cdot 10^{-5} \text{ s} = 3.13 \cdot 10^8 \text{ m/s}$$

116 Seite 176

Die beiden Schattenräume sind zwei ähnliche Dreiecke. Das Verhältnis aus Höhe zu Schattenlänge ist bei beiden Dreiecken gleich:

Turmhöhe / Turmschattenlänge = Stabhöhe / Stabschattenlänge

Turmhöhe = Turmschattenlänge · Stabhöhe / Stabschattenlänge

Turmhöhe = 25 m · 1.0 m / 1.2 m = 21 m

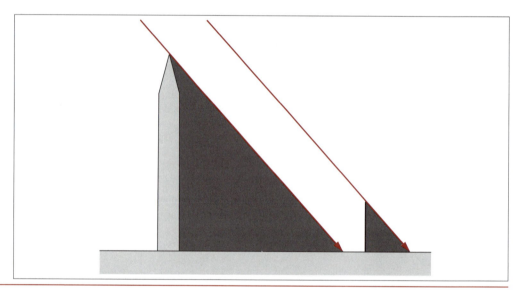

117 Seite 181

Die meisten Fenster sind doppelt verglast, bestehen also aus zwei Scheiben. Jede dieser Scheiben reflektiert das Licht der Lampe und macht je ein Spiegelbild der Lampe.

118 Seite 193   A]

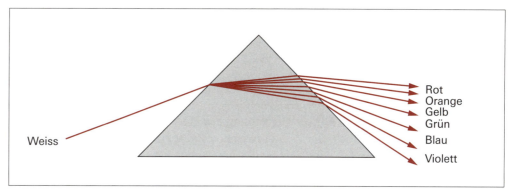

B] Die verschiedenen Farbanteile (Rot, Orange, Gelb, Grün, Blau, Violett) des weissen Lichts werden wegen der unterschiedlichen Brechungszahlen der verschiedenen Farben beim Ein- und Austritt aus dem Prisma unterschiedlich stark gebrochen. Rotes Licht wird am schwächsten gebrochen, violettes am stärksten.

119 Seite 206

Die Bildweite b muss zwischen b_{max} = 60 mm und b_{min} = 50 mm variiert werden können, damit Gegenstände mit Gegenstandsweiten zwischen g_{min} = 0.3 m und g_{max} = unendlich ($g \gg f$) auf dem Film scharf abgebildet werden, denn:

$$b_{max} = \frac{f \cdot g_{min}}{g_{min} - f} = \frac{0.050\,\text{m} \cdot 0.3\,\text{m}}{0.3\,\text{m} - 0.050\,\text{m}} = 0.060\,\text{m}$$

Wenn die Gegenstandsweite g unendlich gross ist gilt:

$$b_{min} = f = 0.050\,\text{m}$$

$$\Delta b = b_{max} - b_{min} = 10\,\text{mm}$$

120 Seite 214

Das Objektiv des Mikroskops macht ein reelles vergrössertes Zwischenbild eines Gegenstands. Wenn der Abstand des Zwischenbilds vom Okular gleich der Brennweite des Okulars ist, sind die Lichtstrahlen eines Zwischenbildpunkts nach der Lupe parallel und werden vom entspannten Auge auf der Netzhaut abgebildet. Das Bild ist mit Mikroskop bis zu 1 000-mal grösser als ohne.

121 Seite 16

A] Das Wasser einer Regenwolke hat wegen der Gewichtskraft potenzielle Energie.

B] Das rotierende Velorad hat wegen seiner Drehbewegung kinetische Energie.

C] Das gespannte Gummiband hat wegen der Spannkraft potenzielle Energie.

122 Seite 27

Die an der Schachtel verrichtete Arbeit W beträgt:

$$W = F \cdot s \cdot \cos\alpha = 200\,\text{N} \cdot 1.5\,\text{m} \cdot \cos 0° = 300\,\text{N} \cdot \text{m} = 300\,\text{J}$$

123 Seite 30

Die Hubarbeit W in der Zeit Δt bedeutet eine mittlere Leistung von:

$$P = \frac{W}{\Delta t} = \frac{m \cdot g \cdot h}{\Delta t} = \frac{600\,\text{kg} \cdot 9.81\,\frac{\text{m}}{\text{s}^2} \cdot 100\,\text{m}}{60\,\text{s}} = 9.8\,\text{kW}$$

124 Seite 33

A] Die Energie E des Körpers nimmt durch die Arbeit um 2 000 J zu ($E_2 = E_1 + 2\,000$ J).

B] Die Energie E des Körpers nimmt durch die Arbeit um 2 000 J ab ($E_2 = E_1 - 2\,000$ J).

125 Seite 41

Der Schlitten wird $h = 200$ m $\cdot \sin(10°) = 34.73$ m in die Höhe gezogen. Die verrichtete Hubarbeit ist $W = m \cdot g \cdot h = 20$ kg $\cdot$ 9.81 m/s² $\cdot$ 34.73 m = 6.8 kJ.

126 Seite 51

Bei der Aufwärtsbewegung des Pfeils wird kinetische Energie in potenzielle Energie umgewandelt. Der Winkel zwischen Gewichtskraft und Bewegungsrichtung ist dann grösser als 90° (A], C]).

127 Seite 57

A] Die zugeführte elektrische Energie beträgt: $E_{zu} = P \cdot \Delta t = 100$ W $\cdot$ 3 600 s = $3.60 \cdot 10^5$ J. Die abgegebene Lichtenergie beträgt: $E_{ab} = E_{zu} \cdot \eta = 3.60 \cdot 10^5$ J $\cdot$ 0.2 = $7.2 \cdot 10^4$ J.

B] Die in anderen Formen (Wärme) abgeführte Energie beträgt: $E_{zu} - E_{ab} = 2.88 \cdot 10^5$ J.

128 Seite 66

Für die Gesamtenergie der Skispringerin gilt:

$$\frac{1}{2} \cdot m \cdot v_1^2 + m \cdot g \cdot h_1 = \frac{1}{2} \cdot m \cdot v_2^2 + m \cdot g \cdot h_2$$

Legt man den Nullpunkt der h–Achse auf die Absprunghöhe, so ist $h_2 = 0$ m. Da die Skispringerin in der Höhe $h_1 = 50$ m in Ruhe ist ($v_1 = 0$ m/s), vereinfacht sich die Gleichung:

$$m \cdot g \cdot h_1 = \frac{1}{2} \cdot m \cdot v_2^2$$

$$v_2 = \sqrt{2 \cdot g \cdot h_1} = \sqrt{2 \cdot 9.81 \frac{m}{s^2} \cdot 50 m} = 31 \frac{m}{s}$$

129 Seite 69

Die kinetische Energie des Balls vor dem Aufprall ist: $E_{total,\,1} = m \cdot g \cdot h_1$. 25 % dieser Energie werden beim Aufprall in Wärme umgewandelt, 75 % werden danach wieder in potenzielle Energie umgewandelt. Der Wirkungsgrad der Energieumwandlung ist $\eta = 0.75$:

$$E_{total,\,2} = m \cdot g \cdot h_2 = \eta \cdot m \cdot g \cdot h_1$$

Der Ball springt nach dem Aufprall nur noch auf die Höhe:

$$h_2 = \eta \cdot h_1 = 0.75 \cdot 1.5 \text{ m} = 1.1 \text{ m}$$

130 Seite 225

Es braucht sowohl das Lichtteilchen- als auch das Lichtwellen-Modell, um alle Phänomene des Lichts erklären zu können. Weil sich Licht machmal wie Teilchen und manchmal wie Wellen verhält, spricht man vom Welle-Teilchen-Dualismus des Lichts.

131 Seite 87

Damit sich die Brücke an heissen Tagen nicht verbiegt oder an kalten Tagen aus der Verankerung herausreisst, gibt es am Brückenende eine Dehnungsfuge.

132 Seite 96

Die Sauerstoffmenge $n = 1$ mol besteht aus $N = n \cdot N_A$ Sauerstoffatomen. Die Masse m_O eines Sauerstoffatoms beträgt:

$$m_O = m / N = m / (n \cdot N_A) = 0.016 \text{ kg} / (1 \text{ mol} \cdot 6.02 \cdot 10^{23} \text{ mol}^{-1}) = 2.7 \cdot 10^{-26} \text{ kg}$$

133 Seite 102

Die Temperatur des Körpers bestimmt die Heftigkeit der Kollisionen mit.

134 Seite 103

Atome in Gasen bewegen sich frei, bis sie mit einem anderen Atom oder einer Gefässwand zusammenstossen. Dies führt dazu, dass sich die Atome des aus der Gasleitung austretenden Gases schnell auf den ganzen Raum verteilen und man sie deshalb auch schnell in der Nase hat (schnelle Diffusion der Atome).

135 Seite 112

Die Stoffmenge n ist während des Aufstiegs konstant:

$$\frac{p_1 \cdot V_1}{T_1} = n = \frac{p_2 \cdot V_2}{T_2}$$

$$\frac{V_2}{V_1} = \frac{p_1 \cdot T_2}{p_2 \cdot T_1} = \frac{1.0 \cdot 10^5 \text{Pa} \cdot 278\text{K}}{0.8 \cdot 10^5 \text{Pa} \cdot 293\text{K}} = 1.2$$

Das Volumen des Ballons nimmt um etwa 20 % zu.

136 Seite 113

Das Volumen ist bei der Erwärmung konstant, der Druck nimmt deshalb zu:

$$\frac{p_2}{T_2} = \frac{p_1}{T_1}$$

$$p_2 = p_1 \cdot \frac{T_2}{T_1} = 120 \cdot 10^5 \text{Pa} \cdot \frac{328\text{K}}{293\text{K}} = 134 \cdot 10^5 \text{Pa} = 134 \text{ bar}$$

137 Seite 123

Die Änderung der inneren Energie des Systems beträgt:

$$\Delta U = W + Q = -4\,000 \text{ J} + 5\,000 \text{ J} = +1\,000 \text{ J}$$

Die innere Energie des Systems hat um 1 000 J zugenommen.

138 Seite 129

Die Wärme Q wird für die Erwärmung des Wassers (c_{Wasser} = 4 180 J / (kg · K)), Aluminiums ($c_{Aluminium}$ = 900 J / (kg · K)) und Kupfers (c_{Kupfer} = ?) verwendet:

$$Q = c_{Wasser} \cdot m_{Wasser} \cdot \Delta T + c_{Kupfer} \cdot m_{Kupfer} \cdot \Delta T + c_{Aluminium} \cdot m_{Topf} \cdot \Delta T$$

$$c_{Kupfer} = (Q - c_{Wasser} \cdot m_{Wasser} \cdot \Delta T - c_{Aluminium} \cdot m_{Topf} \cdot \Delta T) / (m_{Kupfer} \cdot \Delta T)$$

$$c_{Kupfer} = 388 \text{ J / (kg · K)}$$

139 Seite 131

Da Kochtopf und Wasser schon 100 °C heiss sind, wird die Wärme Q der Herdplatte nur fürs Verdampfen verwendet:

$$Q = L_v \cdot m$$

Die in der Zeit Δt abgegebene Wärme $Q = L_v \cdot m$ bedeutet eine mittlere Leistung der Herdplatte von:

$$P = Q / \Delta t = L_v \cdot m / \Delta t = (2.256 \cdot 10^6 \text{ J / kg}) \cdot 1.0 \text{ kg} / 3600 \text{ s} = 6.3 \cdot 10^2 \text{ W}$$

LÖSUNGEN ZU DEN AUFGABEN

140 Seite 134 — Die Wärme des heissen Eisens (m_1 = 0.10 kg, T_1 = ? K, c_{Eisen} = 450 J/(kg · K)) konnte das Wasser (m_2 = 0.40 kg, T_2 = 293 K, c_{Wasser} = 4180 J/(kg · K)) auf T_3 = 305 K aufheizen:

$$c_{Eisen} \cdot m_1 \cdot (T_1 - T_3) = c_{Wasser} \cdot m_2 \cdot (T_3 - T_2)$$

$$T_1 = [c_{Wasser} \cdot m_2 \cdot (T_3 - T_2) + c_{Eisen} \cdot m_1 \cdot T_3] / [c_{Eisen} \cdot m_1]$$

$$T_1 = 7.5 \cdot 10^2 \text{ K, d. h. etwa 480 °C}$$

141 Seite 140 — Die in porösen Isolationsmatten eingeschlossene Luft leitet die Wärme sehr schlecht und wirkt deshalb isolierend. (Ausserdem wird die Wärmeströmung der praktisch eingeschlossenen Luft verhindert.)

142 Seite 144 — Ein perfektes Vakuum, das den Inhalt der Thermosflasche vollständig umgibt, würde Wärmeströmungen verhindern, da Wärmeströmungen Materieströmungen sind.

143 Seite 151 — A] Die Expansionsarbeit W, die das Gas verrichtet, beträgt $W = -p \cdot \Delta V$. Die Expansionsarbeit ist negativ, da ΔV positiv ist ($V_2 - V_1$) > 0. Das Gas gibt Energie ab.

B] Die innere Energie ändert um $\Delta U = Q - p \cdot \Delta V$.

144 Seite 161 — Die Wärme Q_2, die in den Kühlschrank gelangt, wird zusammen mit der Kompressionsarbeit W an der Kühlschrank-Rückseite ans Zimmer abgegeben. Das Zimmer wird also statt gekühlt mit der Kompressionsarbeit W geheizt. Die Rückseite des Kühlschranks müsste die Wärme nach draussen abgeben können, damit Kühlung stattfindet.

145 Seite 172 — Lichtquellen produzieren das Licht, das sie aussenden, selbst: Dies ist bei Taschenlampen, Kerzen und Sternen der Fall. Kristalle, Wolken, Planeten und Spiegel reflektieren das Licht.

146 Seite 176 — A] Z. B. bei der Bestimmung der Schattenlänge eines Kirchturms mit einem Stab interessieren die Halbschatten nicht, das Sonnenlicht kann als paralleles Licht betrachtet werden.

B] Wenn die praktisch parallelen Lichtstrahlen der Sonne durch völlig parallele Lichtstrahlen ersetzt werden, so kann man nichts über die Halbschattenräume und Halbschatten aussagen. Z. B. für den Verlauf einer Mondfinsternis sind die Halbschattenräume der Erde wichtig, das Sonnenlicht kann nicht als paralleles Licht betrachtet werden.

147 Seite 188 — A] Die Richtung des Lichtstrahls ändert nicht: $\alpha_1 = \alpha_4$ (siehe Text). Der Lichtstrahl wird nur parallel verschoben.

B] Das Brechungsgesetz für den Luft-Glas-Übergang lautet:

$$n_{Luft} \cdot \sin(\alpha_1) = n_{Glas} \cdot \sin(\alpha_2)$$

$$\alpha_2 = \arcsin[n_{Luft} \cdot \sin(\alpha_1) / n_{Glas}] = \arcsin[1 \cdot \sin(30°) / 1.5] = 19°$$

Der Lichtstrahl wird beim Luft-Glas-Übergang zur Flächennormalen hingebrochen.

148 Seite 193 — Weisses Licht wird durch Dispersion in die verschiedenen Farbanteile aufgefächert. Aus weissem Licht wird durch Dispersion ein regenbogenfarbiger Lichtfächer.

149 Seite 211

A] Beim Fokussieren der Kamera ist die Brennweite konstant. Beim Fokussieren wird die Linse so verschoben, dass der Abstand zwischen Linse und Film gleich der Bildweite $b = (f \cdot g)/(g - f)$ ist. Beim Fokussieren des Auges ist der Abstand Linse-Netzhaut konstant, die Bildweite wird durch Deformation der Linse an die Gegenstandsweite angepasst.

B] Die Bildweite beträgt bei einem gesunden, durchschnittlichen Auge eines Erwachsenen 0.023 m. Bei einer Gegenstandsweite von 0.20 m bedeutet dies eine Brennweite von:

$$f = \frac{g \cdot b}{b + g} = \frac{0.20\,\text{m} \cdot 0.023\,\text{m}}{0.023\,\text{m} + 0.20\,\text{m}} = 0.0206\,\text{m} = 20.6\,\text{mm}$$

C] Bei einer Gegenstandsweite von 2.0 m bedeutet dies eine Brennweite von:

$$f = \frac{g \cdot b}{b + g} = \frac{2.0\,\text{m} \cdot 0.023\,\text{m}}{0.023\,\text{m} + 2.0\,\text{m}} = 0.0227\,\text{m} = 22.7\,\text{mm}$$

D] Bei einer Gegenstandsweite von 20 m bedeutet dies eine Brennweite von:

$$f = \frac{g \cdot b}{b + g} = \frac{20\,\text{m} \cdot 0.023\,\text{m}}{0.023\,\text{m} + 20\,\text{m}} = 0.0230\,\text{m} = 23.0\,\text{mm}$$

150 Seite 218

A] Die Energie, die ein Photon braucht, um ein Elektron aus einem Kupfer-Atom herauszuschlagen, ist grösser als diejenige, um ein Elektron aus einem Cäsium-Atom herauszuschlagen.

B] Die Anzahl der Elektronen hängt ab von der Helligkeit des UV-Lichts. Helles Licht besteht aus mehr Photonen und kann mehr Elektronen aus einem Stück Cäsium herausschlagen.

C] Die kinetische Energie der aus dem Stück Cäsium herausgeschlagenen Elektronen hängt von der Energie und somit von der Farbe der Photonen ab. Bei ultravioletten Photonen haben sie z. B. mehr kinetische Energie als bei violetten Photonen.

D] Es wird langsame und schnelle Elektronen geben, da beim UV-Licht mehr Lichtenergie in kinetische Energie des Photons umgewandelt werden kann als bei sichtbaren Photonen.

151 Seite 17

Beim Heben verrichtet der Traktor Arbeit am Baumstamm. Dabei nimmt die Energie des Traktors (im Benzintank) ab, während die Lageenergie des Baumstamms zunimmt. Traktor und Baumstamm tauschen Energie aus.

152 Seite 86

Wenn ein Körper erwärmt wird, nimmt im Normalfall sein Volumen zu und somit seine Dichte ab. Die Gewichtskraft bleibt unverändert, da die Masse konstant ist (A], C], D]).

153 Seite 225

Wenn man rotes Licht mit Lichtteilchen beschreibt, so ist die Energie der Lichtteilchen (Photonen) etwa:

$$E_{Photon} = \frac{h \cdot c}{\lambda} = \frac{6.63 \cdot 10^{-34}\,\text{J} \cdot \text{s} \cdot 3.0 \cdot 10^{8}\,\frac{\text{m}}{\text{s}}}{700 \cdot 10^{-9}\,\text{m}} = 2.8 \cdot 10^{-19}\,\text{J}$$

Stichwortverzeichnis

Numerisch

1. Hauptsatz der Wärmelehre 120
2. Hauptsatz der Wärmelehre 153

A

Abbildungseigenschaften einer Lochkamera 196
Abbildungsmassstab 196
Abgeschlossenes System 61
Absorption 144, 177
Aggregatzustand 96
Akkommodation 207
Anomale Expansion 83
Arbeit 21
Arbeits-Diagramm 25
Atome 93
Atomhülle 216
Atomkern 216
Auftriebskraft 141
Ausfallswinkel 178
Ausgedehnte Lichtquelle 173
Avogadro-Konstante 94

B

Beschleunigungsarbeit 34
Beugung von Lichtwellen 222
Bewegungsenergie 14
Bezugssystem für die Geschwindigkeit 36
Bezugssystem für die Höhe 39
Bildebene 200
Bildfleck 195
Bildgrösse 196
Bildpunkt 195
Bildschirm 195
Bildweite 196, 200
Boltzmann-Konstante 111
Brechung 177
Brechungsgesetz 182
Brechzahl 182
Brennebene 198
Brennpunkt 197
Brennpunktstrahl 199
Brennweite 198
Brown'sche Bewegung 99

C

Celsius-Skala 79
Celsius-Temperatur 77
Chemische Energie 15

D

Destruktive Interferenz 221
Diffuse Reflexion 180
Diffusion 103
Dispersion 189
Divergieren 170

E

Einfallender Lichtstrahl 178
Einfallswinkel 178
Elastische Energie 15
Elektrische Energie 15
Elektron 216
Emission 144
Energie 13, 31
Energie eines Lichtteilchens 217
Energie eines Photons 224
Energieänderung 31
Energieaustausch 17
Energiebilanz 64
Energieentwertung 154
Energieerhaltungssatz 60
Energieerhaltungssatz für abgeschlossene Systeme 62
Energieerhaltungssatz für offene Systeme 62
Energieform 14
Energiegrundform 14
Energieübertragung 17
Energieumwandlung 46
Energieverlust 54
Ermüdungserscheinungen 19
Erstarrungswärme 131
Erzwungene Wärmeströmung 140
Expansionsarbeit 122

F

Fahrenheit-Skala 79
Farbzerlegung 189
Fernrohr 214
Festkörper 96
Flüssigkeit 96
Fotoeffekt 217

G

Gas 96
Gasdruck 105
Gasteilchen 104
Gas-Thermometer 112
Gefriertemperatur 124
Gegenstandsgrösse 196
Gegenstandspunkt 195
Gegenstandsweite 196, 200
Gesamtenergie 59
Geschwindigkeitsverteilung 100
Gesetz des idealen Gases (experimentell) 109, 111
Gesetz des idealen Gases (theoretisch) 107, 108
Gesetz von Amonton 110
Gesetz von Avogadro 111
Gesetz von Boyle-Mariotte 110
Gesetz von Gay-Lussac 111
Glaskörper 207
Grad Celsius 77
Gravitationelle potentielle Energie 15
Grenzwinkel 186

H

Halbschatten 173
Halbschattenraum 173
Hauptebene der Linse 199
Hebelgesetz 68
Hingebrochen 183
Hornhaut 207
Hubarbeit 38
Hubraum 149

I

Innere Energie 89
Interferenz der Lichtwellen 223
Interferenzmuster 220
Iris 207
Isobarer Prozess 111
Isochorer Prozess 110
Isothermer Prozess 110

J

Joule 21

K

Kammerwasser 207
Kelvin-Temperaturskala 84
Kernenergie 15
Kernschatten 173
Kernschattenraum 173
Kinetische Energie 14, 35
Kinetische Gastheorie 105
Kinetische Wärmelehre 101
Kolben 149
Kompressionsarbeit 122
Komprimierbarkeit 96
Kondensationstemperatur 124
Kondensationswärme 131
Konkave Linse 194
Konstruktive Interferenz 221
Konvexe Linse 194
Kraft-Weg-Diagramm 25
Kraftwirkungsgesetz 20
Kreisprozess 152
Kritischer Einfallswinkel 186
Kühlschrank 159
Kurzsichtigkeit 210

L

Lageenergie 15
Längenänderung 80
Lichtenergie 15
Lichtgeschwindigkeit 169
Lichtjahre 169
Lichtkegel 168
Lichtquelle 170
Lichtstrahlen 168
Lichtstrahlen-Modell 168
Lichtteilchen 217
Lichtteilchen-Modell 217
Lichtwelle 222
Lichtwellen-Modell 220
Linse 194, 207
Linsengleichung 203
Linsensystem 194
Lochkamera 195
Lupe 212

M

Mechanik 20
Mechanische Energieumwandlung 47
Mikroskop 213
Mittelpunktstrahl 199

Mittlere Geschwindigkeit der Teilchen 100
Mittlere kinetische Energie der Teilchen 114
Mittlere Leistung 28
Modell 224
Mol 95
Moleküle 93

N

Nahpunkt 208
Netzhaut 207
Neutron 216
Normale Expansion 83
Normalobjektiv 198

O

Offenes System 61
Optische Achse 198
Optische Dichte 182

P

Parallele Lichtwellen 223
Paralleles Licht 175
Parallelkomponente der Kraft 23
Parallelstrahl 199
Photon 217
Planck'sches Wirkungsquantum 224
Potentielle Energie 15, 39
Prinzip des Archimedes 141
Prisma 189
Proton 216
Punktförmige Lichtquelle 170
Pupille 207

R

Reelles Bild 202
Reflektierter Lichtstrahl 178
Reflexion 177
Reflexionsgesetz 178
Regelmässige Reflexion 179
Regelmässige Welle 221
Regenbogen 191
Reibungsarbeit 53
Reibungsverlust 55

Relative Längenänderung 80
Relative Volumenänderung 80

S

Sammellinse 194, 197
Scharfes Bild 195
Schatten 171
Schattenraum 171
Schmelztemperatur 124
Sehnerv 207
Selbstständige Wärmeströmungen 140
Senkrechtkomponente der Kraft 23
Spektroskopie 190
Spezifische Schmelzwärme 130
Spezifische Verdampfungswärme 130
Spezifische Wärmekapazität 126
Spezifischer Heizwert 156
Statistische Beschreibung eines Gases 105
Stoffmenge 94
Strahlungstyp 145
Streulinse 194
System 61

T

Takt 152
Teilchen-Modell 93
Teilchen-Welle-Dualismus 224
Teleobjektiv 198
Temperatur 77
Temperaturdifferenz 85
Temperaturveränderung 85
Thermische Bewegung 100
Thermische Expansion 78
Thermische Kontraktion 78
Thermometer 78
Tiefstmögliche Temperatur 84
Totalreflexion 186
Treibhauseffekt 146

U

Umgebung 61
Universelle Gaskonstante 109
Unregelmässige Reflexion 180
Unscharfer Schatten 173
Unscharfes Bild 195

V

Vakuum 169
Verdampfen 101
Verdampfungstemperatur 124
Verdunsten 101
Verformbarkeit 96
Vibration 102
Viertakt-Benzinmotoren 155
Virtuelles Bild 202
Volumenänderung 80
Vorzeichen der Änderung der inneren Energie 120
Vorzeichen der Arbeit 23
Vorzeichen der Beschleunigungsarbeit 36
Vorzeichen der Energieänderung 32
Vorzeichen der Hubarbeit 40
Vorzeichen der Wärme 87

W

Wärme 15, 53, 87
Wärme-Kraft-Maschine 148
Wärmeleitfähigkeit 138
Wärmeleitung 137
Wärmepumpe 159
Wärmequelle 88
Wärmeströmung 140
Wärmetransportrate 136
Wasserwelle 220
Watt 28
Wechselwirkungsgesetz 20
Weggebrochen 184
Weitsichtigkeit 209
Weitwinkelobjektiv 198
Welle 220
Wellenberg 220
Wellenlänge 221
Wellental 220
Wirkungsgrad 55

Z

Ziliarmuskel 207
Zoom-Objektiv 198
Zweitakt-Dampfmaschine 151
Zylinder 149

Physik bei Compendio

Physik bei Compendio heisst: Lernziele nach MAR, übersichtlicher Aufbau und lernfreundliche Sprache, Aufgaben mit Lösungen zur Selbstkontrolle und eine Kurztheorie für den schnellen Überblick.

Physik 1
Lerntext, Aufgaben mit kommentierten Lösungen und Kurztheorie

Urs Mürset und Thomas Dumm

Methoden: Ziele und Methoden der Physik; Messgrössen angeben; Mathematische Hilfsmittel.
Kinematik: Die Bewegung des Massenpunkts; Bewegungen mit Orts-, Geschwindigkeits- und Beschleunigungsangaben beschreiben; Richtung von Bewegungen mit Vektoren beschreiben; Gleichförmige Kreisbewegungen. Dynamik: Beschreibung der Kraft; Kraft-Beispiele; Kraftwirkungsgesetz; Trägheitsgesetz; Wechselwirkungsgesetz; Kräfte bei geradlinigen und kreisförmigen Bewegungen. Gravitation: Von der Gewichtskraft zur Gravitationskraft; Das Gravitationsgesetz; Eigenschaften der Gravitationskraft; Kreisbewegungen um Zentralkörper; Schwerelosigkeit.
Hydrostatik: Eigenschaften von Festkörpern, Flüssigkeiten und Gasen; Von der Kraft zum Druck; Von der Schwerkraft zum Schweredruck; Druck im Alltag; Auftrieb durch Schweredruck.

248 Seiten, A4, broschiert, 1. Auflage 2002, ISBN 978-3-7155-9041-7, CHF 55.00

Physik 3
Lerntext, Aufgaben mit kommentierten Lösungen und Kurztheorie

Hansruedi Schild und Thomas Dumm

Atom- und Kernphysik: Wie sieht das Innenleben eines Atoms aus? Wie kommt es zu Radioaktivität? Anwendungen der Atom- und Kernphysik: Wie funktioniert die C-14-Methode zur Altersbestimmung? Wie wird Radioaktivität in der Medizin eingesetzt? Woher stammt die Energie des Kernkraftwerks? Woher stammt die Energie des Sonnenlichts? Elektrische Energie: Um was geht es bei elektrischen Strömen? Was bestimmt, ob ein Material den Strom leitet? Elektrische Stromkreise: Was bedeuten Volt- und Watt-Angaben auf elektrischen Geräten? Wie funktionieren Spannungsquellen? Wie berechnet man elektrische Stromkreise? Elektrostatik und Magnetismus: Wie erklärt man elektrische Phänomene? Wie erklärt man magnetische Phänomene?

232 Seiten, A4, broschiert, 1. Auflage 2004, ISBN 978-3-7155-9172-8, CHF 55.00

Physik-Trainer
Kurztheorie und Aufgaben

Physik-Trainer – Lösungen
Kommentierte Lösungen zu den Aufgaben

Thomas Dumm und Hansruedi Schild

Der Physik-Trainer unterstützt Sie bei der Vorbereitung auf Physikprüfungen und auf die Maturitätsprüfung. Er hilft beim Auffrischen der Theorie und verschafft Routine beim Lösen von Aufgaben. Kurztheorie und Aufgaben des Physik-Trainers orientieren sich am MAR für das Grundlagenfach Physik. Durch seine Kurztheorie ist der Physik-Trainer unabhängig von anderen Lehrmitteln einsetzbar. Inhalt und Struktur lehnen sich an die selbststudiumstauglichen Compendio-Titel Physik 1–3 an.

Physik-Trainer:
180 Seiten, A4, broschiert, 1. Auflage 2005, ISBN 978-3-7155-9213-8, CHF 43.00
Physik-Trainer – Lösungen:
166 Seiten, A4, broschiert, 1. Auflage 2005, ISBN 978-3-7155-9235-0, CHF 34.00

Mathematics and Physics Formulary

Für den immersiven Unterricht in Englisch. 28 Seiten, 17 x 24 cm, 1. Auflage 2006, CHF 8.00

Bestellung

Alle hier aufgeführten Lehrmittel können Sie per Post, E-Mail, Fax oder Telefon direkt bei uns bestellen:

Compendio Bildungsmedien AG, Hotzestrasse 33, 8042 Zürich
Telefon ++41 (0)44 368 21 14, Fax ++41 (0)44 368 21 70
E-Mail: bestellungen@compendio.ch, www.compendio.ch